喻园新闻传播学者论丛

EMOTIONAL COMMUNICATION

THEORY TRACING
AND CHINESE PRACTICE

情感传播

理论溯源与中国实践

徐明华　著

社会科学文献出版社
SOCIAL SCIENCES ACADEMIC PRESS (CHINA)

喻园新闻传播学者论丛
编辑委员会

顾　问： 吴廷俊
主　任： 张　昆
主　编： 张明新　唐海江

编　委：（以姓氏笔画为序）
王　溥　石长顺　申　凡　刘　洁　吴廷俊　何志武
余　红　张　昆　张明新　陈先红　赵振宇　钟　瑛
郭小平　唐海江　舒咏平　詹　健

总　序

置身于全球化、媒介化的当下，我们深刻感受与体验着时时刻刻被潮水般的信息所包围、裹挟和影响的日常。这是一个新兴的信息技术快速变革和全面应用的时代，媒介技术持续地、全方位地形塑着人类社会信息传播实践的样貌。可以说，新闻传播的形态、业态和生态，在相当程度上被信息技术所决定和塑造。"物换星移几度秋"，信息技术的迭代如此之快，我们甚至已经难以想象，明天的媒体将呈现什么样的面貌，未来的人们将如何进行相互交流。

华中科技大学的新闻传播学科，就是在全球科技革命浪潮高涨的背景下开设的，也是在学校所拥有的以信息科学为代表的众多理工类优势学科的滋养下发展和繁荣起来的。诚然，华中科技大学新闻与信息传播学院还是一个相对年轻的学院。1983年3月，在学院的前身新闻系筹建之时，学校派秘书长姚启和教授参加全国新闻教育工作座谈会。会上，姚启和教授提出，时代的发展，尤其是科学技术的日新月异，将对新闻从业者的媒介技术思维、素养和技能提出比以往任何时代都高的要求。当年9月，我们的新闻系成立并开始招生。成立后，即确立了"文工交叉，应用见长"的发展思路，强调培养学生的动手能力和应用能力，强调在科学研究和人才培养中，充分与学校的优势理工类专业交叉渗透。

1998年4月，新闻系升格为学院。和其他新闻传播学院的命名有所不同，我们的院名定为"新闻与信息传播学院"，增添了"信息"二字。这是由当时华中科技大学的前身华中理工大学的在任校长，也是教育部原部长周济院士所加的。他认为，要从更为广阔的视域来审视新闻与传播活动的过程和规律，尤其要注重从信息科学和技术的角度来透视人类传播现象，考察传播过程中信息技术与人和社会的关系。"日拱一卒，功不唐捐"。长期以来，这种思路被充分贯彻和落实到我院的学科规划、科学研究、人才培养、社会服务等各项工作中。

因此，华中科技大学新闻与信息传播学院的最大特色，就是我们自创立以来，一直秉承文工交叉融合发展的思路，在传统的人文学科和"人文学科+社会科学"新闻传播学科发展模式之外，倡导、创新和践行了一种全新的范式。在这种学科范式下，我们以"多研究些问题"的学术追求，开拓了以信息技术为起点来观察人类新闻传播现象的视界，建构了以媒介技术为坐标的新闻传播学科建设框架，确立了以"全能型""高素质""复合型""创新型"为指向的人才培养目标，建立了跨越人文社会科学、科学技术和新闻传播学的课程体系和师资队伍，营造了适合提升学生实践技能和科技素质的教学环境。

就学科方向而论，30多年来，学院在长期的学科凝练和规划实践中，形成了相对稳定的三大支柱性学科方向：新闻传播史论、新媒体和战略传播。在本学科于1983年创办之时，新闻传播史论即是明确的战略方向。该方向下的教学和研究工作主要包括：马克思主义新闻观与思想体系、新闻基础理论、新闻事业改革、中外新闻史、传播思想史、传播理论、新闻传播学研究方法等领域；在建制上则包括新闻学系和新闻学专业（2001年增设新闻评论方向），此后又设立了广播电视学系和广播电视学专业（另有播音与主持艺术专业）、新闻评论研究中心、马克思主义新闻观教研平台等系所平台。30多年来，在新闻传播史论方向下，学院尤为重视新闻事业和思想史的研究，特别是吴廷俊教授关于中国新闻事业史、张昆教授关于外国新闻事业史的研究，以及刘洁教授和唐海江教授关于新闻传播思想史、观念史和媒介史的研究，各成一家，卓然而立。

如果说新闻传播史论方向是本学科的立足之本，那么积极规划新媒体方向，则是本学科凸显自身特色的战略行动。20世纪90年代中期，互联网进入中国，"新媒体时代"正式开启。"不畏浮云遮望眼"，我们积极回应这一趋势，成功申报并获批国家社科基金重点项目"多媒体技术与新闻传播"（主持人系吴廷俊教授），在新闻学专业下开设网络新闻传播特色方向班，建立传播科技教研室和电子出版研究所，成立新闻与信息传播学院并聘请电子与信息工程系主任朱光喜教授为副院长。此后，学院不断推进和电子与信息工程系、计算机学院等工科院系的深度合作，并逐步向业界拓展。学院先后成立了传播学系，建设了广播电视与新媒体研究院、媒介技术与传播发展研究中心、华彩新媒体联合实验室、智能媒体与传播科学研究中心等面向未来的研究平台，以钟瑛教授、郭小平教授、余红教授和笔者为代表的学者，不断推进信息传播新技术、新媒体内容生产与文化、新媒体管理、现代传播体系建设、广播电视与数字媒体、新媒体广告与品牌传播等领域的研究和教学工作，引领我国新媒体教育教学和科学研究风气之先。

2005年前后，依托于品牌传播研究所、广告学系、公共传播研究所等系所平台，学院逐步凝练和培育了一个新的战略性方向：战略传播。围绕这个方向，我们开始在政治传播、对外传播与公共外交、国家公共关系、国家传播战略、中国特色网络文化建设等诸领域发力，陆续获批系列国家课题，发表系列高水平论文，出版系列学术专著，对人才培养起到了积极支撑作用，促进了学院的社会服务工作，提升了本学科的影响力。可以说，战略传播方向是基于新媒体方向而成形和建设的。无论是关于政治传播、现代传播体系、对外传播与公共外交、国家传播战略方面的教学工作还是研究工作，皆立足于新媒体发展和广泛应用的现实背景和演变趋势。在具体工作中，对于战略传播方向的深入推进，则是充分融入了学校在公共管理、外国语言文学、社会学、中国语言文学、哲学等学科领域的学科资源，尤其注重与政府管理部门和业界机构的联合，最大限度整合资源，发挥协同优势。"既滋兰之九畹兮，又树蕙之百亩"。近年来，学院先后组建成立了国家传播战略研究院和中国故事创意传播研究院，张昆教授、陈先红教授等领衔的研究团队在提升本学科的社会影响力方面，起到了非常积极的作用。

"却顾所来径，苍苍横翠微。"本学科诞生于20世纪80年代初信息科技革命高涨的时代背景之下，其成长则依托于华中科技大学（1988~2000年为华中理工大学）信息科学和人文社会科学的优势学科资源，规划了新闻传播史论、新媒体和战略传播三大支柱性学科方向，发展的基本思路是学科交叉融合。30多年来，本学科的学者们前赴后继、薪火相传，从历史的、技术的、人文的、政策与应用的角度，观察、思考、研究和解读人类的新闻与传播实践活动，丰富了中外学界关于媒介传播的理论阐释，启发了转型中的中国新闻传播业关于媒介改革的思路，留下了极为丰厚和充满洞见的思想资源。

现在，摆在读者诸君面前的"喻园新闻传播学者论丛"，即是近十多年来，我院学者群体在这三大学科版图中留下的知识贡献。这套论丛，包括二十余位教授的自选集及相关著述。其中，有吴廷俊、张昆、申凡、赵振宇、石长顺、舒咏平、钟瑛、陈先红、刘洁、何志武、孙发友、欧阳明、余红、王溥、唐海江、郭小平、袁艳、李卫东、邓秀军、牛静等诸位教授的著述，共计30余部，涉及新闻传播史、媒介思想史、新闻理论、传播理论、新闻传播教育、政治传播、新媒体传播、品牌研究、公共关系理论、风险传播、媒体伦理与法规等诸多方向。可以说，这套丛书是华中科技大学新闻传播学者最近十年来，为新闻传播学术研究所做的知识贡献的集中展示。我们希望以这套丛书为媒介，在更广的学科领域和更大知识范畴的学者、学人之间进行交流探讨，为当代中国的新闻传播学术研究提供华中科技大学学者的智慧结晶和思想。

当今是一个新闻业和传播业大变革、大转折的时代，新闻传播业正在经历人类历史上"百年未有之大变局"。首先是信息科技革命的决定性影响。对当前和未来的新闻传播业来说，技术无疑是第一推动力。大数据、云计算、区块链、物联网、人工智能等技术，持续带来翻天覆地的变革，不断颠覆、刷新和重构人们的生活与想象。其次是国际化浪潮。当前的中国越来越走近世界舞台中央，"讲好中国故事""传播好中国声音"，中国文化"走出去"和提升文化软实力，是国家层面的重大战略，这些理应是新闻传播学者需要面对和研究的关键课题。最后是媒体业跨界发展。在当前"万物皆媒"的时代，媒体的概念在放大，越来越体现出网络化、数据化、移动化、智能化趋势。媒体行业的边界得到了极大拓展，正在进一步与金融、服务、政务、娱乐、财经、电商等行业建立更紧密的联系。在这个泛传播、泛媒体、泛内容的时代，新闻传播研究本身也需要加速蝶变、持续迭代，以介入和影响行业实践的能力彰显学术研究的价值。

由是观之，新闻传播学的理论预设、核心知识可能需要重新思考和建构。在此背景下，华中科技大学新闻传播学科正在深化"文工交叉，应用见长"的学科建设思路，倡导"面向未来、学科融合、主流意识、国际视野"的发展理念，积极推进多学科融合。所谓"多学科融合"，是紧密依托华中科技大学强大的信息学科、医科和人文社科优势，在新的时代条件下，以面向未来、多元包容和开放创新的姿态，通过内在逻辑和行动路径的重构，全方位、深度有机融合多学科的思维、理论和技术，促进学科建设和科学研究的效能提升和知识创新。

为学，如水上撑船，不可须臾放缓。展望未来，我们力图在传统的新闻传播史论、新媒体和战略传播三大支柱性学科方向架构的学术版图中，在积极回应信息科技革命、全球化发展和媒体行业跨界融合的过程中，进一步凝练、丰富、充实、拓展既有的学科优势与学术方向。具体来说，有如下三方面的思考。

其一，在新闻传播史论和新媒体两大方向之间，以更为宏大和开阔的思路，跨越学科壁垒，贯通科技与人文，在新闻传播的基础理论、历史和方法研究中融入政治学、社会学、语言学、公共管理学、经济学等学科的思维方式和理论资源，在更广阔的学科视域中观照人类新闻传播活动，丰富学科内涵。特别的，在"媒介与文明"的理论想象和阐释空间中，赋予这两大学术方向更大的活力和可能性，以推进基础研究的理论创新。

其二，在新媒体方向之下，及时敏锐地关注5G、人工智能、云计算、区块链等新兴技术日新月异的发展演变，以学校支持的重大学科平台建设计划"智能媒体与传播科学研究中心"为基础，聚焦当今和未来的信息传播新技术对人类传播实践和媒体行业的冲击、影响和塑造。在此过程中，一方面，充分发挥学校的计算机科学与技术、电子信息与通信、人工智能与自动化、光学与电子信息、网络空间安全等优势学科的力量，大力推进学科深度融合发展，拓展本学科的研究领域，充实科研力量，提高学术产能；另一方面，持续关注和追踪技术进步，积极保持与业界的对话和互动，通过学术研究的系列成果不断影响业界的思维与实践。

其三，在新媒体与战略传播两大方向之间，对接健康中国、生态保护、科技创新等重大战略，以健康传播、环境传播和科技传播等系列关联领域为纽带，充分借助学校在基础医学、临床医学、公共卫生、医药卫生管理、生命科学与技术、环境科学与工程、能源与动力工程等学科领域的优势，在多学科知识的有机融合中突破既有的学科边界，发掘培育新的学术增长点，产出标志性的学术成果，彰显成果的社会影响力和政策影响力。

1983~2019年，本学科已走过36年艰辛探索和开拓奋进的峥嵘岁月，为人类的知识创造和中国新闻事业的改革发展贡献了难能可贵的思想与智慧。在人类的历史长河中，36年的时间只是短短一瞬，但对于以学术为志业的学者们而言，则已然是毕生心智与心血的凝聚。对此，学院谨以这套丛书的出版为契机，向前辈学人们致以最崇高的敬意！同时，也以此来激励年轻的后辈学者与学生，要不忘初心，继续发扬先辈们优良的学术传统，在当今和未来的时代奋力书写更为辉煌的历史篇章！

"潮平两岸阔，风正一帆悬。"在技术进步、全球化发展和行业变革的当前，人类的新闻传播实践正处于革命性的转折点上，对于从事新闻传播学术研究的我们而言，这是令人激动的时代机遇。华中科技大学新闻传播学科将秉持"面向未来、学科融合、主流意识、国际视野"的思路，勇立科技革命和传播变革潮头，积极推进多学科融合，以融合思维促进学术研究和知识创新，彰显特色，矢志一流，为建设中国特色、世界一流的新闻传播学科，为我国新闻传播事业的改革发展，为人类社会的知识创造，为传承和创新中华文化做出应有的贡献！

张明新

华中科技大学新闻与信息传播学院教授、博士生导师、院长
2019年12月于武昌喻园

目 录
CONTENTS

绪　论 ··· 001

第一章　何为情感 ··· 009

　第一节　情感的概念辨析 ·· 009

　第二节　情感的相关概念 ·· 015

　第三节　情感的层次分析 ·· 020

第二章　情感社会学视角下的情感理论机制 ······················· 030

　第一节　情感仪式理论 ·· 030

　第二节　情感交换理论 ·· 035

　第三节　情感社会结构理论 ·· 042

　第四节　情感进化理论 ·· 048

第三章　传播心理学视角下的情感理论机制 ······················· 055

　第一节　符号心理互动理论 ·· 055

　第二节　传播心理分析理论 ·· 066

　第三节　媒介心理效果理论 ·· 075

第四章　文化批判学视角下的情感理论机制 086

第一节　文化哲学理论 086
第二节　文艺美学理论 091
第三节　现代性文化批判理论 098

第五章　符号叙事学视角下的情感理论机制 106

第一节　语言符号理论 106
第二节　语言学理论 116
第三节　拟剧理论 125

第六章　当代中国需要什么样的情感传播 133

第一节　面向共同体想象的情感传播 133
第二节　基于社会多元化诉求的情感传播 139
第三节　寻求现代性认同的情感传播 144

第七章　新时期中国对外传播的情感动力机制 152

第一节　符合国际社会规则的情感动力机制 152
第二节　满足受众共同心理的情感动力机制 156
第三节　传播好中国文化的情感动力机制 162
第四节　中国符号国际化的情感动力机制 169

第八章　大数据时代情感的计算科学研究 177

第一节　情感数据的获取与处理 177
第二节　情感内容分析与特征提取 183
第三节　情感计算和情感规律探析 192
第四节　情感动员和建模效果评估 197

第九章　情感的多元视阈研究展望 ·············· 206

第一节　情感：一种社会进程中的理论范式变迁 ·········· 206

第二节　情感视野下的对外传播内涵与战略创新 ·········· 211

第三节　跨学科视野下的情感力测量、生产与转化研究 ······ 221

第四节　信息时代的情感与社会治理研究 ·············· 227

绪　论

> 社会理论扎根在理性维度上，这就彻底遮蔽了我们对道德情感的社会意义的认识，以至于现在的认知框架和理论模式不仅有扩展的必要，而且有矫正的可能。
>
> ——〔德〕霍耐特①

"情感"作为一个独立的议题，逐步进入人文社会科学的研究视野。学者们逐渐认识到情感对人类社会生活的重要影响，并发现关注情感的发生与演变机制是理解当下社会议题的一个重要视角。可以说，情感作为一种私人的心理体验本身具有私密性，但即使是个体私密性的情感也受制于社会文化的形塑而兼具社会性特质，并与公共性存在不容忽视的关联。因此，情感实际上由社会、文化和政治等建构或定义，同时能够反向作用于社会结构、文化生成及政治认同。情感是把人类联系在一起的"黏合剂"，可生成对广义社会与文化的承诺。人们在互动中所使用的情感语言越相似，就越有可能成功实现社会角色扮演、角色采择和角色证明，由此能够更好地理解和实现源自文化的期待。对人类情感的研究，不仅在微观上有利于人们加深对社会交往和社会关系的理解，而且在宏观上有利于人们更好地把握社会结构的特征和社会变迁的趋势。

一　从诺贝尔经济学奖说起

2017年诺贝尔经济学奖的结果公布之后，学界和媒体都稍感意外，

---

① 〔德〕阿克塞尔·霍耐特：《为承认而斗争》，胡继华译，上海人民出版社，2005。

因为得奖者理查德·泰勒（Richard Thaler）① 的研究成果给读者一种强烈的反传统之感。虽然泰勒在著名的芝加哥大学商学院任教多年，但他更偏爱关注现实经济中的反常现象，并尝试从其他学科的视角来解释人们的经济行为。如果通读一下泰勒所著的《助推：如何做出有关健康、财富与幸福的最佳决策》（以下简称《助推》）一书，读者一定也会产生这样的印象：这本书实在不像常见的经济学著作，因为它不但语言生动，而且处理的问题如同书的副题所示，是事关健康、财富和快乐的最佳选择，这本书的研究内容更像一个社会学家、心理学家应该关注的课题。

泰勒的得奖，正好反映了当代经济学乃至当代学科发展的一个重要倾向，那就是超越单一学科的知识束缚、展开交叉式研究已然成为当前学术发展的主要趋势。诺贝尔经济学奖评审委员会评价说，泰勒是将心理学与经济学相结合进行研究的先行者。泰勒的研究指出，当现有经济学理论不能很好地指导人们做出经济决策的时候，学者应转换思维，更多地关注人的行为本身，并不断展开人性和心理层面的质疑和思考。正如泰勒《助推》一书所揭示的那样，人作为经济行为和决策中的主体，并不是完全理性的，会受到各种情绪作用的影响。泰勒尝试从情感的视角解读人类的经济行为，从心理学的视角分析人类的购买心理。从某种程度上说，他从情感的维度开辟了经济学研究的新视野，反映了当代学术研究不再囿于理性思维的学术发展方向。

二 近代史中情感研究的消弭与缺失

尽管近代之前的史书常常记录人的情感行为，如喜、怒、哀、乐、恐惧、爱慕等，但近代史学研究逐渐将这些非理性的因素从历史书写中剔除了，其重要原因就是理性主义的伸扬②。理性主义的研究取向表现为从科学的角度来审视历史的演化，力求运用理性思维对历史发展进行科学的探索和解释。历史的不断进步就是人类理性主义和科学主义的不断扩展所致。18世

---

① 〔美〕理查德·泰勒，1945年9月12日出生，芝加哥大学教授，行为金融学和行为经济学的重要代表人物。
② 王晴佳：《为什么情感史研究是当代史学的一个新方向？》，《史学月刊》2018年第4期。

纪以后，欧洲出现了不少著名的历史哲学家，如黑格尔（G. W. F. Hegel）、孔德（Isidore Marie Auguste François Xavier Comte）、马克思（Karl Heinrich Max）、哈贝马斯（Jürgen Habermas）等。他们的理论建构虽有许多不同，但他们著述的宗旨，都在指出和阐释理性视角下历史演化的因果规律。

  西方启蒙思想家提倡的理性主义思维为近代学科的发展提供了一个重要理论前提。作为强调经济理性的经典之作，亚当·斯密（Adam Smith）①的《国富论》所提出的理论观点，一直被近代国家和社会所普遍接受，其核心要旨是："人是理性且自私的"。自私是出于人的一种理性思维而产生的行为特征，而这种理性的行为正是财富积累的原始驱动力和市场经济所赖以运转的重要因素。"人是理性且自私的"这一理论是现代经济学的重要基础，在这一基础之上经济学家们提出了诸多定理及公式，搭建了各种模型和评估指标，用来预测经济趋势和制定宏观政策。这些量化研究所呈现的结果简洁又清晰，只须带入参数就能得到直接的模型，人们可以依据模型推演的结果直接指导决策和行为。公式和模型建立起的现当代经济学的高楼大厦，在很长一段时间内被认为是永不坍塌的。

  亚当·斯密的理论对西方其他社会科学领域有着深远的影响。19世纪的欧洲，一方面受到了英法自然科学实证精神的影响，逐渐倾向于将社会视为功能有机体，主张以概念推演与量化操作的方式考察由个体组成的社会结构与秩序问题；另一方面，自然科学实证精神的引入又促使社会学、经济学等学科从哲学的研究范畴中独立出来，摆脱了神学和经院哲学的思辨传统。在技术理性的思潮下，学者热衷于借鉴自然科学的概念和方法来发展社会理论，并逐步建立起一套科学而严谨的实证研究方法来论证他们的理论，而那些具有丰富情感指征的个体则被视作科学范畴下一个个概率的统计指涉和冷漠的符号数字。② 不可否认，中世纪以后，学术传统上理性主义的盛行与经济学理性人的假设在社会科学领域的大举扩张，使得对情感的研究一直处于学科边缘，学者们也尚未对情感做过系统的分析

---

① 〔英〕亚当·斯密，英国古典经济学之父。
② 徐律：《埃利亚斯与西方情感社会学——现代文明进程下的反思性探索历程》，《内蒙古社会科学》（汉文版）2016年第1期。

与讨论。

三 情感社会学的崛起

情感社会学作为一门新的社会学分支出现于20世纪70年代末、80年代初的西欧和北美。社会学家霍赫希尔德（Arlie Russeu Hochschild）[①]在《社会生活中的情感》一书的序言中指出，情感社会学是一个新型的、在广阔的社会学规范中不断成长的领域。情感社会学发展的现实基础源于资本主义发展带来的情感问题，即人类社会的发达科技并没有带来"自由、平等、博爱"的启蒙境界，反而暴露出越来越多的社会弊病，产生了情感与社会的激烈冲突。[②]阶级矛盾激化，社会怨恨情绪蔓延，个人情感在科层体制和标准化、平均化的社会管理系统中被抹杀。作为对西方严重社会问题的回应，"回归生活世界"的呼吁逐渐成为社会学家的共识。人们开始更在意个体的感受与生活质量，更认同情感对社会的重建作用。以曼海姆（Mannheim）和埃利亚斯（Elias）为代表的社会学家们掀起了一场以"情感"为核心的研究转向运动，从情感角度寻找资本主义产生怨恨等社会问题的根源。他们指出，科学技术的发展并没有带来人的社会心理和情感生活的同样进步。本应在大众社会起到整合作用的情感却在"技术理性"的垄断下成为瓦解社会的风险因素。西方社会需要重建一种理性与情感协调的社会机制来实现社会的有序发展。

乔纳森·特纳（Jonathan H. Turner）[③]在《情感社会学》一书中也强调了情感研究的重要性，他认为社会学家之所以开始如此重视情感，是因为他们已经认识到情感遍及人类体验与社会关系的各个方面。情感可以将人们连接在一起，产生对更大规模的社会与文化结构的归属感，也可以驱使人们分离，瓦解当下的社会结构并对文化传统提出挑战。除了社会学领域，在历史研究中也出现了对情感这一维度展开研究的趋势。美国史学研究者苏珊·麦特（Susan Matt）和彼得·斯特恩斯（Peter Steams）指出，

[①] 〔美〕霍赫希尔德，加州大学伯克利分校社会学教授，专注人类情感研究。
[②] 郭景萍：《西方情感社会学理论的发展脉络》，《社会》2007年第5期。
[③] 〔美〕乔纳森·特纳，加州大学河滨分校社会学教授，以社会学理论研究见长。

对情感的关注"改变了历史书写的话语,人们不再专注于理性角色的构造";① 芭芭拉·罗森宛恩(Barbara Rosenwein)补充认为,早期的历史研究过于专注硬邦邦、理性的东西。对于历史研究而言,情感是无关重要的甚至是格格不入的。而当前情感研究取得的成果已经让史学家们看到,不但情感塑造了历史,而且情感本身也有历史。整体而言,当代学者已经对情感与社会结构之关系的研究做出反应,情感或许比理性更接近社会实在,是解释社会行为乃至社会历史变化的深刻原因。

四 情感研究:亟待建构的研究议题

相较于国外学术界已经取得的相关研究成果而言,我国学术界在情感议题方面的理论和实践研究仍显不足,特别是对中国本土化的情感社会学的全面回顾和系统探索较为匮乏。潘泽泉评价指出,情感社会学在中国本土社会学中的沉寂,一方面源于传统的社会科学分工,将情感视为心理学的研究范畴,极少有人涉及;另一方面源于西方对情感社会学的研究起步较晚,中国社会学者们在论及非理性研究的时候并没有着意去发展情感议题的系统研究。② 然而,随着现代工业社会的发展、新的社会形势的变化、新的权力结构的形成,尤其是传统的社会关系的进一步解体,人们感受到的是情感方面的困惑,不安、质疑、孤独、焦虑的感觉日益增长。情感是否可以作为一个要素来解释社会结构的变迁呢?学者王宁曾从微观层面探讨社会现代性与情感生活质量之间的相连关系③;王鹏、侯均生从历史角度梳理了西方情感社会学的发展脉络以指示中国社会日益凸显的情感问题④;郭景萍从情感控制的角度探讨了古典社会学、现代社会学与当代情感社会学的关系⑤;孙静从群体性事件发展的过程中剖析情感的社会作

---

① 王晴佳:《为什么情感史研究是当代史学的一个方向?》,《史学月刊》2018年第4期。
② 潘泽泉:《理论范式和现代性议题:一个情感社会学的分析框架》,《湖南师范大学社会科学学报》2005年第4期。
③ 王宁:《情感消费与情感产业——消费社会学研究系列之一》,《中山大学学报》(社会科学版)2000年第6期。
④ 王鹏、侯均生:《情感社会学:研究的现状与趋势》,《社会》2005年第4期。
⑤ 郭景萍:《西方情感社会学理论的发展脉络》,《社会》2007年第5期。

用力①；成伯清则从当代体制层面重新审视情感的社会学意义②。尽管在理论、方法和研究数量上，我国的研究仍有较大的发展空间，但随着近年来学者们对情感的研究兴趣日益浓厚，也不难看出即将呈现的研究趋向，即情感将成为社会科学研究中一个相对新颖的主题并得到普遍关注。情感观念对于当代人文社会科学研究有着深刻的意义，只有当人们掌握情感变化发展的脉络时，才有可能理解基本社会过程的真实面貌。

在当今时代，对和平与民主的呼吁、对战争与暴力的抵制、对弱势群体的救助、对自然环境的保护和对无情的现代性的批判等，都折射出社会情感研究的复兴浪潮和回归态势。情感研究是一个亟待发展的新兴领域。情感隐藏于内，是一种心理和精神特质。如果从情感的外在表现来看，它则是一种社会行动。事实上，情感与理性是勾勒近现代历史的两大主线，情感源于宏观的社会结构之中，又以其独特的方式推动着人类历史的演进，个体情感与社会结构间存在相互作用的现实演变轨迹，对"结构"和"情感"两者之间的关系进行深入探讨，是十分必要的。

五 本书研究意义与价值

当中国社会的发展步入后工业阶段，愈发频繁的社会互动催生了大量情感现象并产生一系列新型社会问题。但纵观人文社会科学研究，工具理性和实证主义的偏狭一直制约着众多学者对情感研究的学科想象。从某种程度上说，理性主义对个体情感的忽视，遮蔽了通过探索人性重审社会发展的学术视野。社会由人创造，那么这一创造是否也应从情感等非理性因素来解释呢？答案是肯定的。另外，近代学术研究对这方面的关注也是有所欠缺的。

中国在现代化、工业化、城市化等进程中取得了重大成就与进展，但同时也使各种社会矛盾不断积累且日益尖锐。社会矛盾的凸显不仅源于利益的冲突交织和社会结构的急剧变迁，而且是长久以来社会公众的被积压的负面情感累积爆发的结果。在理性社会规范的困囿与压抑下，个体与社

---

① 孙静：《群体性事件的情感社会学分析》，博士学位论文，华东理工大学，2013。
② 成伯清：《当代情感体制的社会学探析》，《中国社会科学》2017年第5期。

会之间开始相互疏离乃至冲突对抗。情感宣泄在众多社会冲突事件中俨然成为重要的勾连要素。从情感的视角出发，在社会学、心理学、符号学等多学科的理论框架下剖析社会现象，可以反映中国社会普遍存在的情感逻辑。

事实上，在理性主义基础上建构起来的社会科学已经形成"将社会现象分解为情感与非情感的二元对立状态"。将基于情感的日常生活放在宏大的社会结构中阐述，从而产生研究与认知上的片面化和简单化。情感在日常生活中栖居，并没有按照学者们通常建构的那些生硬的、类型化的指标进行机械式的功能运作。在现实具体情境中，个体和群体情感不断相互作用又不断生成和消隐，呈现出复杂的交织图景，需要超越二元对立的理论模式来进一步解释。

综上所述，基于社会型构的历史视野，突破唯实论的二元预设是本书的研究基础。从历时性视野考察个体与社会之间的关系，超越偏向事实的社会宏大理论，本书尝试将个体与社会的二元关系予以融通，将情感研究带回当代发展的视域中来。这一尝试或为审视和反思现代性理论的局限以及当代情感社会学理论的发展提供启示。

本书试图用一种具有理论体系的情感逻辑去解释纷繁复杂的社会现象和人类行为，探寻情感研究与当代中国社会发展的紧密关系。当前以情感为理论核心的学术书籍尚不多见，就笔者所见，有西方学者霍赫希尔德的《情感整饰：人类情感的商业化》[①]和特纳的《情感社会学》[②]；而基于中国本土化而建构的情感系统研究更是寥寥可数，笔者查到的有郭景萍的《情感社会学》[③]和成伯清的《情感、叙事与修辞——社会理论的探索》[④]。不难发现，上述书籍主要从社会学的学科规制出发，追溯和梳理社会学前辈的情感研究成果，但遗憾的是，这些书籍尚未从更多的学科视角入手来系统而全面地梳理更宽泛学术意义上的情感研究。本书尝试从人

---

① 〔美〕阿莉·拉塞尔·霍克希尔德：《情感整饰：人类情感的商业化》，成伯清、淡卫军、王佳鹏译，上海三联书店，2020。
② 〔美〕乔纳森·特纳：《情感社会学》，孙俊才、文军译，上海人民出版社，2007。
③ 郭景萍：《情感社会学》，上海三联书店，2008。
④ 成伯清：《情感、叙事与修辞——社会理论的探索》，中国社会科学出版社，2012。

文社会科学与自然科学等多学科出发，更系统地概括与情感相关的最新研究成果。在前人的研究基础上，本书具有一定的创新性，不仅力图全面、系统地考察多学科的情感理论，并且着重研究当代中国的情感现象和情感问题，尝试建立符合中国发展的情感理论的基本框架。

总而言之，本书融合社会学、心理学、文化学、符号学、哲学、语言学，乃至管理学与网络信息科学领域的相关知识，扩展研究视野，丰富和深化原本并不算丰富的情感类既有研究成果。读者既可以从中掌握理论发展的脉络和框架，也可以学习最新的研究观点与方法。本书不仅是对主要理论系统式的总结，而且也是对情感领域深入研究后的创造性展现。把这个研究领域因为措辞、研究方法、时代背景等不同因素形成的相互割裂的思想整合起来，通过细致的梳理和总结，使它们在应用研究中创造实践价值。

参考文献：

王晴佳：《为什么情感史研究是当代史学的一个新方向?》，《史学月刊》2018 年第 4 期。
徐律：《埃利亚斯与西方情感社会学——现代文明进程下的反思性探索历程》，《内蒙古社会科学》（汉文版）2016 年第 1 期。
郭景萍：《西方情感社会学理论的发展脉络》，《社会》2007 年第 5 期。
潘泽泉：《情感社会学：一个亟待研究的社会学领域》，《湖南师范大学社会科学学报》2005 年第 4 期。
王宁：《情感消费与情感产业——消费社会学研究系列之一》，《中山大学学报》（社会科学版）2000 年第 6 期。
王鹏、侯均生：《情感社会学：研究的现状与趋势》，《社会》2005 年第 4 期。
孙静：《群体性事件的情感社会学分析》，博士学位论文，华东理工大学，2013。
成伯清：《当代情感体制的社会学探析》，《中国社会科学》2017 年第 5 期。
〔德〕霍耐特：《为承认而斗争》，胡继华译，上海人民出版社，2005。
〔美〕乔纳森·特纳：《情感社会学》，孙俊才、文军译，上海人民出版社，2007。
〔美〕阿莉·拉塞尔·霍克希尔德：《情感整饰：人类情感的商业化》，成伯清、淡卫军、王佳鹏译，上海三联书店，2020。

第一章　何为情感

第一节　情感的概念辨析

对于人类的社会生活而言，情感就相当于空气，存在于每一个空间角落，并发挥着重要的作用，但同时也是最难以捉摸的。情感究竟是什么？它指的是一种具有文化倾向性的行为，是一种对身体和心理变化的感知，还是一种具有意向性的意识等？对此学界也未达成统一意见。尽管对情感的概念内涵学界并没有达成一致，对情感的研究却有着其自身的逻辑，即从研究路径上来看，对情感的具体研究大致可以分为两个方向：一部分学者从神经生物方向出发，在重点研究认知心理学与神经科学的理论、方法及结论的基础上，探讨情感对个体内在信息处理过程的影响；另外一部分学者则沿着社会文化的路径，以社会心理学和社会学的研究为依据，关注的是个体情感与社会世界之间的关系。而事实上最早将情感作为专门研究对象的领域却是人类学。20世纪60年代，后现代主义思潮在西方社会兴起，受该思潮的影响，一些西方人类学者开始尝试研究以往被忽略的情感问题，并慢慢发展出了情感人类学这一独立分支。情感人类学对情感问题进行系统的人类学研究，将情感的去本质化作为研究情感问题的始点，从而摆脱以往在理性主义下对情感的认知。另外，对情感人类学研究产生重要影响的还有福柯（Michel Foucault）的权力话语理论，因此不少人类学学者开始将情感视为话语，并通过对特定情感话语的民族志研究，探讨人们的情感实践与外在的社会结构之间的关系。

一 情感的概念界定

情感（emotion）这个词出自希腊语"悲"（pathos），人们最早用它来表达对悲剧的伤心之情。达尔文相信，情感来自自然，生活在身体里。它是一种充满激情的、非理性的冲动和直觉，遵循着生物学的规律。情感属于态度这一整体的一部分，它与内向型的态度、意图具有一致性，是态度在生理上一种较复杂又稳定的生理评价和体验。情感包括道德感和价值感，它体现在爱、幸福、憎恨、厌恶、美丽等方面。马林斯基认为情感是思维的一部分。斯蒂芬·平克也认为，情感是心智的另一部分，它被人们认为是一种不适应的负担而被过早地忽略。在心理学词典中，情感的定义是："情感是人们对客观事物是否满足其需求的态度体验"。[①] 从社会学的角度来看，情感是人性的表达，是人性的基本要素。著名的精神分析学家弗洛伊德认为，情感是一种无意识的形态，将情感与明显的意识放在一起比较的话，情感是远远比不上明显的意识对人和社会所带来的影响的。而马克思与弗洛伊德的观点恰恰相反，马克思认为情感是意识形态的一部分，情感意识是有价值的，它甚至可以改变社会，因为人们的意识是一种主观能动性，这种主观能动性可以促成客观世界的改变。马克思的观点也揭示了情感的哲学本质：情感是人类主体对客观存在事物价值关系的一种主观反映。

早期受西方功能主义与理性主义的影响，对于情感的研究一直建立在情感本质化的基础上，即认为情感是人类的一种内在的、固定不变的特质，是生理机制的一种体现，对于情感的概念界定也是基于生理学和心理学领域较多。随着对情感研究的不断深入，社会学、人类学也逐渐将情感纳入其研究范围，并出现了情感社会学以及情感人类学等相对独立的研究分支。尽管对情感的定义直到现在还没有达成一致，但是形成了不同维度下对于情感的研究和理解。

二 情感的概念辨析

由于情感研究的学科交叉性和情感问题的复杂性，不同学科对情感概

---

① 林崇德：《心理学大辞典》，上海教育出版社，2003。

念内涵和外延的理解不同，出现了一些与情感相关的提法，如人类学中与文化模式相联系的情感（精神气质）、权力维度下的情感话语，以及社会学中的集体情感，等等。

（一）作为文化现实的情感

著名语言学家雷蒙德·弗斯（Raymond Firth）[①] 在其著作《我们，提科皮亚人》中特意指出在其记述的家庭情感中，"情感"一词不是指心理现实，而是指一种文化现实：它描述的是一种可以观察到的行为，而不是一种需要推测的心理状态。[②] 也就是说，情感是一定文化情境下所表现出来的一种行为规范。尽管在后来对情感议题进行直接探讨时，弗斯陷入了理性/非理性、语言/非语言等二元结构对立的困境之中，但是弗斯对于情感的探讨已经开始跳出心理层面向文化现实层面靠近。而深受德国影响的美国博厄斯学派首先就对文化的情感维度进行了研究，并借鉴自然科学的方法，聚焦于具体现象的研究，不做大的理论概括。鲁思·本尼迪克特（Ruth Benedict）[③] 1934 年在其著作《文化模式》中提出了文化模式的概念。文化模式是指一种文化的内在精神气质，也称为"性情模式"。它是文化赋予个体的一套具体的行为规范和情感模式。[④]

《文化模式》一书一经出版就在学界引起了不小的反响。它的意义不仅在于其作者本尼迪克特提出了一个对文化的深层理解结构，还在于它直接影响了一些人类学家对情感问题的研究。格雷戈里·贝特森（Gregor Bateson）[⑤] 对纳文的研究就深受其影响，贝森特通过对纳文仪式（一种对当地青少年取得某些重要成就时举行的庆贺仪式）进行民族志的实验，研究在这些仪式下的情感问题，他将这种特定文化下的情感称为"精神气质"（ethos），即"精神气质是一个情感态度系统，决定了社区的生活情况可以提供各种满意与不满意的所能呈现的价值，我们已经看到，精神可以被视

[①] 〔英〕雷蒙德·弗斯，男，伦敦政治经济学院教授，英国功能学派代表人物之一。
[②] Raymond Firth, *We, the Tikopia* (London: Routledge, 1957), p.160.
[③] 〔美〕鲁思·本尼迪克特，女，人类学家，从事文化形貌论研究。
[④] 〔美〕鲁思·本尼迪克特：《文化模式》，张燕、傅铿译，浙江人民出版社，1987。
[⑤] 〔英〕格雷戈里·贝特森，男，知名人类学家，控制论学者，从事双困互动、心智生态学研究。

为'组织个体的本能和情感的文化标准化体系'"。① 依照贝特森的观点，我们可以将精神气质（情感），看作一种个体可以在特定文化下表达的情感形式，也就是个人的情感表达被框定在特定的文化模式之下。解释人类学的提出者格尔茨（Clifford Geertz）② 在论述他独特的文化观时，提出"精神气质"是文化的第三边力量（其他两边力量分别是人观和时间）。格尔茨强调情感是一个群体文化现象，可以通过人们的行为来感知。③ 宋红娟在对西和乞巧文化进行人类学研究时，曾较为简单地分析了上述西方学者在情感研究过程中存在的问题。她认为这些学者对情感的研究并没有完全摆脱本质主义，虽然他们都在强调情感是文化建构的产物。④

将情感视为一种文化现实进行研究，从一定程度上反映了学者对情感去本质化所做出的努力，即将情感放在一定的社会文化情境下进行具体的探讨，认为情感与特定的文化模式密切相关，对以往只强调西方视角下的理性与情感的做法进行反思，并对非西方社会的精神气质进行深入田野调查，试图从更宏观的角度对情感进行跨文化的研究。

（二）作为社会事实的情感

爱弥尔·涂尔干（Émile Durkheim）⑤ 是较早对情感话题进行社会学探讨的学者之一，他认为情感是一种社会事实，不受个人意志的影响，它来自集体，在社会情境中表现出来。涂尔干将人类的基本属性区分为个人性与社会性，他认为社会团结的机制存在于人类的基本属性之中。涂尔干认为个人性本身潜藏着危机，它阻碍着人向更高层次的善的超越，但个人性也存在一种力量，可以将个人性中的一些特征进行改造甚至转化，涂尔干将这种力量解释成"情感"，这种情感是一种在特定社会情境下发生的

---

① 〔英〕格雷戈里·贝特森：《纳文围绕一个新几内亚部落的一项仪式所展开的民族志实验》，李霞译，商务印书馆，2008，第22~23、182页。
② 〔美〕格尔茨，文化人类学家，解释人类学的提出者。
③ 〔美〕克利福德·格尔茨：《文化的解释》，韩莉译，译林出版社，2002，第471~475页。
④ 宋红娟：《两种情感概念：涂尔干与柏格森的情感理论比较——兼论二者对情感人类学的启示》，《北方民族大学学报》（哲学社会科学版）2015年第1期。
⑤ 〔法〕爱弥尔·涂尔干，社会学家，人类学家，为社会学的学门化和科学化奠定了基础。

状态，具有一定超越性，也称为"集体情感"。① 涂尔干将情感区分成个人情感和集体情感。集体情感具有同一性，即同一集体中的人们都具有一种情感，这种集体情感由外界施加，对个体具有强制力。个人情感则是一种占据个人日常生活的情感，具有一定的差异性。在社会生活中，尤其是在神圣的宗教仪式下，集体情感占据绝对的主导地位，并压制着个人情感的表达。

涂尔干对情感进行研究的目的在于证明其提出的社会团结的内在机制，他对情感进行了二元的等级划分，认为集体情感具有先天的优势和权威，集体情感使得每个社会成员都拥有相同的情感类型，从而促使社会成员保持思想与行动的相对一致性，以此来形成社会生活的道德规范体系的基础。尽管涂尔干对于集体情感的论述具有强烈的社会决定论的色彩，否定了个体情感对于社会团结的作用，但是也从另一个角度证明了个体情感具有一定的主观能动性，在日常生活中具有自然流露的情感表达自由。

将情感视为一种社会事实进行研究，是社会学最初对于情感深入研究的源头之一。早期人类社会存在的风俗仪式等被认为是集体情感表达的摇篮，集体情感维系着早期社会的团结，没有集体情感，社会将不复存在。② 但作为社会事实的情感在一定程度上忽略了情感的个体差异性，也过于夸大了集体情感的重要性。

（三）作为话语的情感

20世纪80年代，在福柯话语理论的影响下，人类学领域的一些学者开始将情感作为话语进行研究。从字面上来理解，"话语"指的是人们所表达出来的语言，但是与静止的语言相比，话语更注重语言表达背后的社会语境。福柯话语理论中的"话语"指的是系统地形成人们所言说对象的实践。卢茨（Lutz）和丽拉·艾布-庐古德（Lila Abu-lughod）最早将情感作为一种话语提出，他们认为情感话语是一种实践，是人们表达自身内心诉求感受的实践。这种与情感相关的对话、诗歌等话语与社会结构相

---

① 〔法〕爱弥尔·涂尔干：《乱伦禁忌及其起源》，汲喆、付德根、渠东译，上海人民出版社，2003。
② 〔法〕爱弥尔·涂尔干：《宗教生活的基本形式》，渠东、汲喆译，上海人民出版社，2006。

互配合，为人们的情感表达提供话语载体。但是作为话语的情感表达实践在一定程度上会受到社会语境以及权力关系的影响，他们对情感的话语研究主要集中在情感与社会性和权力之间的关系上。① 与情感相关的日常对话是卢茨研究情感问题的一个重点，她认为日常生活中的情感对话也包含着情感与社会背景以及权力之间的关系。更进一步来说，情感可以理解成不同的社会力量在特定的地点和情境下形成的权力关系。② 卢古德对贝都因社会的情歌研究验证了这种权力话语下的情感表达。贝都因社会是有着强烈男权主义色彩的社会，贝都因的女性需要时刻遵守男权社会的隐性要求来获得尊重，如女性要对情爱问题保持冷漠，但是在贝都因的女性群体中，又流传着大量的情歌，这似乎有些矛盾。卢古德对此的看法是贝都因的女性通过情歌来表达自身被压抑的情感，并渴望获得与男性同等的社会地位，这也投射出情歌是对主流权力话语的一种反抗。

致力于文化人类学应用研究的学者南希·舍佩尔-休斯（Nancy Scheper-Hughes）认为情感有自己独特的属性，它是由内部机制产生、积累、控制和释放的。她指出将情感视为话语进行研究的方式并不合理，因为这种研究方式会造成人类学与心理学对情感研究的脱节，由此可能会使得人们对情感的认知过于极端，将情感完全当成是社会和文化的产物，没有生理层面的参与。③ 而事实上有些个体情感的发生无需触及文化和社会层面。舍佩尔-休斯用她生动的民族志故事告诉我们：不仅仅是文化，人的生物性同样影响并决定着人类的情感。

将情感视为一种话语进行研究，从一定程度上证明了情感的社会性和文化性，该研究通过对情感话语的实践考察，反思了原有的社会结构的不合理，但是仅仅将情感理解为权力与话语的关系，似乎陷入了简化论的圈套，必然会忽略个体情感体验的异同。因此，在对情感视为话语进行研究

---

① Catherine Lutz & Lila Abu-Lughod (eds.), *Language and the Politics of Emotion* (New York: Cambridge University Press, 1990), pp. 1-2.
② Catherine Lutz, "Need, Nature and Emotions on a Pacific Atoll," in Joel Marks & Roger T. Ames (eds.), *Emotions in Asian Thought: A Dialogue in Comparative Philosophy* (New York: New York Press, 1995), pp. 235, 250.
③ Nancy Scheper-Hughes, *Death without Weeping: The Violence of Everyday Life in Brazil* (California: University of California Press, 1992), p. 431.

之后，一些学者又开始强调情感的涉身性，即回归到情感本身，将情感体验与话语以及经验之间的关系结合起来进行探讨。

三 小结

情感是一个相对较为复杂的概念，不同的学科和领域对于情感的诠释各不相同，直到目前为止，情感都没有一个统一的定义，只是记录在案的关于情感的定义就有150种。情感的概念从最初的心理状态延伸到社会力量、话语实践等，经历了一系列的发展，但是需要注意的是，情感的概念与属性在不断发展的过程中，并不是要抛弃以往的研究成果，而是需要在前者的基础上形成统一的整体，即情感的社会属性、文化属性及生物属性是同时存在的，三者处于混融的状态，没有高低优劣之分，人们需要在不同的情境下界定合适的情感内涵来理解问题。

第二节 情感的相关概念

自人类诞生以来，情感就相伴而生，并且随着人类社会的发展，情感渗入到各个领域的研究中，与情感相关的概念和理论也变得越来越丰富。生活中被人们最多提及的情感，如情侣之间的爱情、家人之间的亲情以及朋友之间的友情等，大多建立在人与人之间的关系基础上，而且关系层次类别不同，情感投入程度不同，情感所触及的生理和社会因素也不尽相同。

早期对情感进行初步研究的是心理学领域，但是心理学者只单纯关注情感的生物学特性，并没有做更加深入的研究。他们将情感与理性区分开来，因此，情感被赋予了一些特征，比如冲动、不受控制、易变和不可预测，情感总是被认为是非理性的因素。他们认为这种与理性完全相反的感性变量，与关注各种社会现象的社会科学的研究方向背道而驰。社会学对情感的系统研究在20世纪70年代才开始，虽然研究的起步较晚，但是学者用他们的努力填补了损失的时间，现在对情感的研究处在微观社会学的前沿，情感被渐渐看成是社会现实的微观水平和宏观水平之间的关键联系。

目前对于情感的研究并不局限于特定的学科和范畴，这也使得情感本身的定义以及与情感相关的概念变得越来越多，如感情、情绪、心境、情操、情感能量等，研究者也开始将情感因素引入相关理论中，以便解释情感变量的作用或机制。

一 情感与情绪

（一）情感与情绪的定义与分类

情绪通常与生物体的生理需求（如饮食、睡眠、繁殖等）有关，这些都是人类和动物共有的。情感与情绪主要指的是情感过程，也就是说，个体需要与情境互动的过程，也就是大脑的神经活动过程，通常有明显的生理唤起。在日常生活中，人们常常把情绪和心情混为一谈。在心理学中，心情的专业表达是心境，它指的是一种具有广泛影响、弱强度和强持久性的情感反应，事实上，心情就是一种持续的情绪状态。

情绪和情感是复杂多样的，很难准确地对它们进行分类。荀子的"六情说"将情感分为六类：好、恶、喜、怒、哀、乐。笛卡尔认为基本的情感是其他情感的源泉，他认为爱、恨、欢乐、悲伤、赞美、期望都是基本的情感。斯宾诺莎提出，基本的情感是快乐、悲伤和欲望。最近关于情绪发展的研究已经确定了10种基于面部表情的基本情绪：快乐、悲伤、兴趣、痛苦、愤怒、厌恶、惊讶、恐惧、羞愧和内疚。一岁以下的孩子不能完整地拥有这10种情绪，他们需要通过后天的学习逐步拥有，而成年人除了基本情绪之外还有许多复杂的情绪。如青年人会对自己的行为感到自豪或是谦卑，对自己的熟人羡慕、嫉妒、恨或是爱，以及对特定领域的知识好奇等，这些复杂的情绪都是两种或两种以上情绪的结合。在复杂的情绪中有一些较为外化异常的情绪，它们是由几种情绪组合叠加而形成的，如焦虑和抑郁，焦虑包括害怕、紧张、痛苦、羞耻等元素，抑郁包括痛苦、恐惧、愤怒、厌恶、蔑视等。这些情绪在不同的情境下会有不同的表现形式。人类复杂的情感情绪都包含着社会内容，并随着语境的不同而呈现不同程度的状态。

情绪状态有几种特殊的表现形式。如应激是一种特殊的情绪状态，当一个人的生命或思想处于危险的境地或这个人无法应对威胁时，会产生应激反应；激情也是一种特殊的情绪状态，虽然持续时间较短，但是它是人们一种情绪爆发的状态，对人们的行为影响较大，通常是由对某个人具有重大意义的突然事件引起的。情绪还具有四个维度——强度（情绪的强度）、快感度（快乐和不愉快的强度）、紧张度和兴奋度，这四个维度在情景下的组合在不同的程度上构成了一个复杂多变的情绪状态。

（二）情感与情绪的区别与联系

在一些研究中，研究人员通常不单独考虑情感和情绪，即情绪直接被用来代替情感，来降低实验的难度和控制相对少的变量。在某些情况下，它们表达的是不同的内容，但差别是相对而言的。人们通常把稳定而持久并具有深度体验的情感反应看作情感，如爱国主义、责任感、人道主义等；将外化较为明显、较为强烈的情感反应看作情绪。事实上，主观体验是存在于强烈的情绪反应中的，情感也能通过情绪反应来表现。我们经常说的感情，既包含情绪也包含情感。情绪可以被当成一种较为基础的情感反应，在情绪的基础上人们不断进行内化并形成较为稳定的情感状态，稳定的情感能够在一定程度上控制或是调节过于强烈的情绪反应，并在与他人互动的时候保持一种情绪上的稳定。

然而，已经形成的情感通常是通过特定的情绪表达出来的。小孩会通过哭泣表示对某个事物或某个人的厌恶，同样的道理也适用于成年人。如人们人道主义的情感会通过特定的情绪表达出来。一个人对不人道行为表示憎恨，对充满人文关怀的行为表示开心兴奋，这就是将他的人道主义情感通过情绪表达了出来；与此同时，当这些情绪发生时，他又会体验到人道主义的情感。一般认为，面部表情是情绪表达的主要形式，肢体语言、语音语调等是情绪表达的辅助手段，面部表情模式来源于种族遗传，处于同一民族的人们的面部表情模式具有较高的一致性。面部肌肉运动为大脑提供感觉信息，导致大脑皮层下的综合活动，以此产生情感体验。在这个过程中，中枢神经系统、脑垂体和下丘脑都能对情绪的产生与调节带来一定的影响。

二 情感与认知

与情感强调态度体验不同，认知主要强调的是由一系列心理活动形成的感知。个体通过形成概念、理解、判断等对感知到的信息进行加工，形成自己的认识。人们的认知活动主要包括感觉、知觉、记忆、想象、思维等，这些活动按照一定的关系或顺序组成一定的功能系统，从而对个体的认知进行调节或是修正。认知不是一个独立的过程，它需要与周围的社会环境发生联系，在联系的过程中，个体的认知系统才能不断地进步发展。

情感与认知看似是两个不相关的概念，两者有着完全不一样的表现形式，也没有相似的特点，在心理学中，情感对于认知的研究却起着重要的作用。20世纪80年代，由扎琼克引出的关于情感与认知之间关系的大讨论，使得越来越多的学者关注到情感这个概念，并开始慢慢地将情感纳入社会认知的研究中来。

扎琼克倾向于认为情感与认知是相互独立的，他认为尽管情感和认知存在着联合的关系，但它们在本质上是两个独立的系统，情感在人们进行认知过程之前就被唤醒了，情感使人们注意到某个事物或事件，也就是说，情感会脱离认知过程，并对认知过程产生影响。扎琼克的这个观点也挑战了传统心理学的理论设想。传统的心理学认为，认知是先于情感的，因为人们在对一个事物或是事件发生情感反应（喜欢、讨厌等）时，首先是要对这个事物或事件有所了解、认识，即我们喜欢某个事物，是因为我们已经大致了解了这个事物、事先进行了判断。

扎琼克的情感独立理论也受到了一些学者的反对，其中理查德·拉扎勒斯（Richard Stanley Lazarus）[①] 的反应最为激烈。拉扎勒斯的反驳观点仍然建立在传统心理学的论点上，他认为认知评价在情感唤醒之前就发生了，认知是所有情感状态构成的基础，情感反应的三个层面都需要认知作为前提条件才能产生。后来一些学者认为扎琼克和拉扎勒斯的争论并没有意义，因为他们的争论本来就建立在一个错误的理论假设上，因为情绪和认知是一个不可分割的整体，过于强调两者之间的区别本来就是不太正确的；但是扎琼克创立的单纯暴露实验为心理学的研究提供了新的线索，单纯暴露实验中所应用的无意识情感启动方法成为研究情感体验对社会认知影响的主要研究线索之一。

---

① 〔美〕理查德·拉扎勒斯，男，加利福尼亚大学柏克莱分校荣誉教授，应激理论现代代表人物之一。

三 情感与理性

理性的概念起源于古希腊，它指的是一种能够感知事物的本质和规律的高级理解形式。柏拉图的思想理论和亚里士多德的"实体论"充分论证了理性作为世界本体和人类本体的存在形式。人类区别于其他动物的基本标志就是，人们能够依靠理性和理性的力量来引导生活。因此，几千年来，人们都把理性视为人类的基本属性，而情感作为一种生理评价和行为体验，被认为是人类灵魂或精神存在的基础。西方社会学存在着两种极化的研究取向——弱情感强理性论和弱理性强情感论，即过于强调情感或理性在人类社会发展过程中的作用。前者认为理性高于情感，情感受制于理性，理性才是人类社会的基本精神，任何以情感优先衡量的判断都是不合理或是不正确的，工具性和逻辑性被理性至上的思维方式无限放大，却忽略了情感在社会结构中的重要性。后者则认为情感优于理性，过于强调理性只会让人们变得更加冷漠、失去人性，情感才是社会发展的根本动力，社会整合的形成和发展与情感是密切相关的。

以上两种研究取向的研究地位并不对等，在许多社会学理论中，人们更倾向于将理性放在一个更高的位置上，以理性人的假设来研究人与社会结构之间的关系，很少对情感变量因素进行研究，因为他们认为人类的情感与非线性思维，如任意联想、诗意或符号思维密切相关。换句话说，情绪与发散性思维密切相关，即没有严密的逻辑和清晰的思路。另外，情感或多或少与某些生理反应有关，如脸红、心率加快、肾上腺素增加，以及皮肤电导水平发生变化等。因此，情感这种建立在人类生物学意义上的本能，并不适合加入到宏观范畴的社会研究中来。理性对社会结构的产生和再生的重要性是不言而喻的。从某种意义上说，现代社会的发展是理性的发展。人们认为理性的实用主义是社会发展和扩张的驱动力。以笛卡尔、莱布尼兹和斯宾诺莎为代表的哲学家认为，理性知识是一种比感性认识更高的知识，要想得到真理就必须依靠理性的知识。而英国思想家培根的著名论断"知识就是力量"，更是直接导致了理性与科学和技术之间的紧密联系，以英国为代表的西方国家在工业革命时期集中精力大力发展实用主义的技术理论，探索工业化的技术之路。直到今天，西方资本主义发展的精神力量仍然是以科学技术为基础的技术理性。

但是仅仅依靠理性是不能真正推动社会进步与发展的，人类文明的发展、社会结构的生产和再生产是理性和情感双方共同作用的结果。如果将人类社会的前进过程比作马车的行驶过程，理性和情感在一定程度上就相当于马车两个轴，缺少其中任何一个轴都不能带动社会和人类文明的前进，过于重视其中的一个轴而忽视另一个轴就不能保证社会的平稳行进。

四　小结

情感研究的学科融合交叉趋势越来越明显，学者也越来越重视对情感的研究，因此，情感在诸多理论或是机制中具有重要作用，如社会学的交换理论认为人们对情感能量的追逐是人们进行交换活动的动力。在认知心理学中，情感体验对社会认知有着直接的影响，积极的情感体验能带来积极的社会认知，即人们在愉悦时会对周围的事物产生积极的认知评价。尽管情感和认知、理性是相对的概念，但是情感与这两者之间是一个统一的整体，不能完全割裂而单独研究。如我们在进行情感传播时，主要以情感为切入点和侧重点，但是我们对于情感运用的程度是需要进行一定的理性选择的，需要对传播的受众有一定的认知，了解他们的国家和社会的背景，并不是一股脑地将所有的情感都传递出去，而是要正确地认知语境，理性地采用情感策略，防止极端化的情感引起受众的反感。

第三节　情感的层次分析

情感在心理学、社会学等学科领域研究较为深入，心理学最早对情感进行研究，社会学对情感的研究在近几十年得到了较大的发展。情感是一个内涵比较丰富的概念，它不仅指的是人们的内心体验和感受，还与人们的社会需要紧密相关，人们在不同的情境下，会呈现不同的情感感受，这就是情感的层次性。一般情况下，人们都倾向于认为，高层次的情感指导着低层次情感，高层次的情感处于一种比较稳定的状态。

一 基于心理学的情感层次分析

在早期的心理学研究中,情感被认为是人体一系列的内在"必然反应"之一,神经系统和生物体系统是情感产生的基础。在后来的研究中,心理学家在实验中慢慢发现了情感与理性紧密相关的证据,开始意识到情感完全来自生理机能这个观点的偏颇性。20 世纪 70 年代中期起,世界掀起了以信息技术、生物技术、新材料等领域为中心的科技革命高潮,而这些技术的发展解决了心理学领域的一些技术难题,也为心理学家提供了越来越多的证据,证明了情感实际上是通过超量的学习获得的,并不只是简单的生理反应。

从心理的动态性维度上看,情感过程是个体在实践活动中对事物的态度的体验,将情感看作态度这一整体的一部分。心理学对于情感的层次分析大体基于情感的表现形式和分类,按照从表面到内在、从简单到复杂的逻辑顺序,情感可以发生在下列四种不同的层次上:一是与感官刺激相联系的简单情感,即刺激五官而引发的简单情感,如闻到花香时的愉悦等;二是与机体刺激相联系的简单情感,即受机体状态影响的简单情感,如身体不适时的难受;三是个体在一定的社会文化环境下形成的社会性情感,也称为高级社会性情感或情操,主要包括道德感、理智感和审美感[①];四是表现个人气质的情感,与前几种情感所不同的是,这种情感具有高度的稳定性,是一种持续的状态,可以反映一定的社会心理,如忧郁、冷静、乐观等。

(一) 与感官刺激相联系的情感层次分析

感官刺激,也称为感觉刺激,主要指的是作用于人类五官的刺激,如对眼睛的光刺激,对耳朵的声音刺激,对鼻子的嗅觉刺激等,不同的环境刺激不同的感官,人们也因此产生不同的心理反应。通常而言,基于感官刺激而产生的简单情感,作用时间较短,只要感官感受不到刺激,这种简单的情感就会迅速消失,如远离了充满花香的环境,人们因花香而感受到的愉悦就会消失;但是这个情感层次出现的频率较高,因为只要人们处在

---

① 左稀:《情感与认知——玛发莎·纳斯鲍姆情感理论概述》,《道德与文明》2013 年第 5 期。

一个外部环境中，个体的感官就会感知到各种各样的刺激以激发情感的出现，而且这个情感层次还会出现情感的叠加现象，即多种情感层次共存，如对噪声的厌恶以及对臭气的厌恶同时存在，这些简单情感之间也可能会出现主次地位的争夺，例如，在一定的时间内，对噪声的厌恶情感可能会超越对臭气的厌恶情感，但是这些简单情感之间主次地位的争夺结果主要还是取决于哪一种感官刺激占优势，如果同时出现两个激发人们产生厌恶情感的刺激，那么激发人们产生愉悦情感的刺激可能会被人们所忽视。

（二）与机体刺激相联系的情感层次分析

机体感觉，又称作内脏感受，可以理解为机体内部器官受到刺激而产生的感觉，如饥觉、渴觉等。饥觉是机体内部缺少营养物质所引发的感觉，渴觉则是机体内部缺少水分而引发的感觉。与感官刺激不同的是，只有在强烈或经常不断的刺激作用下，机体感觉才较为明显，从而被个体所感知。机体感觉对于人类的生存发展具有重要的作用，它能及时报道每个个体体内环境的变化和内部器官的工作状态，使机体能更好地适应环境，从而维护生命。与机体刺激相联系情感层次的情感比感官刺激产生的情感，持续时间要相对长一些，因为这个层次感情的出现需要一定的时间和过程，它不仅是简单的感受，而且是慢慢达到了一种情感的状态，与机体相联系，首先要满足机体的需求，随后才能产生与之相对应的情感反应。与基于感官刺激的情感层次不同的是，这个层次的情感更为复杂，也具有更多的个体差异性。

（三）高级社会性情感或情操层次分析

高级社会性情感或情操主要包括：道德感、理智感和审美感。道德感具有明显的自觉性，不同的时代有不同的道德标准，在人们理解的基础上产生的情感体验，能对个人的行为产生调控和监督的作用；理智感是在人们追求真理或是探索科学等智力活动中产生的情感体验，如人们在探索未知时的好奇、兴趣以及求知欲等，理智感是人们从事学习活动和探索活动的驱动力；审美感是一种在欣赏美的事物时产生的愉悦的精神感受，自然风光、艺术作品等都可以触发人们的美感感受，除此之外，人的相貌举止以及道德修养也能引发人们的美感，如一些人身上的善良、率真、坚韧等品格。爱美之心，人皆有之。个体都希望看到美的人和事物，并通过美的载体产生愉悦的精神感受。人们会沉浸在美感的体验中，向美感靠近，因此，美感体验可以成为人们行为的推动力。在这个层次上，情感的出现较少与生物学上的器官机体相联系，它是人类在社会化过程中逐渐形成的，与所处的时代、社会互动等社会因素密切相关，具有一定的稳定性与差异性。

（四）表现个人气质的情感层次分析

心理学认为气质是不以人的活动目的和内容为转移的心理活动的典型的稳定的动力特征。气质是先天形成的，如一些孩子生下来就爱哭好动，而有些孩子则安静沉稳。气质类型主要有四种：多血质、胆汁质、黏液质、抑郁质。受气质的影响，不同个体表现情感的方式和强度也有所不同。由于气质的相对稳定性，表现个人气质层面的情感也具有相对的高稳定性和持久性，一方面，它在形成初期容易受到环境的影响，并经过长期的影响慢慢形成；另一方面，它一旦成型并确定下来，就不会轻易被改变。人格是个人性格、态度等的总和，构成人格的成分中就包括了个人气质中稳定而持续出现的情感体验，如性格较温和的人，他的个人气质更多偏向乐观。气质有内在和外在之分，内在气质更稳定、更隐藏，外在气质则相对外显，外在气质的情感也更容易表达出来，但是内在气质和外在气质并不是独立的，而是相辅相成的。人的气质情感的形成是一个较长的过程，也最复杂，背后除了一些个体差异的原因，还有社会机制与结构所带来的影响。

二 基于现象学的情感层次分析

从现象学的角度来看，情感是一种具有意向性的意识活动，所有的意识活动都有其相对应的对象，意向性是内心迫切需要并要努力追求才会获得的心理活动，情感本身是一种内在欲望的表达，而情感所带有的意向性对它所指向的事物具有一定的意义。胡塞尔（Husserl）[①] 是现象学的奠基人物，他对情感的研究主要基于认知行为先于情感行为的理论前提，他将情感分为被动的感受与主动的感受。被动的感受是外在的、描述性的，它没有意识的指向性，但是这种感觉是非客体化的，没有真假之分；而主动

[①] 〔奥地利〕胡塞尔，男，著名哲学家，现象学的创始人。

的感受是规范、具有判断取向的,即它是一种作为评价行为的感受,主动的感受有意指的具体对象,因此也就存在真假与否、合理与否的价值判断。胡塞尔认为主动的感受才是真正具有意向性特征的情感类型,胡塞尔也因此忽视了对那些非客体化的情感行为,诸如爱、恨、同情、懊悔、怨的研究。

马斯克·舍勒(Max Scheler)[①]是现象学研究中仅次于胡塞尔的泰斗级学者,他的怨恨情感研究、羞感体验研究等对现象学影响深远。在舍勒的观点中,情感是具有认识功能、作为感受活动的情感活动的总和,而不仅仅是简单的基本情绪,换句话说,情感是所有的感官、身体、心理和精神上的感受。一是人的主观感受,它是人们受环境和心理影响最大的情感感受,如感觉寒冷、炎热、饥饿、悲伤和疲倦。这些感受随着时间和空间的变化不断变化,并且需要依托一定的载体。二是人的先验感受,它是脱离于生理因素而存在的一种本质的感受。这种感受有其自身的客观性,并且存在于经验之前,不受身体的限制,比如燥热的感觉。不管谁感到燥热,或者身体的哪个部位感到燥热,"感觉热"的本质不会改变。因此,客观的先验感受不受客体的束缚。三是两者之间的关系,即主观感受与先验感受的关系。无论哪种热感或是谁感觉热,这种先验的感受都与我们身体的某一部分有关。这两者在本质上是密切相关的,主观感受可以说是一种表象的情感活动,而先验感受则是一种更深层次的情感活动,但是先验感受与主观感受的关系是客观存在的,不受时间和空间的影响。情感是普遍存在的,并且是自身存在的本质体现。舍勒认为,任何一个人都有情感,并通过情感的表达来实现自己的存在,即人们因为情感体验活动而感知到自身的存在,不管这种感受是主观的还是先验的,因为情感的本质是客观存在的,所以人们总是在感受情感的本质。舍勒认为,情感体验本身有一定的层次划分,虽然舍勒没有进行具体的分析,但至少给出了"涵义",情感被设定为一种存在,情感能提前体验到一种涉及某种价值的差异来指导人们的行为,引导人们做什么事、不做什么事。

---

① 〔德〕马斯克·舍勒,男,著名基督教思想家,现象学价值伦理学的创立者。

三 基于需求理论的情感层次分析

虽然舍勒清楚地定义了情感的层次,并对情感的层次进行了划分和规定,但是高低层次之间的关系如何,舍勒的既有研究并没有直接给出答案。人本主义心理学家亚伯拉罕·马斯洛(Abraham Maslow)[①]从需求的角度揭示了不同层次情感之间的发生顺序。马斯洛从本能的假设出发,认为基本需求是一种本能,它是人类在遗传机制中继承的基础,但表达和满足取决于后天的文化和环境。这意味着需求是无意识的、潜在的,而不是被客观化的。从本质上说,马斯洛所说的需求不是指一个特定的物体,而是它指向或带来的情感,正如他在《动机与人格》中所说的那样:"一个说自己饿的人可能不仅仅是在寻找蛋白质或维生素,而是更多地寻求安慰。"[②] 每一层次的欲望都有相应的情感感受,所以马斯洛的需求层次理论也揭示了情感的层次。

我们以马斯洛的需求层次理论作为框架来分析情感的层次。需求理论是心理学中一个比较重要的理论,它揭示了大众需求层次的一般规律,对人们分析和解决社会问题具有指导意义。在马斯洛的需求层次理论中,人类的需求分为生理的需求、安全的需求、爱与归属感的需求、尊重的需求以及自我实现的需求[③]。生理的需求属于基本的低级需求,主要是为了解决人类的生存问题;自我实现是最高的需求层次,即人们奋斗的最终目的是通过自己的努力实现抱负,成为自己期待中的人物;因此,情感的表达方式以及作用时间和范围都呈现着层次性,一级一级地递进,从浅层次感知情感到深度体验情感,以达到精神层面的情感定势。

(一)基于生理需求的情感层次分析

生理的需求是人类的本能,受生理机制的影响,每个人都无法避免。生理需求如果得不到满足,个体就会体会到与相应器官联系的情感感受。这些情感感受虽然持续的时间很短,但是它有一种连续性,直到人们解决

---

① 〔美〕亚伯拉罕·马斯洛,著名社会心理学家,主要关注人本主义心理学。
② 〔美〕亚伯拉罕·马斯洛:《动机与人格》,许金声等译,中国人民大学出版社,2007。
③ 〔美〕亚伯拉罕·马斯洛:《动机与人格》,许金声等译,中国人民大学出版社,2007,第28~29页。

了关于生理需求的问题,这种情感感受才会消失。这种情感感受人们每天都会经历,而且每个阶段的情感感受也不同,人们没有一次能够重复经历情感感受。这个层次的情感主要与生物机体密切相关,不过多地涉及心理和社会因素等。基于生理需求层面的情感属于低层次的情感,低层次的情感意味着较低的参与程度,关联面更狭窄、更具体。具体来说,比起高层次的情感,低层次的情感更明显、更可感知,也更有限。它们可以通过要求较少的东西使这种状态满足消失。

（二）基于安全需求的情感层次分析

安全的需求,是人们心理上的一种需求,人们一般都能处在安全的环境下,但是当人们感到安全受到威胁时,内心会出现各种各样的猜测,并会无意识地把自己所处的情境与看到过的危险情境相联系,从而激发情感的发生。基于安全需求的情感通常指的是对于安全和保障状态满足程度的感受。这个层面的情感一般来说与个体的机体密切相关,紧张不安时,人体内的肾上腺素会升高,刺激人们产生一种害怕和恐惧的情感,比起生理层面的情感,安全需求层面的情感机制更为复杂,因为它不仅是一种生理过程,有时也与个体的经验认知相关,比如人们一般都会认为家是最安全的地方,因此在家中会保持一种相对愉悦的状态,而如果身处陌生的郊外,则会莫名地感到紧张。

（三）基于爱与归属感需求的情感层次分析

爱与归属感的需求证明了人是一种社会动物,人需要与他人交流。爱本身就是一种情感,它包含着各种不同的表现形式,不同的爱连接着不同的对象与人群。一般来说,情感层次越高,人们爱的人越多,爱就越深刻。原则上,我们可以把爱的融合理解为两个或更多的人的需求融合成一个单一的优势。而对于归属感的渴求,是人们的一种社会本能,在群体中人们都害怕被孤立,都希望与群体中的成员保持和谐的关系,以便凝结成集体的团结情感。这个层面的情感更多的是一种在社会化过程中形成的情感,人在社会化的过程中会被一定程度的同化,即形成一种规定化的思维模式,并在集体的作用下,趋向于与大多数人保持一致的行动,对群体产生一种依恋感。

（四）基于尊重需求的情感层次分析

尊重的需求反映了人们对于自身及他人能力、社会地位等满意程度的认可。尊重的需求也揭示了人们的人格尊严特点，即每个人的尊严都是不能被侵犯的，即使是最亲近的人。中国人经常会在日常对话中提到"伤感情"一词，这里的"伤感情"其实是指因为他人对自身的认可程度不够而在无意中被伤害的感受。除此之外，尊重也是一种心态、一种信念，我们以一种平等的心态来待人处事，实际上也反映了自己的一种信念，这是一种建立在公平基础上的情感层次。基于尊重层面的情感是一种高层次的情感，在这个层面上，情感表现可能较为外化，情感影响行为的程度也较为明显，并且情感的持续时间相对较长，也会每次在遇到相似的情况下加强这种情感。

（五）基于自我实现需求的情感层次分析

基于自我实现的情感会让人们体会到一种持续的满足感和幸福感，但是这种机会较少，因为对于高级的需求来说，维持纯生存的紧迫度比较低，所以达到自我实现的时间可能较长，人们体验这个阶段情感的难度也就加大了。这个层次的情感处于一种稳定的状态，人们在这个阶段能更加纯粹地成为自我，更好地融入社会、世界，更好地体验生活。不过，人们在如何满足高层次情感方面有很大的不同。在自我实现的层面上，有些人想要在体育方面表现出色，而另一些人则希望通过发明实现自我价值。高层次的情感也会让人们感受到更多的价值，价值水平越高，与人们的精神思想联系在一起，它的存在就越可以延伸到精神心灵之外，超越时间和空间的局限。

四　小结

情感层次目前并没有明确的概念界定，情感本身就是一个内涵比较丰富的概念，虽然建立在不同学科或视角上的情感层次的分析方法有所不同，但是能达成一致的是，情感层次存在着高低之分，低情感层次更多地与生理因素相关，而高情感层次更多的是达到一种稳定的状态，背后有着各种复杂的缘由。心理学对情感层次的研究从最初的生理机制讨论到后来建立在各种心理学分支学科上的复杂研究，为后来的研究者提供了一个很好的参照，并根据人们在认知、态度以及行为层面的情感特点，将情感理论更好地应用到具体的实践领域，来提高情感研究的实用性。

参考文献

宋红娟：《情感人类学及其中国研究取向》，《中南民族大学学报》（人文社会科学版）2012年第6期。

宋红娟：《两种情感概念：涂尔干与柏格森的情感理论比较——兼论二者对情感人类学的启示》，《北方民族大学学报》（哲学社会科学版）2015年第1期。

宋红娟：《西方情感人类学研究述评》，《国外社会科学》2014年第4期。

张有春：《情感与人类学关系的三个维度》，《思想战线》2018年第5期。

左稀：《情感与认知——玛莎·纳斯鲍姆情感理论概述》，《道德与文明》2013年第5期。

赵凯：《情感体验对社会认知的影响——社会认知中情感因素的体现》，硕士学位论文，吉林大学，2005。

孙一萍：《情感有没有历史——略论威廉·雷迪对建构主义情感研究的批判》，《史学理论研究》2017年第4期。

何涛：《理性与情感：社会学研究的议题之辨》，《陕西学前师范学院学报》2015年第2期。

刘同舫：《启蒙理性及现代性：马克思的批判性重构》，《中国社会科学》2015年第2期。

崔亚玲：《舍勒情感现象学之羞感研究》，硕士学位论文，西北师范大学，2013。

严秋雯：《企业愿景的高瞻远瞩性：高层次情感的图景化呈现》，硕士学位论文，厦门大学，2014。

曾耀农：《电影观赏心理初探》，《当代电影》1996年第4期。

〔美〕亚伯拉罕·马斯洛：《动机与人格》，许金声等译，中国人民大学出版社，2007。

〔美〕鲁思·本尼迪克特：《文化模式》，张燕、傅铿译，浙江人民出版社，1987。

〔英〕格雷戈里·贝特森：《纳文围绕一个新几内亚部落的一项仪式所展开的民族志实验》，李霞译，商务印书馆，2008。

〔美〕克利福德·格尔茨：《文化的解释》，韩莉译，译林出版社，2002。

〔法〕爱弥尔·涂尔干：《乱伦禁忌及其起源》，汲喆、付德根、渠东译，上海人民出版社，2003。

〔法〕爱弥尔·涂尔干：《宗教生活的基本形式》，渠东、汲喆译，上海人民出版社，2006。

〔英〕拉德克里夫-布朗：《安达曼岛人》，梁粤译，广西师范大学出版社，2005。

〔法〕亨利·柏格森：《道德与宗教的两个来源》，王作虹、成穷译，凤凰出版传媒集团、译林出版社，2011。

Raymond Firth, *We, the Tikopia* (London: Routledge, 1957).

Catherine Lutz & Lila Abu-Lughod (eds.), *Language and the Politics of Emotion* (New York: Cambridge University Press, 1990).

Catherine Lutz, "Need, Nature and Emotions on a Pacific Atoll," in Joel Marks & Roger T. Ames (eds.), *Emotions in Asian Thought: A Dialogue in Comparative Philosophy* (New York: New York Press, 1995).

Catherine Lutz, *Unnatural Emotions: Everyday sentiments on a Micronesian Atoll & Their Challenge to Western Theory* (Chicago: University of Chicago Press, 1988).

Nancy Scheper-Hughes, *Death without Weeping: The Violence of Everyday Life in Brazil* (California: University of California Press, 1992).

第二章 情感社会学视角下的情感理论机制

第一节 情感仪式理论

一 理论概述

早期人们对于仪式的解释是取法、仪态或者测定历日的法式制度等，即人们在社会交往中需要遵循的一种规范，如在封建社会，皇帝上早朝，所有上朝的官员都需要行跪拜礼。在人类学研究领域中，对于仪式的定义被局限成人类的"社会行为"，认为仪式是一种建立在一定情感体验上的基本的社会行为。在仪式这个特定的情境下，人们彼此之间会趋向于产生一种同步的、一致的行动，并通过这些活动使仪式情境下的人们注意力集中于一处，从而唤醒相应的情感。

情感仪式理论认为人们之间进行有节奏并且同步的互动具有非常重要的价值。由于具有一个共同的关注焦点，两个以上的个体会自发地聚集在一起，在刚开始时，为了能慢慢融入所处情境下的氛围，每个人都将在仪式中融入一种暂时的情感体验，然后在仪式框架下通过持续互动，进一步将这种短暂的情感体会转化为稳定持续的情感体会，在这个过程中会伴随产生一种群体的归属感，这种归属感有助于增强群体之间的团结。当这些情感通过仪式的形式促进群体团结时，就会被象征化或符号化，而情感一旦被符号化，符号本身也将进一步激发与之相对应的更强烈的情感。情感仪式理论的集大成者是兰德尔·柯林斯（Randall Collins），他的互动仪式链理论成为大多数情感学者的研究重点。但是其实早在20世纪早期，社会学家涂尔干就开始探索什么样的人际力量能够促成社会团结，通过一系列如对原始宗教的图腾崇拜和土著居民集会等的研究，他发现宗教信仰和仪式是一种能够在社会范围内促进社会团结的强大力量，而这种力量又受到超自然力量的指引。通过对土著居民互动过程、机制等的观察研究，戈夫曼认为仪式的作用和形式普遍存在于人们的日常生活中，并提出了"邂逅"的概念，即通过互动的过程，人们可以加强深化彼此之间的情感，加强群体团结，以此与涂尔干描述的土著居民集会相对应。在戈夫曼对互动研究的基础上，柯林斯建立了互动仪式链理论，并对它进行不断的深化。在社会过程中有宏观现象和微观现象之分。微观现象作为基础组成了宏观现象。柯林斯认为互动仪式和微观现象共同构成了微观过程中的基本活动。

二　相关理论介绍

（一）涂尔干的宗教理论研究

仪式研究最早与宗教学和人类学密切相关，一些宗教人类学家对仪式的作用、结构、功能等都做了较为系统的研究。法国社会学家涂尔干则最早将关于仪式的研究应用于社会学领域，在20世纪早期，涂尔干就开始思考并探索什么样的人际关系或是力量能够促成社会团结，并将这个问题的研究重点放在了对宗教形式的成分分析上。涂尔干在其著作《宗教生活的基本形式》一书中，深入研究了澳大利亚土著居民的原始宗教形式，即图腾崇拜和信仰行为。涂尔干认为，信仰指导着人们的思想认知，仪式约束着人们的行为规范，人们会严格遵守并执行仪式的要求。而构成原始宗教初级形式的两个要素就是被崇拜的图腾和祭仪。人们因为仪式而聚集在一起，然后参与到已经安排好的仪式活动中来，这些仪式活动因为主题原因本身就带有积极或消极的取向，并以此来唤醒成员与之相对应的共同情感，但是这种共同情感的形成并非是一蹴而就的，还需要成员都保持相应的信仰和崇拜。在群体成员都保持同一种情感的情况下，个体之间的行为或语言能够彼此影响、传播，以形成一种较为极端，甚至有些疯狂的情感，一般来说，这种情感在平静的日常生活中是很难体验到的，但是这种情感能够促进和加强氏族或部落的信仰。因此，仪式活动促进了信仰的产生和强化，并用一种持续的长期的仪式约束来维持人们的信仰。原始宗教通过对人们思想和行为进行调节帮助维持社会秩序，并整合社会的不同部分，防止社会过于分裂。

涂尔干的宗教研究为后来的情感理论学者打开了思路，仪式能够唤醒群体的共同情感和促进群体团结，因为在仪式中，群体成员会因为同一个关注点集中投入自己的感情，进入同一种情感状态，群体成员在仪式情境下通过一些特定的活动进行互动，来加强这种共同的情感，并伴随产生一种不同于平常的情感体验，这种情感体验的强度和深度可以深化宗教信仰的基础，同时可以使群体的外在形象变得更加鲜明有温度，使成员能够更加深刻感知到群体，从而增强集体的凝聚力。

（二）戈夫曼的互动仪式研究

涂尔干对生成社会团结所需条件的探讨引起了许多社会学研究者的关注，欧文·戈夫曼（Erving Goffman）①就是其中之一。戈夫曼本身对于宗教研究并不感兴趣，但是他是第一个从涂尔干对土著人宗教行为的研究中获得互动行为研究灵感的理论家。戈夫曼把涂尔干对土著人周期性集会的分析转换为"集中的邂逅"，并将"集中的邂逅"划分为六个方面：（1）注意力的集中；（2）成员之间的相互交流；（3）成员之间相互的监督；（4）通过仪式互动产生的团结情感；（5）从仪式开始到结束都有正式的标记；（6）不合仪式规范的行为会被纠正。戈夫曼认为每一个邂逅都镶嵌在一定的场景之中，并成为集会的一部分。

戈夫曼从涂尔干的关于社会团结的宗教研究中得到灵感，认为在日常生活中仪式普遍存在，并提出了"互动仪式"的概念，即尽管这种被"我"定义为仪式的活动是非正式和世俗的，却代表了个体必须保护或构建行为象征意义的方式。戈夫曼主要的研究对象是这些非正式的、世俗的仪式，并将这些仪式扩展到人们的日常行为举止上。他指出，人们在日常生活中看似普通和随意的交流和互动方式实际上就是一种仪式。他把仪式看作一个以对话为中心的固定序列，以及为了维持互动的稳定进行的姿态

---

① 〔加拿大〕欧文·戈夫曼，男，社会学家、作家，主要从事戏剧透视法的符号互动论研究。

的一个部分。仪式使互动能够沿着特定的主题和轨迹进行，使人们集中注意力，并标记互动过程的开始和结束，根据需要和情境多次调整互动框架，通过识别群体成员的身份来唤醒情感，从而纠正与群体大多数人不同的偏差行为。

戈夫曼一直致力于研究怎样才能有效地开展仪式，关注人们之间的互动。他的研究目的是通过研究外表的修饰美化、出糗等行为，来证明人们总是通过精心打磨的互动工作来构建他们的日常生活，即我们平时看起来普通的生活并不普通，它不是一种自然的状态。当人们在日常生活中进行面对面的交流和互动时，互动的双方将根据一般的社会规范来要求自己，并以"表演"的方式来呈现自己的形象，从而提高他们在对方眼中的形象地位，这也是戈夫曼在后期研究中提出的"印象管理"概念。

（三）柯林斯的互动仪式链理论研究

柯林斯的互动仪式链理论较为系统地描述了情感仪式的互动机制，他对互动仪式的研究主要从个人或集体出发，与涂尔干、戈夫曼等社会学家将研究的起点集中在仪式的宏观功能上不同的是，柯林斯致力于研究互动仪式中的情感动力机制，并对"情感能量"概念进行较为深入的论述。柯林斯认为，对情感能量的追求促使个人参与互动仪式。柯林斯将互动仪式中的变量分为两个范畴，一个是仪式元素，另一个是仪式效果，即通过仪式的互动和体验所形成的结果。仪式的组成部分包括边界、局外人、互动的注意力和共同的情感；一起行动或相同的事件、定势化的礼仪（柯林斯将其定义为"小 r"）和暂时的情绪可以激活这些成分；这些变量之间也不是相互独立存在的，而是相互影响的，形成了一个循环圈，这些仪式成分作用循环的结果整合在一起形成了集体兴奋。仪式效果则包括了情感愉悦、群体团结、情感能量、群体的符号表现以及增强的道德感，仪式成分形成的集体兴奋能够提高群体的情感能量，仪式效果之间也能相互促进，如群体的符号能够提高群体情感能量的水平，一旦群体被符号化，这些符号所代表的意义也就更为重要，群体成员的道德感就会因此提高，对一些背离群体行为的抵制会变得比一般群体更为强烈，人们保护群体的欲望也会变强，群体团结也会得到巩固。

柯林斯在互动仪式链理论中指出情感能量是短期的情绪积累，互动仪式是一种转换阀,它可以将短期的情感转换成情感,并通过互动体验和积极的反馈来提高个人的情感能量水平,进而使个体更加积极地参与仪式的互动,并且期望获得更多的资源或如自信、愉悦等积极的情感,尽管柯林斯主要从较小的群体范围上讨论互动仪式,但是从另外的视角来看,我们可以将微观层面上的每一次互动都看成是一种仪式,仪式活动是社会活动的一部分,仪式之间相互独立又相互联系,而社会上的宏观仪式机制正是由这一个个微观仪式不断堆积而成的,并渐渐形成一个长的互动仪式链,每个互动仪式都是长长链条上的一环。

在由乔纳森·特纳和简·斯戴兹(Jan E. Stets)合著的《情感社会学》一书中,作者系统地总结了柯林斯的互动仪式理论,并举例说明了芭芭拉·扎吉克(Barbara Zajick)对耶稣和谐姐妹教会的应用研究,该研究就是以互动仪式链理论作为解释框架的。此外,艾瑞卡·萨默-伊佛勒(Erica Summer-Effler)将自我、生物和文化因素融入互动仪式理论中,通过对下属工作者情感动力机制的研究,试图进一步发展互动仪式链理论,并结合多种情境考察了能够使情感能量达到最大的间接途径。尽管书中花了不少的篇幅解释了互动仪式链理论机制以及应用研究,但是乔纳森·特纳也旗帜鲜明地指出了互动仪式链理论的不足:即使这个社会是由"互动仪式链"形成的,它是由时间演变而来的,是连贯的,但是对于为什么能够按照互动仪式来解释社会结构的回答是模糊的。乔纳森·特纳在其著作《人类情感:社会学的理论》中,对一些情感理论和相关概念做出了补充,对"情感能量"概念进行了进一步深化,并对情感如何在宏观、微观、中观层面上产生并且成为推动力进行了探讨。

三 小结

涂尔干的宗教研究使得集体情感、仪式互动等机制被引入到情感社会学的研究领域,而戈夫曼、柯林斯等人的互动仪式研究则进一步拓展了情感仪式理论。如果说涂尔干、戈夫曼的情感仪式理论只注重在宏观层面考量仪式互动,那么柯林斯更多的是从微观角度解释互动仪式的机制。在柯林斯看来,互动仪式的核心机制是共同关注与情感的联结,并通过一系列的加强活动,产生较为稳定持续的情感能量和群体团结。情感能量在互动仪式中的作用很明显，人们会因为情感能量而投入在不同的互动情境中，即情感能量能驱使人们积极地参与互动。互动仪式市场是柯林斯在解释互动仪式机制时提出的另一个概念，它是一种抽象意义上的市场，是在互动仪式中进行资源交换的场所；在互动仪式市场中，虽然人们会因为情感能量的流动而投入到互动场景中，但是人们对互动场景的选择是非常理性的，人们总是希望能够尽可能地减少自己的付出而获得情感能量的最大化，这时候他们的符号资本和情感能量的投入就成为选择的依据。

第二节 情感交换理论

一 理论概述

交换作为社会科学的概念最早出现在古典经济学中，英国经济学家亚当·斯密认为，人们总是追求经济利益的最大化，即用最小的经济代价换取最大的经济结果，因此为了获得更高的利润，人们会自愿交换更多的物品；马克思与恩格斯提出，生产的前提是人类之间的交往，商品经济的基础就是交换。个体会因为自己的需求与他人建立物质上的交流，并通过一定的规则来进行物品的交换，从而达到自己的目的。早期的交换是一种物质交换，基于人们生产生活的需要，交换关系也较少地涉及权力、地位等的约束。但随着交换理论研究的不断深入，简单的交换理论越来越难以解释人们在交换过程中所体会的情感体验以及一些复杂交换过程中的体制及关系等问题。因此，交换理论经历了一个从行为主义理论、权力机制影响理论、关系凝聚理论到社会交换感情理论等不断演变发展的过程，在这个过程中，也产生了一些重要的概念，如投资、情感、公平、承诺、期望等；其中影响较大的理论有：乔治·C·霍曼斯（Geoge Casper Homans）的社会交换理论、爱德华·J·劳勒（Edward J. Lawler）的社会交换感情理论、布劳（Peter Michael Blau）的交换理论、爱默生（Richard Emerson）的权力—依赖理论等。

尽管学者们对于交换过程中的机制、关系以及情感唤醒研究结果进行了不断的修正与发展，但是交换理论的整体取向都是一致的，即在交换理论中，互动被当成一个过程，在这个过程中，行为者交换资源是为了获得具有更高价值的资源，人们都是利益的追逐者，如果在交换的过程中人们获得了期望中的回报，则会体验到积极的感情，这些积极的感情也会成为交换中的资源，反之，人们则会体验到消极的感情，并产生退出互动或惩罚他人的想法。

二　相关理论介绍

（一）乔治·C·霍曼斯的社会交换理论

交换理论最早由美国社会学家乔治·C·霍曼斯（Geoge Casper Homans）①创立，并在20世纪60年代兴起，随后传播到世界各地。霍曼斯的交换理论思想主要来自斯金纳的行为主义心理学，古典经济学和马克思的经济思想以及人类文化的交换思想，其中霍曼斯从斯金纳的行为主义心理学获得了大部分的理论灵感，因此霍曼斯也是第一个用行为主义理论来对交换行为进行社会学分析的研究者。

在吸收上述理论思想并结合自己的研究后，霍曼斯提出了六个理论命题。（1）成功命题：人的行为与动物相似，应该会遵循一种报酬的原则。如果一个人经常会因为某个行为而得到奖励，那么他就会经常去重复这个行为。（2）刺激命题：在以前的某个时期，人们如果因为某个或某些刺激的出现而使自己的行为受到奖励，那么现在的刺激与以前的刺激越接近，人们就越倾向于进行类似的行为。（3）价值命题：人们总是去衡量一个行为背后的价值是多少，价值越大，他就越有可能采取同样的行动。反之，如果一个行动的结果是让人受到惩罚，他可能就会采取一些措施来避免类似的行动。（4）剥夺—满足命题：如果最近一个人经常获得奖励，那么随着奖励的增多，他能体会到的满足感会大大降低。（5）攻击—赞同命题：这个命题有两层含义，即在获得预料之外的惩罚或少于预期报酬的情况下，人们可能会采取攻击性的行为，而在获得少于预期的惩罚或大于预期报酬的情况下，人们会乐意重复这个行为来避免错误行为的发生。

---

① 〔美〕乔治·C·霍曼斯，男，社会学家，社会交换理论的代表人物之一。

(6)理性命题：霍曼斯继承了亚当·斯密"理性人"的思想，人们总是会保持自身特有的理性，也就是说，当需要做出选择时，人们总是会选择那些总价值随着利润增加而增加的行为。在霍曼斯的六个理论命题中，前五项命题是将斯金纳对动物研究所得出的结论扩展到对人类行为的研究和分析中。他认为，人类在交换过程中会遵循这些原则，但是人与动物有一个很大的不同在于，人是一种理性的动物，会通过观察或是计算来判断价值与回报之间的关系，以及自己可能获取到的最大的资本，再采取行动。

在其著作《社会行为：它的基本形式》一书中，霍曼斯引入了情感、期望等概念，提出如果人类的行为获得期望中的奖赏，人们就会体验到诸如开心、兴奋等积极的情感，如果没有获得奖赏或是没有获得期望中的奖赏，人们则会体验到诸如伤心、沮丧等消极的情感。

霍曼斯的理论主要是建立在心理学上，并没有考虑到一些社会结构或社会因素对交换过程和关系的影响，过于强调心理因素在交换过程中所起的作用，因此这个理论的适用范围可能就局限在人际交往中的一些小群体上，而不能对一些制度化的社会行为进行解释。

（二）爱德华·J·劳勒的社会交换感情理论

爱德华·J·劳勒（Edward J. Lawler）[①] 把他自己早期对情感和承诺相关的理论整合成一个更有活力的情感理论，即社会交换感情理论。劳勒认为，人们在交换关系中体验到了积极或是消极的情感时，他们的认知也会因此被打开，因为他们会评估衡量所处环境对自己的影响，厘清自己感受的来源和缘由。

劳勒通过研究推理，将交换关系总结为四种模式：（1）生成交换：合作活动中每个人储存资源和交换资源，以达到好的结果；（2）协商交换：交换的双方或是多方通过直接的商定，而达成交换的协定；（3）互惠交换：交换的过程中，给予了资源，但并不一定会获得回报；（4）普及交换：将资源给予交换网络中的某个成员，再从不直接参与交换过程的成员身上获得回报。这四种交换模式又可以分为三种类型：生成的交换、

---

① 〔美〕爱德华·J·劳勒，男，康奈尔大学社会学系教授，主要研究劳资关系和社会交换感情理论。

直接的交换以及非直接的交换。其中直接的交换包括协商交换和互惠交换，非直接的交换指的是普及交换。

劳勒认为，生成的交换比直接和非直接的交换更能唤起整体的情感，非直接的交换能唤起情感的强度最低，因为在生成的交换关系中，个人的行为贡献程度不好分离，彼此之间相互依赖，他们都有着共同的责任感，并且责任意识较强；在直接的交换中，交换的结果往往依赖于行为者对协商的达成所付出的代价，因此交换网络的成员之间彼此依赖，但是依赖的程度不高；而在非直接的交换中，行为者的分离程度较高，资源的获得代价也较小，因此，能唤起的情感强度最低，缺少交换合作的约束，成员也缺少共同的责任感。

劳勒的这个机制也解释了为什么人们把积极的或是消极的情感体验归因于特定社会对象的特征，即人们为什么能克服羞愧、自豪（自我归因），克服对他人的愤怒、感激，将这种情感体验归因于关系、网络或是群体。在劳勒提出的三种类型的交换中，生成的交换因为人们彼此之间互相联系，共同为协作的活动做出努力，更容易对情感进行群体和关系的归因。在成功的交换所产生的积极情感进行关系和群体的归因时，人们更倾向于将成功归因于自我和他人，并且能感受到整体的愉悦情感，对自己感到自豪，对他人抱有感激。

（三）强调权力结构影响的交换理论

1. 关于交换关系中的权力研究

布劳（Peter Michael Blau）[①] 对于交换理论的心理分析建立在个体行为主义学家斯金纳提出的理论基础之上，他认为，将所有的人类行为都归纳到社会交换的范围并不合理，因为有一些人类行为并不受社会交换的约束。他提出了将行为转变为交换行为所必需的两个条件：第一，与他人进行互动才是这个行为的最终目的；第二，该行为必须采取必要的手段来达到这些目的。布劳把社会交换定义为"当别人给出回报时，就一直持续，当别人没有给予回报时，就停止的行为"。在他看来，一些相同的交换过程发生在微观和宏观领域。不同之处在于，这些交换过程在宏观领域变得

---

① 〔美〕布劳，男，社会学家，社会交换理论的代表人物之一。

更加复杂。具体来说，交换主体从个人到团体和社会组织，交换的性质也从直接到间接。交换在建立社会制度和社会结构之前就已经出现，但是现在也受到了制度与结构的制约。

布劳首先研究了微观社会结构中的社会交换，认为人际间的社会交换起源于社会吸引，但在后来的研究中，布劳发现，不是所有的交换都是以相互吸引、平等交换为基础的，并由此提出了强调权力机制的交换理论，即交换关系在权力层或是特权阶级层产生了分化，换句话说，就是存在一些相对不公平、不对等的交换，交换的双方如果拥有的资源价值不是处于同一水平，资源价值较少的一方如果必须要获得对方的资源而且没有其他获取来源，就会交换出一种相对更有价值的资源来跟资源价值较多的人兑换，以遵循布劳在交换理论中所建立的互惠与公平原则来维持这次的交换，这种更有价值的资源可能就是一种对权力的尊重或是顺从，对拥有高价值资源的人来说，权力是一种最有价值的资源，因为它可以指挥别人的行为，并带给人们荣誉感。但是，如果权力被过度地使用，拥有高价值资源一方索要更多的顺从时，寻求资源的一方就会一直处于被动的状态，被迫地屈服于权力，一味地退让妥协，这时交换的基本原则（互惠原则和公平原则）就会被打破，消极的感情会被唤醒，冲突的可能性也会大大增加。

爱默生（Richard Emerson）[①] 继承了布劳有关权力机制的交换理论，但也从不同角度阐述了交换关系中的权力问题。爱默生的理论有三个核心的观点：（1）权力；（2）权力的运用；（3）平衡。一个人需要依靠他人才能获得资源，这个人就拥有对于特定需求者的权力，并且根据资源的重要程度以及获取资源的难易程度，来决定缺少资源者对于"权力者"的依赖程度。资源越重要，并且只能从特定的人身上获得时，这两者之间的依赖程度就会越高，但是如果寻找资源的一方也拥有着高价值的资源，那么交换双方之间的依赖程度则会降低，并且权力的单向约束程度也会降低。如果一个人成了"权力者"，他就拥有了对特定权力运用方法的选择权，他可以减少自己在和资源寻求行为者交换过程中需要付出的资源代

---

① 〔美〕爱默生，男，社会学家，主要致力于社会交换理论的研究和探索。

价，或是寻求更多的资源回报。但是通过这种交换，交换双方会产生关系的不平衡，因此，就需要进行一系列的运作来达到相对的平衡。

总的来说平衡操作分为两个方面，即降低依靠他人者对他人的依赖和提高他人对依靠他人者的依赖。相对应，一种方法是依靠他人者试图降低自己所需资源的价值或是从其他相对付出较少资源代价的途径入手；另一种方法则是依靠他人者通过某种方式提高自身资源的价值来增强他人对自己的依赖。

其实爱默生的交换理论就已经包含了情感唤醒的机制，但是爱默生并没有多加研究。我们可以从平衡运作中窥见交换理论中情感因素的激发轨迹，因为依靠他人者在交换的过程中需要付出较多的代价或牺牲多余的资源才能维系这种关系，因此会体验到消极的情感，而平衡的运作就是为了缓解这种消极的情感。而爱默生提出的协商交换和互惠交换同样包含情感动力机制的线索，在协商交换中，双方往往需要经过多次的讨价还价才能达成最后的协定，在这个过程中，因为一方索要的代价太大，会使另一方体验到消极的情感；而在商定完成后，会通过一个正式的仪式来确定这次交换的意义，并使双方都能体会到一种积极的情感，从而为以后的交换合作打下基础。

2. 关于交换关系中的承诺研究

卡伦·库克（Karen S. Cook）[①] 是爱默生理论的拓展者，主要考察交换网络中的承诺，通过观察研究，她发现权力的运用与承诺呈现负相关的关系，即拥有高价值的资源者在拥有权力后，对权力运用得越多，就越不会做出相应的承诺行为；而依靠他人者在做出承诺后，也会较少地被实施权力。库克对这个现象的一个解释是：承诺减少了交换过程中的不确定性，增强了彼此之间的安全感。因为做出承诺就是一种契约行为，并且它建立在一定协商的基础上，从这个意义上来看，承诺实际上就是一种平衡的策略，它开诚布公地提出交换行为者之间的差距，并在双方都能接受的范围内圈定利润或代价，打消了彼此之间的顾虑。但是承诺是否能够单方面使交换双方达成一种平衡的状态，承诺行为所引起的情感是否起到了作

[①]〔美〕卡伦·库克，女，斯坦福大学社会学系教授，从事社会互动、社会网络的研究。

用等，这些问题都需要进一步深入研究，而且在当时，情感也未被当作高度有价值的资源被人们重视，人们也未意识到情感本身也是一种可以交换的资源。在后来的探索中，与承诺相关的积极情感得到了爱德华·J·劳勒和严正九两位学者的重视。

爱德华·J·劳勒和严正九是第一批对爱默生的情感理论应用进行系统研究的研究者，他们探讨的一个主要问题就是交换关系中的承诺，研究的中心就是承诺如何产生积极的情感反应，研究后他们提出了一个承诺模型。这个模型包括了高权力总数、权力平等、交换频率、积极的感情、关系凝聚、承诺行为（赠送礼物、继续留在群体、为群体做贡献）几个要素，其中高权力总数这个变量的概念是建立在爱默生的权力—依赖理论的基础上的，交换行为者彼此之间的依赖程度越高，权力总数的水平就越高，反之，权力总数的水平就越低；而权力平等则可以看作权力总数的因变量，因为权力平等在这个承诺模型中并不是绝对不变的，而是随着权力总数的变化（依赖程度的变化）而改变，权力总数越高，行为者之间的权力分布就越平等；权力总数越低，则说明交换行为者一方拥有较多的权力，权力平等的程度就越低。

劳勒和严正九的承诺模型描述的是一个相对稳定的交换状态，在这个模型中，权力总数的水平高，意味着彼此之间相互依赖的程度高，权力平等程度高，行为者之间就可能进行频繁的交换，从而双方都能体验到一种积极的情感，关系达到一种稳定的状态，形成关系的凝聚，并根据关系的凝聚程度来做出相应的承诺行为。劳勒和严正九认为，关系的凝聚是生成承诺行为的催化剂。在他们对于承诺行为的研究中，着重考察了三种类型：交换一方单独赠送礼物的承诺行为，为了继续维持关系而做出的更有吸引力的承诺行为以及对可能有风险的合作活动做出自己的贡献。

三　小结

交换理论把人们之间的互动看作一个各自获利的过程，并根据获利的期望程度来体验积极或消极的情感。如果获得了期望中的回报，人们就会感受到积极的情感，如果不能获得回报或获得少于期望中的回报，人们就会体验到消极的情感；而在交换的过程中，由于资源价值分布的不平等以及对需求的渴求，交换过程会变得较为复杂，交换关系也因此变得不平衡，此时为了让交换继续进行下去、保持交换的互动，做出承诺、减少依赖等平衡运作就出现了。

在早期的交换理论中，研究者并没有过多探讨情感因素的作用，也没有详细解释交换过程中唤醒情感的机制；但在后期的研究中，研究者慢慢意识到情感本身的价值以及重要性，并且发现了在不同的交换类型中，情感能被唤醒的程度也各不相同。其中，劳勒的理论就大大推动了情感交换理论的发展，并为情感社会学理论提供了一个新的支点。他认为，情感是进行交换后的自动生成的反应，并提出在一个拥有良好联系的网络中，某一对成功的交换不仅会增进交换双方的关系，而且会增进整个网络的情感联系，而不成功交换的不断累加，可能会慢慢击垮整个交换网络的结构，并阻碍群体的形成与发展。

第三节　情感社会结构理论

一　理论概述

社会学的根基始于社会结构，作为一门与社会发展息息相关的学科，其主要研究内容为社会结构的动力机制。然而当我们纵观社会学研究历史会惊讶地发现，只有少数学者关注到社会结构对情感唤醒和进程产生的影响。所谓社会结构，是一种社会关系模式，是个体和集体成员在社会活动当中，通过种种互动形成的持续存在的关系模式。尽管由特定或非特定的社会成员构成的社会组织总是错综复杂，但是每一个个体都占据着独特且具体的位置，并有社会学家将之定义为地位安置（status position）。在地位安置理论中，个体所占据的每个社会位置都在规范、意识形态、价值等方面拥有各自的文化含义，因此个体对号入座便会拥有属于自己的社会角色。通过履行社会角色而采取某种行为，个体会把在该位置上应具有的某些特征反映出来。

社会结构和我们并不陌生的互联网一样，每一个社会个体是网上的基点，通过简单或复杂的社会关系，自然地形成社交网络或社会结构。当然也有其他社会学家采用了节点与网络的概念来描述社会结构,将节点连接起来的线则是个体间的关系。这种类比不仅使个体特征得到了关注,而且分析了网络的基本特征。因此,在情感社会结构理论中,位置的差异或基于网络中给定节点的特征决定了个体在相应位置的情绪过程。比如在公司中,新入职员工会因为上级的表扬或者批评产生开心或者悲伤的情绪。尽管众多学者关于情感社会结构理论构建了自己的理论学说,但是概念化方式大同小异,本节将着重总结这些理论是基于何种角度阐释社会结构特征对于情感影响的动力机制的。

二 相关理论介绍

(一) 感情期望理论

感情期望理论在理论概述中明确说明了社会学的研究核心为社会结构的动力机制,而期望则是一种重要的动力机制。个体在与他人进行互动之前会对情感互动进程存有一定的期待,在互动结束之后,自身的期待是否得到满足则会进一步影响情感的唤醒和进程。如果它符合预期,就会产生积极情绪,如果不一致,就会导致负面情绪。于是约瑟夫·伯杰(Joseph Berger)[①] 第一个提出了期望状态的概念以及一整套理论原理。核心思想是个人在社交场合的行为隐藏了他们的期望,他们的期望来源是多样的,或来自个体所处的位置和权威,或来自整个文化环境对个体行为的定义。当一个人处于互动中时,会产生情绪反应,因此个体会经历某种情绪。伯杰定义此种体验为情感期望状态(affect expectation state)。该状态的形成须历经三个阶段:在初始互动中,情绪被唤醒,情感交流进一步发展,并且对未来互动的期望逐渐建立。个体的位置与权威以及文化带来了期望,情感期望状态的形成则带给了个体不一样的情感体验,进而应用于不同的社会情境中。

(二) 情感微观结构理论

1. 西奥多·肯珀的权力—地位模型理论

作为情绪社会学研究的先驱,西奥多·肯珀(Theodore Kemper)主

---

① 〔美〕约瑟夫·伯杰,男,斯坦福大学名誉教授,从事期望状态理论研究。

要关注情感社交互动和情感变化过程。他与兰德尔·柯林斯一起提出了基于权力和地位的情感理论。这一理论的核心思想是，在某种社会情境中，每个人都具有与之相匹配的地位和权力，权力和地位一旦发生变化，就会对个体情绪的觉醒产生重大影响。权力与地位的概念不难理解，权力即权威，指个体拥有告诉他人做什么的能力；地位则不能单纯理解为结构中的位置，而是处于该位置上所能拥有的特权或荣誉。因此结合肯珀的定义，权力—地位理论模型以权力为核心，通过权力的释放或收回使得人际互动产生顺从、尊重和荣誉等效果，并划分为三种类型：结构性情感、情境性情感、预期情感。在结构性情感中，个体先天性处于的权力等级和地位唤醒了一部分情感，这部分情感与社会结构关系重大；情境性情感则加入了流动的元素，通过互动，个体的权力或地位可能会改变，由此将生成新的情感体验；人们在互动前会对权力和地位有所预期，预期情感便应运而生。也就是说，情绪的动态机制围绕个人的实际权力和地位、权力和地位的流动以及预期的情境期望来运作。

肯珀认为，当人们在社会结构中拥有权力和地位，或者通过某种方式获得权力和地位时，他们将体验到满足感、安全感和信心等积极情绪。当人们感到失去权力和地位时，会产生焦虑、恐惧和失去信心的情绪。在这个理论当中，权力和地位并不是一分为二的平等关系，相比于权力，人们因为地位的获得而产生的情感会更多。当个体感觉不到原始状态的变化时，会感到满足，但当他们感到失去地位时，会经历一系列负面情绪。如果他们一开始并不期望获得地位，但实际上超出了期望，就会出现各种积极的情绪。例如，满足感和感觉良好，也会使他们出现更积极的情绪，并给予地位提供者更多的地位。通过提供和恢复身份，肯珀提出了一种新的情绪动力机制：在社会关系中，当地位拥有者能够自由地给予另外一个人地位，并且把这种给予看作被给予者理应获得的时候，这个人将体验到满足感，并且接受者也将产生感激的心理。这种欣赏和感激将进一步刺激给予者的满意度。如果该过程中的交互可以多次重复运用和进行地位交换，则交互式人员将在特定情况下改善人际关系的交互偏好。这一点则是肯珀所暗示的社会团结必须在这种社会地位机制中形成。

除了在理论上论述权力—地位模型外，肯珀也运用该模型实际检验了爱与喜欢两种情感。在他看来，爱来源地位的输出，喜欢则是地位的输入，因为某人能够行使自己的权力，将地位赐予他人是源自对他人的爱，而被授予地位的人将会体验到一种愉悦，这种愉悦会带给他一种感觉：他喜欢给予他地位的那个人。经过肯珀的一系列研究，他初步确立了权力地位与情感动力机制间的关系，通过权力和地位之间的流动，个体感知到不同的情感，社会关系也在此过程中被建立起来，但在实际操作水平上仍需要经过更多实验才可以验证其科学性。

2. 罗伯特·塞姆的权力和地位理论

在肯珀作为第一人提出权力—地位模型之后，许多人对此领域表现出较大的关注，罗伯特·塞姆（Thamm）花了二十多年，结合了肯珀的权力—地位理论的元素，建立了一个更加全面的情感动力机制的概念体系。对于群体概念，塞姆提出自己的见解，他认为群体并不一定同时空存在，跨时空、普遍的群体特征同样存在。最好的解释是如今的 QQ 群、微信社群等，我们与群里的好友或许并不是在同一地点，在日常生活中也并不是始终在同一时间交流，但是时间和空间并不影响我们成为一个群体，只要我们能够接触到网络，我们不用理会时间和空间的限制，跨越时间和空间对话成为维系群体的重要手段。此类群体本身的普遍特征会生成具体类型的情感，而要产生这种具体情感需要满足三个条件：第一，人们清晰地意识到自己正处在一个自我和他人共存的社会结构情境中；第二，人们能够学会依据自身情况对情境进行认知评价；第三，在此评价的基础之上，人们的某种情感被唤醒，即人们开始体验到某种来自外界牵动的情感。如果说肯珀更关注地位的改变，那么塞姆侧重于认知评价过程。塞姆认为，对于如何在某种情况下采取行动的期望以及对于服从或违背这种期望的奖赏和惩罚是理论的两个核心社会结构要素。除此之外他还提出了一系列参照系：绩效分配（是否满足自我期望）、奖惩分配（评价自我奖惩情况）、归因（对自我奖惩做出相应解释）、互动（评估他人表现对自我奖励收益和损失的影响）。实际上，塞姆所说的奖惩与肯珀所说的地位殊途同归，但在塞姆的理论中，人们开始评估在社会关系中拥有的相对权力数量及其变化情况，之后，在此种评估基础之上，拥有、获得或失去权力和地位的情绪被唤醒。

塞姆近年提出了与化学周期表类似的情感反应周期表，将社会结构条件与情感反应放在列表中，按照一定的顺序组成了多维度交叉表，它不仅可以验证社会结构对于人们情感的影响，而且有一定的预测作用，通过条件分类，人们可以依据此表预测个人将会获得的情感体验。根据塞姆设计的一套符号标记系统，在统计情况时人们可以看到四个象限，出现+则符合个体预期或得到某种回报，人们会体验到与之对应的积极情感；反之，出现-则不符合个体预期或未得到某种回报，人们会体验到与之对应的消极情感。仅仅是一个象限被标识的变化就有八种，两个象限被标识的变化有二十四种，以此类推，四个象限被标识的变化可达八十四种之多，塞姆认为这些变化能够反映人们在社会结构中随着期望的满足和变化，情绪反应也发生的相应变化。塞姆甚至提出了权力和地位的新定义：权力即使不能满足自我期望并做出带来负面后果的事情，仍然会得到回报；没有权力被认为是满足自我期望并做出有积极后果的事情，但不能得到回报；地位是满足自我期望和积极的事情，并得到适当的奖励；三者都不是地位，既不满足自我期望，也不做负面事情，最终没有得到回报。当人们对于这种期望和奖惩机制进行评估时，会有不同的情感输出，例如那些虽然没有满足自我期望却获得了奖励的权力者会感到可操纵，并向那些即使满足期望也无权获得奖励的人表示同情。在塞姆后续的理论阐述中，与肯珀理论更加不同的地方在于焦虑的提出，不管是奖惩给出之后还是之前，担心地位得失的焦虑都可能产生。至此，我们可以看出塞姆的理论是源自肯珀且高于肯珀的。

（三）情绪宏观结构理论

1. 巴里·马可夫斯基和爱德华·J·劳勒的网络理论

如果说权力—地位理论是社会结构中个体微观层面的情感探索，那么网络理论则以节点与节点之间的关系模式为中心来运作。马可夫斯基（Makovsky）和劳勒（Lawler）构建了一种群体团结理论，其中网络节点的访问或密度被列为核心要素。想象一下，蚂蚁拥有精密的地下运输网络，而人们的沟通同样依靠一张人际关系网络，网络上的节点越丰富，取得联系的路径就越多样，如果每个节点都被保证可以进行资源交换，那么这张网络上的各个节点必定会结合得更紧密，此网络所产生的结构凝聚力就更强。尽管凝聚力并不等同于团结,却是团结感生成的必要条件。而在他们的理论中期望同样占据了十分重要的位置,如若个体期望体验积极情感,他会主动进行人际互动,增加网络通道上的资源流通量;如果个人希望体验负面情感,他自然会进行回避,减少频道流量,避免更多互动。即便是宏观网络的联结,可团结感仍旧与个体的自我身份感密不可分,一旦个体产生自我身份丧失感,便会逐渐退出前期构造的积极情感交换循环,相反,整个网络不是增加消极情绪,而是减少了统一感和团结感。因此要想好好保护群体团结,就要关注到群体中每个个体,也要在一定程度上避免群体之间发生冲突,再辅以奖励机制,以网络上不同节点和流通回数为标准进行评判,方可使团体产生更高级的情感体验,有助于群体向好的方向持续发展。

2. 杰克·巴伯莱特的宏观结构情感理论

虽然巴伯莱特(Barbalet)形成了自己的系统理论,但他仍然敏感地在宏观结构过程中嗅到情绪,并且发现情绪对微观层面的人际交往产生影响。在同样的社会结构条件作用下,人们的情感反应会被集体地感受到,而这些情感会演变成另一股力量,激励人们参与集体行动,改变宏观社会结构。在巴伯莱特看来,情绪是一种生理冲动,这可能是有意识的,也可能是无意识或潜意识的,但无论人们是否意识到,情感都将影响个体的行动,人们一旦进行集体行动,必定会潜在地改变文化和我们的社会结构。巴伯莱特并未成体系地去圈定某些概念,只是从中选取了自己最感兴趣的部分或者更具有理论潜力的主题。比如社会结构成分是经济资源分配和权力,不同于微观层面的个体权力和地位,巴伯莱特认为和经济一样,情感同样分布在社会阶级、社会群体当中。当社会结构发生改变时,个体同样会灵敏地察觉到变化并随之产生情感反应,在情感的催动下,社会中不同团体的情感色调发生改变,潜在的行动也逐渐被调动,有趣的是,这一过程中的改变不一定是平等的,最终会导致社会结构变化更加宽松,不确定性增加。在剧烈冲突下,消极情感被孕育的可能性也达到顶峰,于是巴伯莱特更愿意选择研究类似于愤慨、羞愧、报复和恐惧等情感,而在积极情感中只选择了自信这一种。在对上述几种情感进行研究时,依旧以权力分配、期望满足、奖惩获得等为考量,剖析了社会结构宏观条件改变后,人们对于自我和社会的改变。

三 小结

通过研究情感理论的基础感情期望状态理论发现，社会结构中的情感生成源自个体的期望，进而演化出群体地位分化，逐步关注到地位流动或奖惩对于个人期望的影响。肯珀和塞姆的理论是相似的，同样是把权力同地位和期望联系起来，但是又太多地关注个体，从而导致节点分析过于细致且复杂。虽然与微观理论相比，巴伯莱特敏感地察觉到宏观网络分析是必要的，却缺少了进一步宏观结构的概念化，也缺少了对核心观点、术语的概括，因此理论太过于零散、不够系统，尽管对后人研究有一定的指导和参考意义，却不能算是此种理论的一次重大飞跃，最多只能是一次小小的进步。并且在完善宏观理论的同时，也需要将微观水平的研究和社会心理学等相关领域的研究完美地融入结构理论中去。因此，尽管众多社会学家对于社会结构提出了许多自己的想法，也构建了一部分较为完善的理论体系，却大多停留在初步阶段，对于如何进一步获取核心变量间的关系还处在摸索阶段，需要通过大量的研究进一步探求。

第四节 情感进化理论

一 理论概述

不论是经验丰富的社会学家，还是毫无学术背景的普通民众，都对于群体部落的聚集有着统一的进化认知：总是从简单的、分散的群落逐渐形成较为复杂的团体。但是进化论的模型并未在20世纪早期受到追捧，直到20世纪60年代才重新回归众多研究者的视野。大约在同一时间，社会生物学作为一种理论诞生了，它使用自然选择来解释人类行为和社会组织。尽管基于生物学的角度，人类进化和发展轨迹离不开基本的生物过程，诸如基因适应等，但是仅仅参照基因学的研究来解释复杂的社会文化结构形式显然是不科学的，自然得不到社会学家的完全认可。

在达尔文进化论出现不久，社会生物学的一个分支——进化心理学应运而生，尽管它对于社会学的影响不大，但是这个学科的观念确实改变了基因学与社会学争论的部分概念。在进化心理学看来，所谓的基因自私论，只是在人类进化的初期阶段发挥了一定的作用，随着时间的推移，这些选择重新创建了指导大脑中人类行为的生理机制和模块。因此，进化心理学成功将人类社会进化与大脑联系在一起，不再唯基因、唯自然选择论。而大脑是人类的情感中枢，任何一种情感的激活都离不开大脑皮层进行的各种生理活动，一旦涉及大脑，就意味着情绪可能在人类进化中起着非常重要的作用。为了弄清楚情感产生的内在身体机制和进化过程，特别是大脑在这些过程中起到的作用，基于社会生物学和进化心理学之间的协同作用，一项新的神经生物学研究诞生了，虽然它是一门不算大众的研究主题，但是仍然是情感研究中不可忽视的部分。在本章中，我们将重点研究威廉姆·温特沃斯（William Wentworth）的深层社会分析、乔纳森·特纳（Jonathan Turner）的进化论以及迈克尔·哈蒙德（Michael Hammond）的情绪最大化理论，从实证和理论两个层次进行解释。

二 相关理论介绍

（一）威廉姆·温特沃斯的深层社会分析

表达情感的过程实际上与人类的社会化密不可分。情感系统的生物基础被当作自然选择的结果，而真正使情感被唤醒的物质是文化的进步，即人类一步一步社会化。基于这一想法，温特沃斯和几位研究人员共同提出了分析情绪的主要框架。很显然他对于大脑是如何经过一层又一层的生理机制产生情感的机能模块兴趣不大。在他看来，相比于复杂的生物知识，情感产生的基础并不是决定性的，人类在漫长的进化中表现出情感进化，自然选择扩展了我们的神经活动，这些活动反过来给人类带来了更复杂的情感感知，促使人类创造更丰富的文化，甚至进行更深度的社会化。因此，人类才能从一般认知能力中习得和建构更高级的情感反应。

正如前文所言，人类情感的流露一定带有生理的变化，如脉搏律动、流泪、肌肉跳动等，但是人类并不是因为此时的生理机能处于某种状态才去显露某种情感，即不是因为我的眼睛开始制造泪水，我才会流泪，之后才感受到喜悦或者悲伤。如此一种类似生产车间的流程，与人类真实情感流露实在无多大关系。只有当我们感受到某种情感，并主动去表达这种情感，才会发动身体机能去表现我们此刻的喜与悲。情感的表达除了倚赖内在生理系统之外，外界社会情境的条件以及养育我们的文化共同作用着情感体验的过程。人类从个人到社会群体的转变也意味着人类社会化的过程是不可避免的。一点点融入特定的社会文化，了解具体的文化情感特征，感受文化的表达规则，使得人类能够学会运用情感、根据情境收放自如地表达自我情感。

根据温特沃斯的概念，人类天生的情感很简单，只包括愤怒、厌恶、恐惧、仇恨和悲伤，从而产生了相应的基本行为倾向，即逃避、战斗、性、养育和惊喜。通过上述分类，他进一步指出，人类在社会结构中感受、使用和传达的大多数情感主要来源于社会情境而非神经功能所创造的文化氛围。他还以情感与面部表情表达的原始相关性论述了自己的另一部分观点：作为最容易产生情绪信号的面孔，人类对面部表情变化非常敏感，人类识别表情的能力先于言语技能。并且情感具有使人类根据社会情境做出适应增强的作用，人们在一定氛围下的行为是一成不变的，情感由于具有生物性，能够迅速地改变生物的行为；同样情感具有感染性，能够唤醒他人同样的情感甚至扩大情感效果，增强社会关系的联结。

如果说，最开始温特沃斯不得不承认生物基础的力量，那么后来的他开始进行强有力的反击，尽力撇开生物本能，以社会交往、社会变革和情感的联系为切入点逐渐深入。他认为动物越倚赖从环境中学习或获得信息，基因对于物种具体行为的影响就越小，所以当人类处于庞杂的社会信息中，并且承担积极学习者的角色时，社会文化系统对人类行为的影响早已超过了基因特征的简单作用。再之后随着社会化程度的加深，所需要的培养社会关系的能量也越多，特别是需要迅速提取信息的能力越高，因此社会环境重新对于提取信息的能力提出要求，不断变化的社会文化要求更迅速的提取机制。在温特沃斯眼中，人类信息提取以情绪为中心。正由于情感能够进行多水平的加工，人类对社会变革的适应性才得以提高，为此他提出了一系列论断，诸如情感是注意的调节器、情感调节注意的广度、情感能够连接人们的情感和回忆、情感能使自己与他人建立主体性的沟通、情感帮助文化规范和规则的形成、情感促进人们监控自我以达成社会结构稳定等。

用温特沃斯和其他人的话说，人类的情感是身体和社会的语言。历史的进程必然会带来人类深层次的社会化，因此为了打造良好团结的社会关系、建设适合大多数人生存的群体部落，情感在建设过程中承担着催化剂的作用，慢慢推进人类社会的进化。

(二) 乔纳森·特纳的进化理论

我们一直都知道猿类是人类的祖先，也认同自然选择对人类进化起到的重要作用，却忽略了进化的过程中情感扮演了何种角色。但特纳关注到，情感在猿类进化过程中促进了族群的诞生并使得那一部分猿类进化为人，因此，他基于亚历山大里亚灵长类动物进化的谱系分析，分析了情绪进化与深度社会化之间的关系。在某一层面上，虽然特纳的分析与温特沃斯所探讨的问题有些类似，但特纳运用了猿类进化的实例，论述更加贴合生动，理论框架也不像温特沃斯那样松散，而变得更加紧实。语言学和生物学都常常用到进化谱系分析来考察研究对象的根源，尤其是相近的语言和相关物种。例如，如果生物 A 和生物 B 在古生物 C 中有一些共同的基因，那么 C 可能是 A 和 B 的共同祖先。

马里安斯基推理与人类在基因水平上越相近的灵长类动物，在社会网络上和人类的社会结构和行为倾向等越相似。而在 800 万年前，处于成年期的类人猿行为倾向高度自主，群体结构高度流动且松散，联结性也十分微弱，因此得出结论：事实上，人类天生就是社会的动物这一论断或许是错误的。针对马里安斯基的论断，特纳结合自然选择对人类进化的巨大推动作用给出新的思考：自然选择在重新创造人类大脑之后，大脑的新配置可以产生各种情绪，而这些情绪是培养社会关系的好方法。也就是说情感是类人猿这种低社会水平动物向人类进化的途径。

于是特纳从四个层次对以上论断进行了论证。第一，描述产生情绪的大脑的结构。第二，以猿类和猴子在物竞天择、适者生存的大自然是如何存活下来的实例，说明自然选择只是对大脑进行了配置，目的是提供更优化的问题解决方案。在这场猿类与猴子的生存较量中，猿类生活在不易躲避危险且食物有限的森林边缘大草原，加上猿类本身的嗅觉不够发达、徒步行动缓慢，群体内社会组织松散等，生存实在堪忧。反观猴子，生活于富饶的森林当中，并非徒步行动，而且有紧密联系的群体组织。在这场战争中，毫无疑问，猴子占据了上风。但是生物都不会丢失生存的本能，面对不够优越的生存环境和不够完善的大脑系统，大自然的力量迫使猿类的大脑重新配置，增强他们的情感能力，使他们能够建立强大的社会纽带。并由此进一步提高社会组织水平而不至于消亡。另外特纳通过神经学的研究证实了固有生理构造所产生情感的行为倾向与能力，发现自然选择下，首先改变的是基本情感，接着便是重新配置的大脑发出的新指令，基本情绪和基本情绪、基本情绪和次要情绪的融合，并且这些变化都使得社会向着团结的方向发展。第三，在面部语言的优越性上特纳与温特沃斯的看法不谋而合，他们都认为面部语言是人类的原始语言。也正是面部情感语言促进和加强了社会团结。第四，特纳的进化论同样认为大脑生理结构的改变是迫于选择压力，社会水平越高的动物为了维持紧密的社会联结，就必须在短时间内做出最有价值的选择，而这一点是低社会水平的动物所不需要的，因为它们本身并不需要维持社会结构的稳定。

而针对选择压力，特纳又将之划分为六个关键领域：（1）当人类接触某些视觉线索时，情绪能量运动可以唤醒适当的情绪；（2）反应协调同样依据视觉主导，人们在面对面观察的过程中调整自己；（3）奖励和惩罚，以激发积极情绪、抑制负面情绪；（4）道德法则是奖惩得以实施的前提条件，也是社会化的成果之一；（5）最初选择有价值的交换是为了维持社会组织，因此每一次社会关系变动都是一次有价值的交换；（6）可以用决策力来度量一个人选择的质量，决策力可以囊括时间、意志等众多要素。尽管特纳没有直接的实验数据支持，但是他从许多资料中搜集到了支撑材料，所以为了使他的推理更有说服力，我们需要更进一步的数据材料。

（三）迈克尔·哈蒙德的情绪最大化理论

基于人类趋利避害的天性，我们在社会活动中会主动接触积极情感，避免与消极情感碰面，从而达到迈克尔·哈蒙德所说的情感最大化。经过二十多年的研究，哈蒙德在分析脑生物学特征的基础上，构建了融合相互作用理论和进化阶段理论的情感理论。他认为，人类在积极情绪的影响下，能够在从事某项活动时更有动力且更专注，其中的原动力不是生物系统赋予的，而是情绪带给了行为本身一种方向指导或动机力量。因此，人类不仅积极地获得了积极情绪的回报，而且还试图将这种情绪扩展到最大程度。为了满足人类的情感需要，他们主要采取的策略有三种：第一，尽可能去建立多样性的情感联系，使自己获得更多积极情感的途径，当A途径无法给出积极情绪时，可以从容地选择B途径；第二，学会规划自己的人际关系，不和所有人做密友，但也不和所有人做点头之交，按照强度排列自己的情感联系，并且根据自己的情感需要适时转向不同强度的人际关系；第三，依据环境行事，按照个人的标准把相关关系的相对价值做好分类，将积极情感置于较高层级会产生较多的关系，将积极情感置于较低水平会产生较少的关系。虽然他提出了三种策略，但这三种策略并不是独立存在的，而是相辅相成的。并且他总结了影响积极情感最大化的三个基本变量（特定时刻的情感需要、可能获得的积极情感、成本）和两种机能条件（信息加工能力有限、习惯化），也表示人类对于情感最大化的追求过程，正是社会化进程中人们为了维持或改变这些变量、为了突破这些限制做出努力的过程。哈蒙德的研究不再局限于情感进化论，他从各种情感研究中搜集佐证，为自己的理论提供证据，虽然大多数进化理论都含有推论成分，但这些分散的不连贯的研究资料恰好为他的论证打上了正确的标签。

三 小结

或许你读到此处会略感惊讶，一门学科分支的大多数理论竟然都缺少实际数据，仅仅来源于推论，这样不严谨、不科学的方式，既不符合科学本质，又实在让人难以为信。但是尝试换个角度来想，正是因为社会学家一直不满足于现存理论，敢于对研究资料做出新的解说、提出全新的看法，我们的社会学成果才变得如此丰富。

事实上，情感进化论本身就是敏感话题，一旦涉及进化，某些不怀好意的人会过度解读，甚至借机大肆对"人种"高贵论进行宣扬，进而引发种族主义的恶劣言论，引发社会骚乱。正因为早期的社会进化论具有种族主义倾向，情感进化论才停滞不前，但如今社会学家摒弃了这一主观色彩浓厚的观点，从社会形成过程开始解释情绪如何在这个过程中促进社会关系的复杂，而社会进步又对情感进化产生了何种影响。正如上文提及的三个理论，社会学家能够从社会学的角度对看似属于生物学的变化做出合理解释，甚至促进生物界新理论的发展，足以看出社会学研究对于人类社会、人类进步产生着非同小可的影响。

参考文献

高连克：《论霍曼斯的交换理论》，《齐齐哈尔大学学报》（哲学社会科学版）2005年第2期。

胡记文、尹全军、陈伟、查亚兵：《情感影响下的人类认知行为建模研究概述》，《系统仿真学报》2012年第3期。

李爱军、邵鹏飞、党建武：《情感表达的跨文化多模态感知研究》，《清华大学学报》（自然科学版）2009年S1期。

李丽：《雷蒙·威廉斯的"情感结构"理论析论》，《吉首大学学报》（社会科学版）2015年第3期。

刘旭：《恋爱关系中社会交换的不平衡状态研究》，硕士学位论文，河北大学，2017。

濮波：《情感结构的曼波：重复和变化之间的延异——对雷蒙·威廉斯情感结构表现形态的重新审视》，《四川戏剧》2014年第1期。

饶旭鹏：《论布劳的社会交换理论——兼与霍曼斯比较》，《甘肃政法成人教育学院学报》2004年第1期。

沈宏芬：《后情感主义理论：梅斯特罗维奇的社会情感批评》，《吉首大学学报》（社会科学版）2016年第5期。

周刊：《雷蒙德·威廉斯的"情感结构"与几个相关概念的比较研究》，《社会科学论坛》2010年第4期。

张庆贺：《互动仪式理论下社交媒体中视频广告传播研究》，硕士学位论文，重庆大学，2016。

赵姗：《社会交换理论下国有企业知识型员工激励研究》，硕士学位论文，中国海洋大学，2014。

〔美〕乔纳森·特纳、简·斯戴兹：《情感社会学》，孙俊才、文军译，上海人民出版社，2007。

第三章 传播心理学视角下的情感理论机制

第一节 符号心理互动理论

一 理论概述

符号互动理论是20世纪30年代在美国发展形成的理论流派,主要关注人类日常生活的互动过程和符号意义的创造,认为意义和社会结构是由社会互动实现和维持的,人类的互动以符号为基础,其中符号特指对发出者和接受者具有共同意义的能够表意的姿势。该理论还进一步指出,人类在互动过程中凭借符号就能实现意义创造,不断互动的过程便可能对角色塑造、社会规范、文化意义等产生影响。盖瑞·范恩(Gary Fine)通过对群体成员如何协调行为、如何理解和控制情感、如何构建社会现实、如何建立起较大规模的社会结构,以及如何影响公共政策[1]等的研究来概述符号互动理论。

符号互动理论在社会心理学研究中占据重要地位。社会心理学从19世纪末20世纪初诞生之初,便在社会学和心理学两个学科领域之间产生了共同的"边缘性"问题,社会心理学在学科上的特殊性质和地位使其

---

[1] 〔美〕斯蒂芬·李特约翰:《人类传播理论》,史安斌译,清华大学出版社,2004。

始终有着两种不同的研究方向①。其中一种方向为"社会学的社会心理学"(SSP, Sociological Social Psychology),倾向于以社会学研究为主,重视将个体对社会价值观、态度及行为的理解与社会结构、社会制度进行直接关联。另一种方向是"心理学取向的社会心理学"(PSP, Psychological Social Psychology),主要采纳心理学的研究范式,强调将社会变量引入实验室的实验中,以实验的方式操纵与控制社会变量,以求能够观察及解释个体的社会行为②。由此一来,符号互动理论也具有社会学和心理学的双重属性,不仅探讨个体和小群体微观层面的互动过程和情感体验,还将心理分析的方法运用到研究和探索中,分析在人类互动过程中具体情感体验产生和发展的机制。符号互动理论的研究对象是微观的互动过程,但在研究中也会拓展至宏观层面来分析个体的自我身份概念、情感体验等与社会文化结构的相互影响。

二 相关理论介绍

(一) 符号互动论中的情感理论

1. 乔治·赫伯特·米德的符号互动理论

美国芝加哥大学的教授乔治·赫伯特·米德(George Herbert Mead)③是符号互动理论的奠基人和创立者。米德的学生与朋友按照其教学内容整理出著作《心灵、自我与社会》,此题目概括了米德关注的三个重要的概念,米德通过对这三个相互联系的概念进行剖析形成了对个体和社会的理论。米德从人类社会互动的最初阶段探析心灵的产生,将心灵看作未发展的自我,而自我则是在不同的社会场景中通过社会互动而形成④。米德的理论和研究探索的是个体的心灵与自我如何在其社会互动的过程中产生的问题,即通过对个体生活经历和互动活动的分析探究如何形成个体的社会化,同时研究互动活动中的个体如何构成了社会。

---

① 黄旦、李洁:《消失的登陆点——社会心理学视野下的符号互动论与传播研究》,《新闻与传播研究》2006年第3期。
② 周晓虹:《现代社会心理学史》,中国人民大学出版社,1993。
③ 〔美〕乔治·赫伯特·米德,男,社会心理学家及哲学家,符号互动理论的奠基人。
④ 李美辉:《米德的自我理论述评》,《兰州学刊》2005年第4期。

第三章 传播心理学视角下的情感理论机制

米德对"自我"概念的探析和建构是其理论发展的基础。米德受到达尔文进化论思想的影响，强调人类有机体拥有主动的力量而不只会受到环境刺激而被动接受，人类与其特有的精神现象需要结合他们与环境之间的互动过程来进行理解和阐释。米德认为，"自我"便是在这种互动过程中产生的，是逐渐形成并不断发展的。他强调自我不是与生俱来的，而是社会的产物，是基于社会经验及社会互动而产生的，是个体在整个社会化过程中不断与其他个体彼此影响而发展出来的[1]。

米德把自我的发展和形成过程，即个体的社会化过程分为三个阶段。最初的阶段是"模仿阶段"，在这一阶段还没有个体自身作为独立社会存在的概念，还不能借用他人的视角来看待自己，缺乏对符号和意义进行解读的能力，例如儿童只是在模仿父母的姿势和行为，但并不知道其中的含义。接下来会进入"玩耍阶段"，这时儿童在互动过程中已经可以产生有意义的反应，学会从他人的角度看待自己，并学着扮演他人的角色，这时自我开始发展。不过在这一阶段中，角色仍然可以停止或者变换，涉及的还仅是暂时的情境。到了最后的"游戏阶段"时，儿童已经能够承担特定角色，并且在群体中能够意识到自己和他人角色的定位及各自的重要性。在这一阶段，儿童开始明白个体必须扮演好自己的角色才能尽到自己的责任，这时个体会接收他人的态度并对自己的反应和行为做出调整，为构成完全的自我、实现社会化提供过渡。

在持续不断的角色扮演中，米德认为个体将最终完成社会化，发展为一种抽象的共同体概念——"泛化的他人"（generalized other），即赋予个体自我统一性的社会群体或团体。受到这种组织化群体的影响，儿童的观念从"某人期望我的"发展为"某群体期望我的"，并最终变成"社会期望我的"，最后构成具有某种统一性、连贯性、稳定性的自我[2]。个体自我发展的过程也是不断完成社会化的过程，当个体最终成为"泛化的他人"时，个体的行为便会表现为一致性的形式，态度和价值观也将从个人化到逐渐接受群体或社会的规范，这时，个体走进了社会，而社会也

---

[1] 〔美〕乔治·赫伯特·米德：《心灵、自我与社会》，霍桂桓译，华夏出版社，1999。
[2] 黄爱华：《米德自我论的来龙去脉及其要义综析》，《社会学研究》1989年第1期。

开始塑造个体。

米德还进一步将自我划分为两个侧面——主体的我（I）和客体的我（me），他认为"主我"是人类面对他人态度主动做出的反应，而"客我"则是个体采纳的他人有组织的态度①。主我代表的是个体独特的、自然的及自发的属性；客我代表的是经过社会化的自我，是从他人和社会的态度中形成的自我，是以"泛化的他人"的形式实现了内在调节和社会控制后形塑出的自我。米德指出"主我"和"客我"的关系是相互转化、相辅相成的，两者作为不同侧面共同构成了社会个体的整体自我。"主我"使个体在互动过程中发挥自己的独创性，打破常规的模式和惯例，推动社会的更新换代；"客我"则使个体在互动中保持相互间的协调与合作，维持社会整体秩序的稳定②。米德对"主我"和"客我"的划分和阐释使自我概念更加完整，将个体的独特性和社会的整体性结合起来进行分析，以自我两个侧面的互动解释了自我的重要意义。

除了研究个体在互动过程中是如何形成自我并实现社会化的之外，米德还具体探究了个体在互动过程中的反应和行为。米德将互动中的动作分为四个阶段，分别为冲动、知觉、操作、完成。冲动（impulse）是主体与环境不协调时所引发的状态，这种不协调的状态会引发行动。知觉（perception）是个体在定义情境时进行选择，寻找情境中能够满足冲动的事物并加以重视。在知觉的基础上，人们开始尝试操作（manipulation）环境来制约或平衡自身的冲动。如果操作能够消除冲动的倾向，那么就能够达到完成（consummation）这一最终阶段。在这四个阶段中，个体对于环境的心理反应影响其行为；相应地，个体对心理和行为的自我调节也会影响互动过程。

2. 查尔斯·霍顿·库利的情感互动理论

米德虽然对自我和互动过程中个体心理和行为过程的关注为研究互动过程中的情感体验提供了基础和启发，却并没有直接关注到情感，没有明确研究自我产生过程中的情感动力机制。研究符号互动论的另一位重要学

---

① 〔美〕乔治·赫伯特·米德：《心灵、自我与社会》，霍桂桓译，华夏出版社，1999。
② 李美辉：《米德的自我理论述评》，《兰州学刊》2005年第4期。

者查尔斯·霍顿·库利（Charles Horton Cooley）[①]首次将情感动力机制引入人际符号互动的过程中进行研究。库利为符号互动理论对情感因素的研究搭建了框架，提出了具有建设性的情感互动理论。

库利对情感的研究建立在对社会和个体关系的看法上，他认为个体是社会整体的一部分，由此，人类的情感也需要从社会意义上来界定。他提出人类的情感可以划分为生物遗传上的本能性情感和社会互动中的社会性情感。生物遗传的情感虽然普遍存在，但是难以解释人类行为，而社会性情感在各种情感的相互作用中占据主要位置。库利强调对情感进行社会性的界定，目的就在于为情感的符号互动分析奠定基础[②]。库利认为社会互动在情感的产生、释放和发现的过程中扮演着重要角色，他通过对互动过程的分析来探究个体如何能够产生情感体验、理解他人的情感体验，并受到情感体验的影响。

理解库利的情感互动思想需要首先了解他对"自我"的认识。库利十分关注自我与他人的关系，强调人际传播和互动过程对个体的"自我"产生具有重要作用。库利认为，个体通过想象他人对自己行为和外貌的感觉来理解自己，这时的"自我"反映的是他人的意见，因此被称为"镜中我"（looking glass self）。同米德一样，库利也将"自我"看作社会的产物，并将"自我"的形成分为三个阶段：首先是想象自己的外貌和行为给他人造成的印象；其次是知觉他人对此的判断和评价；最后会针对他人的评价产生特定的感觉和情感[③]。总之，个体是在和他人的互动过程中，通过他人的反应来评价自己、认识自己，从而产生"自我"。库利进一步指出，人的自我感觉不是固定不变的，而是在互动中不断发展和改进的。个体的自我感觉成为社会情感的一部分，社会自我是对自己交流互动中产生的某种思想和心理的感觉。

个体持续地在与他人的联系中知觉到"镜中我"，便会相应地产生情感反应。个体在自己心目中看到另一个角色及其力量，对自我的情感体验具有很大影响。例如，我们羞于在一个坦诚开朗的人面前显得躲闪虚伪，

---

① 〔美〕查尔斯·霍顿·库利，男，社会心理学家，美国传播学研究的先驱。
② 郭景萍：《库利：符号互动论视野中的情感研究》，《求索》2004年第4期。
③ 〔美〕查尔斯·霍顿·库利：《人类本性与社会秩序》，包凡一、王源译，华夏出版社，1999年。

或在一个勇敢的人面前表现出胆怯等①。社会自我的感受就是个体的情感反应，是个体在与他人的互动中通过观察和知觉唤起了内在的社会自我情感。当个体得到他人赞赏、肯定等积极评价时，会产生积极的情感反应，有助于提高其创造的兴趣和水平，促发个体的积极行动。然而，当个体接收到消极反馈时，便会感受到羞愧、愤怒等消极情感，这会抑制其创造的欲望，导致消极行为的产生②。库利关注个体在互动过程中感觉到的消极和积极情感体验，重视不同的情感体验会对个体行为产生的差异化影响。

库利提出的个体在互动过程中的情感体验能够影响其认知和行为的观点影响了后来的符号互动理论研究者。基于这一发现，库利较早地关注到了互动过程具有的社会控制意义，指出社会控制的实现受到积极或消极情感体验的影响。当自我感知到满足了他人预期并获得他人肯定时，所体验到的积极情感会促使其保持有益的行为，并维持与他人的团结和自我的协调。而当从他人的反馈中得到的是消极评价时，所产生的消极情感可能不利于继续进行互动。总之，人们在与他人的互动过程中获得对"镜中我"的认知，对"镜中我"评价的倾向进行感知将会产生积极或消极的情感体验，这种情感体验会进一步影响其做出相应的反应和行为，以维持或调解他人积极的评价或消除消极评价。

（二）心理分析与情感互动理论

1. 托马斯·舍夫的情感心理分析理论

随着对情感关注度的提高以及研究的逐渐深入，美国学者托马斯·舍夫（Thomas Scheff）③将符号互动理论与心理分析相结合建立了一种创新性的情感社会学理论，从社会心理学的视角解释和理解个体的自我情感状态，舍夫将情感的微观层面和社会文化的宏观层面相结合进行研究，提出自我情感状态的唤起从微观上影响着人际关系的协调，在宏观上也对社会

---

① 〔美〕查尔斯·霍顿·库利：《人类本性与社会秩序》，包凡一、王源译，华夏出版社，1999。
② 邵培仁：《论库利在传播研究史上的学术地位》，《杭州师范学院学报》（社会科学版）2001年第3期。
③ 〔美〕托马斯·舍夫，男，美国加州大学圣塔芭芭拉分校社会学系名誉教授，主要从事社会心理学研究。

结构的稳定发生作用[1]。舍夫理论中很重要的一部分为"羞耻理论",这一理论建立在双重面向的研究基础之上,一是对库利等符号互动学者和海伦·刘易斯(Helen Lewis)等心理学家有关羞耻思想的理论进行分析和总结;二是对家庭婚姻争吵等社会关系、抑郁等精神疾病和战争起源等现实问题的实际分析、应用与检验,这便使舍夫的"羞耻理论"既有学理意义,也体现着实用价值。

舍夫的情感理论以库利的观念和研究为基础,重点将羞耻情感作为研究对象。舍夫指出羞耻感是自我在受到来自外界的消极评价时,个体所产生的某种消极的情感体验。他认为,无论在任何情境中,人类个体总是处于持续性的自我监控过程中,这种监控将生成相应的自我评价,个体会受到自我评价的影响而感受到"羞耻"或者"自豪"等自我情感。这一观点来源于库利的"镜中我"概念,即人们从镜子中审视自己,并对自我产生评价,继而根据评价生发某种情感状态。与库利不同的是,舍夫进一步从人际协调动力机制的角度探究了"羞耻"和"自豪"两种情感。当感知到的评价比较积极时,个体会产生自豪的积极情感,有利于人际关系的协调以及社会联系的稳定;而当感受到的评价倾向于消极时,个体就会产生羞耻感,羞耻感对人际关系和社会结构的作用相对复杂。

"羞耻"作为一种消极的情感体验,在人际协调机制中有着复杂的双重作用。一方面,当外界的消极评价使个体体验到羞耻时,如果羞耻的原因或内容是得到社会普遍认可的,并且个体自身产生了较为积极的反应,那么羞耻的体验能够促进协调人际交互和巩固社会团结。而另一方面,如果个体体验中的羞耻原因或内容没有被社会所共同认可,甚至被社会所排斥,这种情境下的羞耻感将陷入"羞耻-愤怒螺旋"(shame-angry spirals)。陷于"羞耻-愤怒"循环状态的个体往往会爆发愤怒的情绪,并在爆发后愈发拒绝与排斥羞耻情感,也因此会导致下一次愤怒更加强烈地爆发,由羞耻感带来的这种反应不利于甚至会破坏社会联系的稳固和社会团结的维系。舍夫还进一步以更加宏观的视野关注羞耻情感,指出如果羞耻和愤怒在更大范围的集体中爆发时,甚至能够引起群体之间的冲突和战争。

---

[1] Scheff, Thomas J., "Shame and self in society," *Symbolic Interaction* 26 (2003): 239-262.

不过，舍夫也发现，个体为了避免"羞耻"这种消极情感体验带来的痛苦，通常会激活相应的防御机制来对抗这种体验。当一种社会文化对自我情感状态表达的态度比较消极，甚至比较排斥时，个体一般会选择压抑自己的羞耻感。舍夫在海伦·刘易斯心理分析研究的基础上，发现人们会采取两种方式间接否认羞耻感。舍夫分别以"防范不足"（under-distancing）和"防范过度"（over-distancing）术语来表述这两种方式。在第一种"防范不足"过程中，个体自身已经感受到未分化的、明显的羞耻感，并体验到它所带来的痛苦感，但部分个体会选择使用某种模糊的符号，如"愚钝""无聊""不安全"等语言符号标签，或者放慢讲话速度、用手势遮挡面部等姿势符码来表达自己的痛苦感受，却不承认这种痛苦感觉的真正来源和基础为羞耻感，并将羞耻感隐藏或伪装成其他情感。

第二种否认羞耻感的方法是"防范过度"，是个体以一种"掠过"（bypass）的形式在尚未体验到羞耻的时候便开始采取"加快说话速度"或"做出思考的姿势"等活跃的行为方式，以避免羞耻带来的痛苦感，个体却仍然需要忍受未被自身承认的羞耻感。在这两种方法中，个体都没有承认羞耻的存在，但在"防范不足"情境下个体可以感受到痛苦，在"防范过度"情境中个体甚至都不承认痛苦。舍夫进一步指出，对羞耻的压制和排斥可能最终会引发愤怒，这将会影响协调的人际关系甚至团结的社会结构的形成[①]。图 3-1 表示舍夫的人际协调和社会团结机制模型。

舍夫还结合实际的应用分析发展并完善了"羞耻理论"，舍夫通过和苏珊·雷辛格一起对电视节目中的互动视频进行分析，为自己的"羞耻理论"提供了经验支持[②]。舍夫和雷辛格的研究发现，当电视节目中录像者所揭露的事实不符合社会规范时，当事人会做出高强度的情感反应，例如使用语言符号或者身体姿势来表达自己的羞耻，其中也包括一些隐藏或者不承认的行为。这种强烈的反应和羞耻感破坏了录像者试图通过自己架

---

① 〔美〕乔纳森·特纳、简·斯戴兹：《情感社会学》，孙俊才、文军译，上海人民出版社，2007。
② Scheff, Thomas J. and Retzinger, Suzanne M., *Emotions and violence: Shame and rage in destructive conflicts* (MA: Lexington Books, 1991).

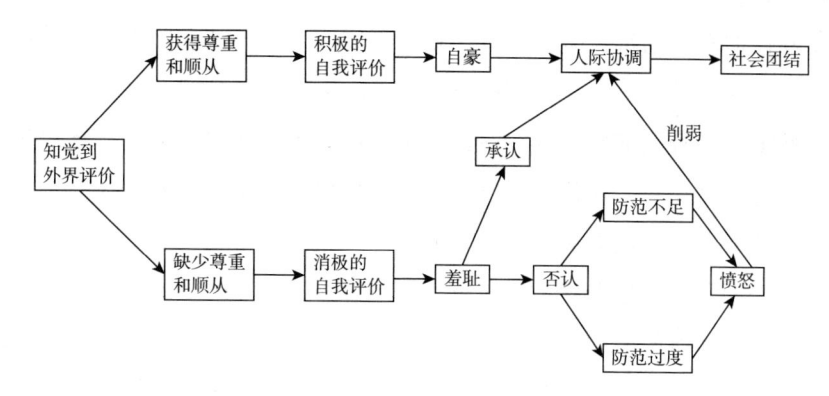

图 3-1 舍夫的人际协调和社会团结机制模型

设的情境来与当事人建立联系的可能性，造成当事人与录像者关系的破裂。由此，我们可以发现，羞耻的情感体验在实际生活中确实可能会导致人际关系与社会联系的断裂。舍夫对电视节目中互动行为的研究展现了人类如何在情境中产生情感反应，以及个体行为对社会团结的威胁程度与个体情感反应之间的关系。总的来说，当个体判断自己的行为对社会团结有相对较强的威胁时，个体会有比较强烈的羞耻感，并在羞耻感的影响下产生一系列的应对行为，反过来这些反应和感受也会影响社会团结。

2. 乔纳森·特纳心理互动分析的情感理论

美国情感社会学者乔纳森·特纳尝试发展出一种新的情感理论，以便把符号互动主义和心理分析传统更好融合成较为普遍的理论[1]。特纳结合以往的符号互动理论和情感理论，提取并整合成自己的理论思想，从微观、中观和宏观角度将情感因素和人际互动及社会结构联系起来。

微观层面上，特纳认为人类存在各种需求，对需求满足的探寻推动他们进行互动活动。特纳指出人类一般具有五种需要：（1）证明自我的需要；（2）交换互惠的需要；（3）群体融入的需要；（4）信任的需要；（5）对确定性的需要。这五种需要预设了互动双方在各种情境下对将要发生的互动经历带来自我满足的期待。例如，基于过去的经验和对情境的

---

[1] 〔美〕乔纳森·特纳、简·斯戴兹：《情感社会学》，孙俊才、文军译，上海人民出版社，2007年。

一般认知，当人们在进入某个情境时，会对在这一特定情境中自我身份的展示和证明有所期待，也会对可获得有保障的互动活动和隐含的潜在收益有所期待。同时，个体还会期待自己与他人体验到的是同一种情境，并且这种情境是自身能够确定的。在此种情境中，个体期待他人与自我彼此尊重、产生良性互动，期待自我能够融入群体成为互动过程的一部分。

当这些期待都能够实现时，人们的需要也相应得到了满足，这会使人们体验到幸福、快乐等各种积极的情感。而如果这些期待没有成为现实，人们就难以获得相应的满足，便可能会唤起愤怒、恐惧以及忧虑等消极情感，继而还可能会陷入羞耻、痛苦、抑郁、内疚等多种消极情感构成的恶性循环中。

当预期没有实现时个体往往会体验到愤怒感，愤怒和来源不同的恐惧感相结合可能会分别产生羞耻感和内疚感。当愤怒与由失败而导致的对后果的恐惧相结合时，个体就会产生羞耻感。而如果与愤怒相结合的是达不到外界预期后果而产生的恐惧时，个体会体验到内疚感。因此，特纳将羞耻感和内疚感与愤怒和恐惧相关联。在羞耻感和内疚感两种情感体验中最主要的是对自己难以达到特定期待的悲痛和失落，除了悲痛和失落之外，羞耻感更明显地指向对自己的愤怒，同时带有对自己不当行为可能带来后果的恐惧；而内疚感很大程度上指向恐惧体验，即对达不到外界预期所带来后果的恐惧，同时含有因失败而产生的对自己的愤怒。与之相反，当个体的预期得以实现时，便可能带来积极情感体验，生发一种自豪感。当个体体验到自豪感时，还往往带有无须为事情向着不好方向发展担忧的信念①。同舍夫一样，特纳也将自豪、羞耻和内疚等情感作为影响个体互动和角色建构的重要因素，并以更多样、更广阔的视角分析论证了这些因素之间的关系。

特纳的理论指出，个体在互动过程中感知的期待还受所在的中观和宏观结构的影响。中观结构嵌于组织体系中，各个组织体系都有自己特有的

---

① 〔美〕乔纳森·特纳、简·斯戴兹：《情感社会学》，孙俊才、文军译，上海人民出版社，2007；〔美〕乔纳森·特纳：《社会学理论的结构（下）》，邱泽奇等译，华夏出版社，2001。

文化传统和规范规则，而互动的双方会被纳入某一中观或宏观结构中，因此中观结构规则以及宏观结构的文化传统都会对个体间的互动过程产生限制。虽然在某些情境下，互动双方可以在互动过程中发展出自己的文化与规则，但从根本上看，中观和宏观结构下的文化已经从普遍意义上对人际互动中如何满足基本需要做出了定义。特纳进一步指出，互动双方被纳入的中观或宏观结构越复杂，他们对如何满足基本需要的普遍性期待就越清晰。期待被认识得越清楚，个体实现需要的可能性就越大。当这些需要得到充分满足时，个体能够获得更多的积极情感体验；相反，当需要没有得到充分满足时，个体将获得比较多的消极情感体验。

此外，处于组织结构中的个体还被赋予了相应的特征，例如社会角色、文化习惯等，这些特征也自动设置着特定的期待。因此，互动过程中的双方，不仅有对于自身需求满足及满足程度的期待，还内隐地接受了外界设置的各种期待，如自己所处的社会地位、所扮演的角色，以及特定文化传统的期待等。因此，多种来源的期待便能够在几乎任何情境下提供明朗或潜藏的唤起情感的方式，而唤起的情感既可能是积极的，也可能是消极的①。

特纳从社会结构和文化特质的角度分析互动过程中的情感动力机制，互动中的双方从中观上处于各种组织和结构中，并能够在更大范围内拓展到宏观领域。特纳通过揭示情感的动力机制，尝试将微观层面的个体情感体验与宏观层面相联系②。当个体获得积极的情感体验时，便会不断地努力，以更好地达成自己所处的微观、中观和宏观层面的期待。在这种情境下，个体不仅满足了自我或他人的需求，还实现了对更广泛的组织结构和社会文化的责任。但是，当个体在互动中更多获得的是消极情感体验时，个体便不再有兴趣继续满足外界的期待，也将不再积极承担自身的责任。一旦有越来越多的个体在互动中体验到消极情感，这些个体情感及行为的改变可能会进一步影响到中观和宏观结构的变更。

---

① 〔美〕乔纳森·特纳、简·斯戴兹：《情感社会学》，孙俊才、文军译，上海人民出版社，2007。
② 〔美〕乔纳森·特纳、简·斯戴兹：《情感社会学》，孙俊才、文军译，上海人民出版社，2007。

三 小结

符号互动理论的研究建立在米德和库利两位学者研究的基础上,他们都从关注自我出发,强调个体在自我形塑与确认过程中心理机制所发挥的作用。库利还更多关注到了互动过程中情感机制具有的综合性社会宏观意义,个体情感体验的倾向性及调节控制将可能对个体行为甚至社会互动产生影响。个体可能会受到自我内在情感体验或者外部环境评价的影响而对自身认知或行为进行调整,以寻求积极的自我认证与他人评价。舍夫和特纳的符号互动理论增加了心理分析的成分,拓展了米德和库利的研究内容。舍夫和特纳从心理分析视角理解和阐释个体微观层面的情感机制,探究个体的积极和消极情感及其生发的影响,并发现微观层面的情感体验、社会宏观水平的群体互动与社会结构之间的相互关系。

总体来看,符号互动理论重视人际互动过程,关注互动过程中自我与他者之间的关系如何生成和促进个体情感,以及个体情感体验在互动过程中扮演什么角色等问题。符号互动理论对情感的研究不仅关注静态的情感状态,还探究互动过程中动态的情感动力机制。除了关注情感在微观个体互动过程的产生和表征之外,符号互动者的研究还把个体与社会及文化相联系,发现了情感在微观、中观及宏观三者相互作用中的调节功能。

第二节 传播心理分析理论

一 理论概述

人类的传播过程离不开对受众心理的剖析,为了更全面有效地探究媒介信息的传受过程,不少研究者选择从心理学路径研究媒介传播。人类传播一般分为内向传播、人际传播、组织传播以及大众传播四种形式。在这四种传播形式的研究历史中,传播学领域的主要关注对象是大众传播,其他三种传播形式的研究成果则大多数来自心理学研究领域,并且心理学对大众传播领域的研究也具有影响。与心理学相关的传播理论,主要是以认知心理学为路径进行探析。认知心理学的实质在于关注人类认知本身的结构和过程，主要研究目的是揭示人类认知活动的内在心理机制，即信息是如何被个体所感知、储存、处理以及运用的，研究对象是人的注意、知觉、记忆、想象、思维和理解等高级认知过程。借鉴认知心理学的相关成果对传播过程进行探析发展出传播学研究中的认知心理学路径。将人类大脑的认知过程融入传播学研究中，有助于传播者更好地理解受众如何完成对媒介信息的输入输出及处理加工，以便更好地对传播内容进行针对性优化，从而达到理想的传播效果。

20世纪中后期以来，心理学领域的研究经历了认知革命，认知研究主要关注人类复杂的心理状态和心理活动，诸如情感、思维、动机等。随着对这些心理状态探究的不断深入，研究者逐渐打开了人类情感等心理状态的黑箱。情感与人类认知的关系逐渐被研究者们所重视，越来越多的研究者对情感进行了关注。受众的心理状态正是媒介活动致效的关键，由此，传播学领域借鉴认知研究路径，关注和检验媒体传播过程中受众媒介体验中的情感反应、受众对各种类型媒介信息进行认知加工的过程，以及受众认知过程与媒介信息传播效果的相互关系等研究议题。

二 相关理论介绍

（一）传播研究的认知心理学路径

1. 媒介体验过程的情感因素

媒介体验过程就是受众对信息进行选择与处理的过程。认知心理学路径下的观点认为人类大脑加工处理信息的机制类似于计算机，大脑会将感官受到的刺激看作外界的号令，因而人类大脑接收到媒介信息后，会自动地按照某些规则对其进行系统编码、储存和提取。受众对媒介内容和媒介形式的选择、接受、回忆等体验过程都有认知因素的参与，媒介体验的各个过程都会受到认知因素的影响。

注意力（attention）是个体接受媒介信息或参与媒介传播过程的前提。注意力是指个体对特定对象选择和集中的能力。注意力具有广度和稳定性双重属性，注意力的广度是个体在同一时段内可以观察到的客体的数量或范围，而注意力的稳定性主要指涉个体对特定客体保持关注的时长。

媒介对受众产生影响的首要环节在于把握并吸引受众的注意力，注意力的广度和稳定性成为各类媒介争相占据的要地。此外，注意力还可能发生转移和分配，注意力的转移是个体有意识地从关注某一个客体转移到关注另一个客体，而分配是个体在同时进行两种或多种行为时，可以将注意力分别指向多个不同客体[1]。因此，媒介活动不论是获取受众持久及稳定的注意力，还是影响和转移受众注意力，都需要从认知角度对吸引受众注意力的因素进行研究和探索。情感能够促进个体对信息进行注意，个体的注意力往往会被包含情感刺激的信息所吸引，并且当其注意力被情感信息所吸引时，其他不包含情感的内容会失去吸引力而不易被关注到。

认知心理学还对情感与记忆的关系进行了研究，发现了情感与记忆的密切关系。已有研究表明，当某一事件触发个体的情感时，交感神经系统会释放出肾上腺素等荷尔蒙，进而启动杏仁基底外侧核产生去甲肾上腺素的系统，这些过程有利于大脑产生长期的记忆[2]。如果信息中包含情感，大脑在编码及储存信息时往往会一并储存当时的情感，因此当人们再次具有类似的情感体验时，之前的相关信息更容易被唤起和提取。相比于不包含情感的中性信息，情感化信息更容易吸引记忆系统对其进行编码。信息中具有背景特征的中性信息往往会在记忆过程中被忽视，但信息中蕴含的情感特征会被大脑的记忆机制加强[3]。此外，在回忆信息时，相比于中性信息，人们更容易回想起具有情感色彩的信息。

基于情感对人类认知过程的影响，在实际操作中，媒介往往会寻求影响受众的情感体验和心理过程来获取良好的传播效果，其中常见的手法为影响受众的认同和移情过程。认同是受众寻找亲近感或归属感的心愿和行动，即想让"自己与目标对象变得相似"。对于有共同经历或者比较认可的角色和人物，受众更容易产生认同感，也更容易接受使他们产生认同感的媒介内容。移情是受众将自我带入媒介角色的认知和情感领域，从而对媒

---

[1] 〔美〕哈里斯：《媒介心理学》，相德宝译，中国轻工业出版社，2007。
[2] McGaugh, J. L., "The amygdala modulates the consolidation of memories of emotionally arousing experiences," *Annual Review of Neuroscience* 27 (2004): 28.
[3] Levine, L. J. & Pizarro, D. A., "Emotion and memory research: A grumpy overview," *Social Cognition* 22 (2004): 530-554.

介内容中的角色或人物的情感、经历等感同身受。这种移情体验及生发的共同情感将会直接影响受众参与的投入性和认可度，对达到媒介活动效果具有重要意义。在某些情境下，基于移情带来的强烈共鸣甚至会使受众产生"自愿停止不信任"效应，即愿意完全接受和信任媒体内容，将媒体塑造的角色当成真实存在，以便能够感同身受地体验其快乐和忧愁。在这种情形下，受众受到情感的影响，已经自愿接受媒介呈现的信息，甚至会忽视信息是否具有真实性。借助于情感的作用，媒介信息往往能够更有效地影响受众的认知过程及其对媒介内容的感知和判断。

除了影响受众的情感体验之外，媒介还会直接运用情感因素来吸引受众主动接受和选择。"悬念和幽默"是媒体经常纳入的情感，是媒介活动吸引受众的重要艺术手段。"悬念"是媒体设置的某种不确定性体验，以唤起受众一种介于恐惧与愉悦之间的情感体验。在悬念的设置下，受众会对媒体内容未知的发展保持期待的心情和强烈的兴趣，从而影响他们对媒介内容的选择和判断。"幽默"经常被媒体作为吸引受众关注，并为受众提供处理消极情感状态的出口和渠道。寻求积极或愉悦的情感体验是影响受众选择及使用媒介的一个重要原因，媒介内容使用幽默手法是为受众带来快乐的直接且有效的方式[①]。受众的情感和情绪在其认知过程中具有重要的影响，尤其是影响受众对媒介内容的接收及其在媒介使用过程中的体验。

2. 理解媒介信息的知觉基础和情感因素

受众对接收到的信息的知觉是一个具有能动性的自主反应过程，这一过程不仅受客观对象的影响，也受知觉主体的制约。传播学研究的认知心理学路径除了从媒介角度研究媒体的内容、形式等因素如何影响受众对媒介信息的认知以外，也从受众角度对其理解媒介信息的知觉基础进行探析，为探索媒介信息如何更有效地被受众接受和理解提供基础和支持。

个体感知媒介信息首先依赖感觉。个体遇到外界刺激时，其感觉器官及大脑会对刺激的个别属性做出直接反映，这种反映就是感觉。在感觉的作用下，个体还能够进一步对刺激做出不同的反应。不同的刺激形式会唤起不同的感觉，不同个体的感觉能力和范围也不尽相同。理解和认识人类

---

① 〔美〕哈里斯：《媒介心理学》，相德宝译，中国轻工业出版社，2007。

具备的感觉能力及其范围是建构媒介内容与形式的基础。在感觉到信息刺激之后，个体会进一步产生对外界信息的知觉。感觉主要是对感官受到刺激的个别属性的反映，而知觉是在感觉的基础上，借助已有经验对刺激信息进行选择、加工和解释，从而赋予其意义，实现对客观事物整体属性的现实反映。知觉通常由若干个相互联系的过程组成，最终能够形成特定事物的连续性认知和完整性映象。受众对媒介信息的理解过程便是依赖其能动性的知觉过程。

受众理解媒介信息的知觉过程主要依赖于选择、组织和解释等过程。个体对媒介信息会选择具备某些属性的信息或信息中的某一特征进行知觉反映，这一现象被视为知觉的选择过程。当外界刺激超出个体正常范围内的接受能力时，这些刺激便会引起知觉的超负荷，个体心理状态会自动排斥某些刺激。因此，为了避免陷入知觉的超负荷状态，个体的知觉过程会对信息进行能动性选择。除了受到超负荷的影响外，情感因素也会影响个体知觉过程的选择。例如，当个体受到恐惧等情感刺激时，会倾向于回避或减缓对外界信息的反应；而个体感觉到愉悦时，会主动选择对更多信息进行知觉。一般而言，媒介信息能否被受众内化受其知觉选择性的主动把关。此外，知觉的组织过程也是受众理解信息的关键过程。受众接受到的媒介信息大多是庞杂而离散的，当这些信息传至个体大脑时，大脑便会按照特定规则对信息进行组织或排列使其形成一个整体。个体在知觉中通过组织过程对信息进行整理和加工，为受众理解媒介信息搭建内在认知的基础和桥梁。

在知觉过程中，个体还会对接收到的信息进行主动解释。当离散的信息被组合成整体模式后，这一模式会被与过去经验中的模式进行相互比较，基于这种比较来为新的模式赋予意义和内涵，从而完成对信息的解释和理解过程。受众对媒介信息的解释往往依托于个体过往的经验、情感、态度等因素，而在这几个因素中，媒介比较容易把握的是情感因素。因此，媒介往往会利用情感因素影响受众对媒介信息的解释过程。例如，当受众接收到包含兴奋情感的信息时，会将这一信息与以往经验中同类型的情感体验进行对比，从而赋予新信息兴奋的情感反应。情感不仅影响受众对媒介信息的解释，而且影响其评价及态度的形成。处于积极情感状态下的受众倾向于对媒介信息做出正面的解释和评价，更可能生发相应的好感，产生媒介预期的行为倾向。媒介可以探索各种情感机制或合理利用不同类型的情感，影响受众接收媒介信息后的情感体验和态度倾向，使受众对媒介信息的理解和解释与媒体预期达成一致。

（二）传播心理分析视角下的情感议题

1. 媒介情感传播对受众认知的作用

情感已经成为媒介寻求理想传播效果的有效手段，情感传播已经成为媒介传播中的一种常见形式。在旨在促进受众消费行为的广告媒介形式中，产品的功能性利益已经不再是广告宣传的唯一关键要素，越来越多的广告开始挖掘产品的情感内涵，在广告中运用相应的情感机制。研究者对广告情感传播对受众认知影响的实际过程进行了探索。根据以往的研究，广告的情感作用机制主要有三种模型。第一种是唤醒模型（Thayer's Arousal Model），该模型发现唤醒对于情感、态度及行为发生具有重要作用，认为仅仅呈现信息难以明显影响或改变受众的行为，发生唤醒才是改变个体态度或行为的必要条件。因此广告中纳入情感因素能够更加有效地唤起受众各种类型的心理体验及状态，从而改变其态度和行为。第二种是说服的情感迁移模型（Affect Transfer Model of Persuasion），该模型认为受众对信息的认知过程是一段条件反射的历程。当广告激发受众的情感反应时，受众会把这种情感反应转移到广告中的品牌或产品中。因此，当广告以各种方式激起受众积极的情感体验时，受众很可能对广告也相应地寄予好感，通常有效的方式是在广告中直接诉诸情感。第三种是精细加工可能性模型（The Elaboration Likelihood Model），主要用来解释个体态度的改变。精细加工可能性是指受众获得信息后进行主动加工的动机强度和能力水平。当受众的精细加工可能性低时，其态度的改变很大程度上受到广告所激发的不同情感体验、自身情感迁移和直接推断等因素的影响[①]。

新闻媒介的情感传播也会对受众认知世界的方式产生影响。媒介是受众认识现实世界、形成现实认知的主要信息提供者，受众对媒介信息的选择、加工和记忆的过程直接构成了受众形成对某一事物看法的过程。不仅

---

① 周象贤、金志成：《情感广告的传播效果及作用机制》，《心理科学进展》2006年第1期。

如此，受众对现实的认知和建构还依赖以往的经验，媒介信息同时提供了这一认知背景。新闻媒介的内容会激发受众大脑记忆系统中已有的一些相关信息，大脑以往的语境会影响受众对新接触信息的思维过程或观感体验，而蕴含情感意涵的信息对这一过程的作用更为明显，再次受到情感刺激会重新唤起以往类似的情感体验和情感色彩，直接影响受众对新信息的阐释。个体最近接收到的信息或者经常使用的媒介成为其认知过程的背景和经验，在新的信息刺激下，个体的认知系统会将新信息和以往信息建立联系。但在这一过程中，个体并不是依照以往积累的所有经验进行综合分析，而是进行选择性注意。当需要做出处理或判断时，认知系统会选择少量但重要的信息作为背景进行分析决断。通常情感信息比中性信息更容易被大脑当作重要信息而赢得更多选择性注意。

2. 媒介暴力内容与受众情感体验

对于媒介暴力内容及其影响的研究由来已久，最先是起源于20世纪60年代，在处于动荡状态和暴力威胁的美国受到大量关注。暴力成为媒介报道和呈现的重要议题之一，研究者们纷纷关心媒介对暴力的直接报道和呈现究竟会对受众认知和行为产生何种影响。由于在暴力事件中常常伴有强烈的负面情绪，受众接受媒介暴力信息时产生的情感体验和情绪感受同样会引起研究者的关注。

一方面，媒介呈现暴力对人们消极情感的产生有直接影响。有研究证明，使用电视媒介时间的长短与受众的心理创伤，如忧郁、焦虑、恐惧、压抑等存在一定相关性。媒体呈现中的暴力信息能够激活大脑中杏仁核部位和部分右大脑皮质，从而影响其负责的生理唤起、威胁监测和潜意识的情感记忆等功能。另一方面，媒介暴力内容带给受众的情感体验也将直接对其行为产生影响，不同的情感体验会带来不同的结果。部分研究者提出受众可能受到媒介暴力内容的影响而产生模仿行为。模仿主要通过观察和学习发生作用。媒体中过多的暴力呈现可能会导致受众去抑制性，使受众产生不再抑制施行暴力行为的想法，提高了受众对付诸暴力行为的接受度。然而，也有研究者分别提出被媒介暴力内容笼罩的受众可能会产生敏感化或者脱敏效应。敏感化是一种反向模仿效应，当受众看到暴力过程的惨烈以及暴力后果的严重时，会对暴力产生强烈的悲观认知，从而不太可能产生模仿行为。这种排斥暴力的倾向可能源于对暴力后果的恐惧感或对暴力受害者的同情感。另外一些研究者认为持续性接触媒介暴力内容会使受众变得迟钝和冷漠，对暴力行为不再敏感，产生脱敏效应。一旦"脱敏"现象产生，受众对暴力新闻的迟钝和冷漠也会使他们对现实中暴力问题的关注度降低。

3. 网络事件的情感心理动员

随着传播技术的变革，媒介环境也在不断发生变化，在互联网时代中，公众掌握了直接的发言权，不仅是信息的接受者，而且成为信息的传播者。在这种传播环境下，新闻的产生和传播往往会引起网友广泛的讨论，在各种机制的作用下甚至会引发网络群体事件，而网络群体事件的发生和发展，很大程度上遵循着情感动员的逻辑。在网络事件研究中情感已经成为不可忽视的维度，越来越多的研究者对网络事件中的情感心理动员进行了研究。

在网络环境下，情感流露是直接且有效的表达与交流形式，网络环境的情绪化倾向已经得到大量研究者的认可。网络环境中的情感能量已经成为网络群体事件的直接动力，从心理层面为网民提供动员力量。不同于线下群体事件，网络群体事件的发生很大程度上是一个情感动员的过程，情感在现代媒介环境下群体事件心理动员中起着关键作用。有研究者指出，网络事件之所以能够在广泛的、大规模范围内进行动员活动，根本在于这类网络事件能够唤起网民脆弱且敏感的情绪，并进一步激发和调动网友情感背后的强大力量。情感的不断作用和刺激推动了网络环境互动与连接的发生，随着互动的不断发展和扩大最终形成网络事件[1]。

情感作为网络事件的动力机制，还能够不断推动网民实现情感共振与话语协同。个体情感难以直接导致网络事件的发生，一旦个体情感被某一事件的抗争主体所征用，在某一抗争议题下发展成某类社会情感，网络事件便可能发生[2]。从个体角度而言，网络事件唤起的情感直接影响了网民

---

[1] 蒋晓丽、何飞：《互动仪式理论视域下网络话题事件的情感传播研究》，《湘潭大学学报》（哲学社会科学版）2016年第2期。
[2] 陈相雨、丁柏铨：《抗争性网络集群行为的情感逻辑及其治理》，《中州学刊》2018年第2期。

对获取信息的加工以及对事件本身的理解和阐释，甚至影响了网民对事件发展的思考，继而对网民的社会认同以及公共话语体系构建产生了影响。从社会视角来看，社会文化既深深影响着网民的情感反应，又影响着网民在社会文化和特定情感的框架下产生一定的行为①。情感动员策略已经成为目前我国网络场域中群体事件的重要动员策略之一。尤其是针对某些具有特殊性质的议题，高效和广泛的情感表达和传播成为原子化的个体网民整合在一起的动力来源，越来越多的个体被凝聚到某种"情感共同体"中，推动着网络群体事件的迅速生成。

三　小结

基于认知心理学的分析路径，传播学者对媒介活动与受众认知过程的关系进行了探析。随着传播技术的变革和媒介形式的发展，现代社会人际交往方式也发生了新的变化，情感更多地被纳入传播研究的视域，情感议题已经成为传播研究的重点关注对象。无论是对媒介活动中的情感对受众认知过程所起效用的探索，还是对受众各种不同的情感体验对媒介效果带来影响的分析，都为情感和传播心理学研究建立了勾联。

在以往传播认知心理学研究路径中，因为受到理性主义范式的影响，情感往往被认作干扰或扭曲认知过程的因素而被排除在研究视野之外。随着神经科学研究技术的突破，情感与认知的密切关系被证实，情感协调主体与环境间互动、告知主体事件缘由以及指导主体做出反应和决策的功能得到了重新理解。与此同时，在具体实践中，媒介越来越多地以诉诸情感的手段进行情感传播。基于此，越来越多的研究者已经开始在认知路径下探索情感在媒介传播过程中的角色、功能及定位。情感的加入对传播学认知路径下的研究发展具有重要的现实意义。总体而言，目前传播学领域的情感研究还处于起步和发展阶段，研究者们仍须继续进行创新性理论建构与突破性现实应用。

---

① 谢金林：《情感与网络抗争动员——基于湖北"石首事件"的个案分析》，《公共管理学报》2012年第1期。

第三节 媒介心理效果理论

一 理论概述

传播效果理论在传播学研究中占据着重要位置。传播效果即传播过程在多大程度上实现了传播者的意图和目的。传播效果由传播信息在受众接收后能否产生影响来衡量，影响一般表现在受众的认知、态度、行为等方面的变化。传播效果可能是短期直接的表现，比如影响受众对某一事件的意见和看法；也存在着长期或潜在的影响，比如受众价值观念的形成或改变。影响传播效果的因素有很多，宏观层面的社会文化和意识形态，中观层面的媒体组织、媒介内容和形式以及微观层面的受众个体特质等都可能直接或间接影响传播效果的达成。

对传播效果的以往研究不论是从理论上还是实际应用中都已经取得了丰硕的成果。在传播效果理论研究中，研究重点大致上历经了从受众态度和行为出发进行研究，如早期的劝服理论；到逐渐关注媒介对受众认知层次的影响，这一时期的代表性理论有议程设置理论与涵化理论；再到后来开始以受众为中心视角，发掘受众在媒介使用和接受过程中的主动因素，例如使用与满足研究以及第三人效果理论。在媒介传播效果检验的研究中，对于何种因素会影响到广告、新闻等各种媒介实际效果的探索也一直没有停止。在理论和实践两种研究视野下，情感因素都是研究者考量的对象之一。本节内容主要探讨在传播效果研究中情感因素所扮演的角色及其实际作用。

二 相关理论介绍

（一）受众态度和行为层的影响研究：劝服理论

早期的传播学主要是研究大众媒介的传播效果，主要着眼于大众媒介如何影响受众的"态度和行为"，关注受众在接收大众媒介信息后态度和行为改变的规律、机制等理论问题[1]。这一研究热潮与当时的社会现实有关，在传播学兴起的早期，正处于两次世界大战时期，需要借助大众媒介

---

[1] 刘晓红、卜卫：《大众传播心理研究》，中国广播电视出版社，2001。

的宣传作用来鼓舞士气并抵抗敌对势力的心理进攻。因此，研究者们比较关注媒介说服性的传播内容是否可以改变受众的态度和行为，以及如何说服才能达到"使受众态度和行为发生改变"的效果。说服性传播研究的主要目的在于发现态度改变的规律并以此进行说服活动，利用大众传媒的劝服传播使受众的态度或行为发生预期的改变。

实际上，从亚里士多德的时代开始，对传播的研究就已经重视传播的说服力问题。在当时，最强有力的传播途径是演讲，亚里士多德曾就演讲提出，成功说服听众的第一个条件是让听众相信传播者，对传播者有信任感。第二个条件是演讲要唤起听众的情感，听众的情感被唤起后，说服便容易达成。因为一旦人们能够产生喜怒哀惧等情感反应，人们所做出的决定很大程度上会受到这些情感的影响。第三个条件是说服要靠论述本身达成，即演讲者要能够以一定的方式证明自己所论述的是真理，要使论述本身能够使人信服，这样才可以使论述具有说服力[①]。亚里士多德已经注意到，要取得良好的说服效果，除了借助理性的逻辑论述外，还要把握住受众的情感及其特质，通过一定方式激发受众的特定情感以达到"动之以情"的效果。

美国学者卡尔·霍夫兰（Carl Hovland）[②] 在第二次世界大战期间进行了持续性大规模的劝服传播研究，主要研究传播活动对士兵态度和行为的影响，从而探究如何利用媒介信息说服士兵以提高士气。霍夫兰的劝服研究揭示了一系列传播效果形成的过程和条件，例如信源的可靠性、传播意图的明显性、传播技巧和方式，以及受众的个体特质等。在这些制约传播效果的条件中，霍夫兰也关注到了情感因素的角色。他指出，在传播中可能存在两种不同的诉求方式——理性诉求与情感诉求。理性诉求是借助严谨的逻辑阐明道理或者冷静地陈述事实，通过理性或逻辑来达到说服的目的；情感诉求是直接使用蕴含情感色彩的话语表达或者借助其他手段营造某种氛围来感染受众，通过与受众达成情感共鸣来谋求达到期望的效

---

① 〔美〕威尔伯·施拉姆、威廉·波特：《传播学概论》（第二版），何道宽译，中国人民大学出版社，2010。
② 〔美〕卡尔·霍夫兰，实验心理学家，传播学奠基人之一，主要研究社会交往以及态度和信念改变。

果。霍夫兰以及同时期的研究者们通过实验研究的方式证明了情感诉求比理性诉求更可能导致受众态度的改变。不过在实际应用中,很难完全把两种诉求分开,情感诉求对传播效果的影响具有复杂性①。由于个体的经历、性格、教育水平等因素不同,其行为受理性和情感影响的程度也会有明显差异。一部分个体容易受到情感或气氛的感染,而另一些个体则可能更容易接受理性逻辑的说服②。在探讨如何有效达成媒介劝服效果时,需要充分考虑受众的个体特质以及传播内容的性质,有针对性地运用理性和情感两种因素,仅重视其中一种因素而忽视另外一种可能难以达到预期效果。

(二) 受众认知层的影响研究:议程设置理论与涵化理论

在早期的传播效果研究中,效果主要表现在外显的态度或行为变化上。而20世纪70年代以后,在认知主义的影响下,大众传播效果研究转变了研究方向。与之前行为主义影响下的效果理论相比,新的研究不再把说服或者受众政治态度及行为的转变作为研究重点,而是关注更复杂的过程,既包括个人的内在认知过程,也包括个体文化信仰、意识形态等社会过程。这一时期的研究把认知的改变而不再是态度的改变视为媒介产生的效果,将一般性的传播过程而不是说服性传播作为研究对象,研究重点以"关注认知结构和意义的构建"替代了以往"关注简单的态度或行为变化"③。这种研究视角下的代表性理论为议程设置理论和涵化理论。

议程设置理论首先由美国学者麦考姆斯(McCombs)和肖(Shaw)在研究1968年总统大选期间大众媒介的报道后提出。他们发现大众媒介在报道中为政治事件设置的议程,会影响受众对政治事件的显著性认知④。议程设置理论研究的是大众媒介的报道议程对公众认知会产生何种

---

① 〔美〕威尔伯·施拉姆、威廉·波特:《传播学概论》(第二版),何道宽译,中国人民大学出版社,2010。
② 李永健:《大众传播心理通论》,中国传媒大学出版社,2008。
③ 刘晓红、卜卫:《大众传播心理研究》,中国广播电视出版社,2001;李永健:《大众传播心理通论》,中国传媒大学出版社,2008。
④ McCombs, M. & Shaw, D., "The Agenda-setting function of mass media," *Public Opioion Quarterly* 36 (1972), pp.176-187.

影响，揭示了媒介对某些特定议题的报道倾向和力度，即议题在媒介报道中的显要性和重要性，能够影响公众对于这一议题的关注及对于重要程度的认知。由于大众媒介的影响，受众会认为新闻中强调并着力报道的议题就是重要的议题。这一理论重申了大众媒介的重要地位，发现了大众媒介影响受众的另一种形式。在议程设置理论提出后的40多年来，对于各种因素或条件会影响议程设置运作与效果的探究一直没有停止。研究者们已经发现受众个体心理需求导向、受众本身的政治态度与立场、事件或议题属性、媒介形态和内容以及媒介接触方式等因素都会影响议程设置的发生过程和效果。其中有研究者证明，媒介报道如果能够引起受众的情感反应，则可能会产生比较明显的议题设置效果①。

涵化理论是美国宾州大学教授格伯纳（George Gerbner）②与其合作者们自1969年开始对电视所做的一系列研究中得出的理论成果。其中心内容是：电视观众对于社会现实的观念和认知更接近于电视中所呈现的社会，并且在观看电视越多的受众中，这种现象表现得越明显。例如由于电视中暴力以及危险场景较多，相比于看电视较少的个体，看电视较多的观众会认为现实生活的暴力指数更高。格伯纳与其合作者在对电视进行长期实证研究后发现，美国电视节目中充满了各种暴力内容，而暴力内容作用于受众的恐惧等情感反应，会影响受众对现实世界的认知。他们推论出观看充满暴力的电视越多，便越可能涵化出现实生活充满了危险和恐惧的观念，并可能进一步导致人们产生互不信任的情感。格伯纳还根据研究建立了丑恶世界指标体系，这一体系正是由恐惧、互不信任和悲观三种情感要素构成的③。涵化理论强调了大众媒介的内容对受众认知现实世界的影响，尤其重视在暴力内容的影响过程中恐惧等负面情感的作用。

（三）受众主动选择或接受的研究：使用与满足模式和第三人效果理论

20世纪70年代左右，传播学研究逐渐出现新的变化，开始从以研究

---

① 蔡美瑛：《议题设定理论之发展——从领域迁徙、理论延展到理论整合》，《新闻学研究》1995年第50期。
② 〔美〕格伯纳，传播学者，涵化理论提出者。
③ 郭中实：《涵化理论：电视世界真的影响深远吗？》，《新闻与传播研究》1997年第2期。

传播者的目标为中心转向研究受众如何选择和使用媒介信息，关注受众如何从中获得需求的满足，并开始从受众视角出发定义大众传播的效果。在这种研究途径下，出现了使用与满足模式的研究。使用与满足模式通常被认为是由美国社会学家卡茨（Katz）[①] 正式提出的，他强调传播学研究不应该仅仅关注媒介向受众传播了什么，还应该重点研究受众的行为如何影响媒介活动，提出传播学研究应该将视角从"媒介对受众的影响"转向"受众的媒介使用"上。使用与满足模式是站在受众的立场上，通过分析受众对媒介的使用动机和需求满足来研究大众传播给人们心理和行为带来的效用。麦奎尔将使用与满足模式的基本逻辑进行了概括：受众具有某些来自社会或心理层面的需要，这将促使他们对大众媒介等信源生成期望，从而会使他们产生不同形式的媒介接触及使用行为以寻求需求的满足，受众选择及使用媒介的最终结果是其需求的满足，若某一媒介形式难以完成此项功能，受众便会转向使用其他媒介[②]。

在使用与满足模式中，人们的需求是影响其媒介使用的重要因素。卡茨等人将受众媒介接触需求归为五类：（1）认识需求，即获得信息和知识的需求；（2）情感需求，即获得愉悦的情感体验的需求，这是人类的普遍动机，受众可以寻求通过媒介来得到满足；（3）个人整合需求，即个人增强社会角色及地位的稳固性、提高自信心的基本需求，这种需求源于个体对自尊的追求；（4）社会整合需求，即加强社会关系的互动和联系的需求，基于个体对社会性的追求；（5）释放压力需求，即转移压力、寻求消遣及逃避现实困境的需求[③]。个体心理因素对受众媒介接触和媒介选择的影响得到了肯定，其中情感满足的需求在其中占据重要地位。由使用与满足模式可以看出，媒介传播活动中，不论是寻求通过媒介活动影响受众，还是吸引受众主动选择和使用媒介，都需要借助情感因素来达成。

---

① 〔美〕卡茨，美籍以色列社会学家。
② 〔英〕丹尼斯·麦奎尔、斯文·温德尔：《大众传播模式论》，上海译文出版社，1997。
③ Katz, E., Gurevitch, M. & Hass, H., "On the use of the mass media for important things," *American Sociologist Review* 2 (1973): 164-167.

第三人效果理论是美国学者戴维森（Davison）① 于1983年提出的，这一理论同样也是从受众角度来研究媒介效果的。第三人效果理论指出，在接收到劝服性的传播内容时，受众会预估这类传播信息对其他人的影响大于对自己的影响②，即受众倾向于高估大众媒介传播的某些性质的内容（通常是负面的）对其他人的负面影响，并低估对自己的负面影响。第三人效果理论关注的是受众对媒介影响自我与他人程度进行感知和评估时产生的差异，以及受众依据自己的感知而做出的态度和行为反应，例如受众会认为媒介负面信息会影响他人，从而赞同对媒介传播内容进行管理和制约。对于第三人效果的发生原因，研究者们进行了大量探究和解释，发现个体的情感是重要原因之一，而其中比较显著的情感是自尊。

在解释第三人效果的理论框架中，较为主流的是自尊膨胀框架与乐观主义偏见框架。研究者发现，在社会比较的情境中，第三人效果的发生同自尊膨胀的心理机制具有一致性。自尊膨胀的需求被认为是第三人效果的基本动机之一，当面对的信息不符合社会规范和期待时，人们通常会相信对自身没有什么影响，他人则可能会受到负面影响，从而便可以维护自己的自尊。相反，如果面对的信息符合社会规范和期待时，人们便会认为自己会受到信息的积极感染，但在其他人身上可能不会产生类似良好的效果。同时，人们还可能存在的乐观主义偏见，也被研究们指出会引发第三人效果。当人们判断外界信息对个体的影响时，会比较乐观地认为自己比别人更可能免于受到负面影响，因此引起第三人效果。③

（四）媒介应用中的情感因素与传播效果研究

现代社会中存在着多种不同类型的媒介形式，各种媒介形式具有自身特有的性质以及差异化的传播目的。不同类型的媒介为了达到良好的传播

---

① 〔美〕戴维森，美国哥伦比亚大学新闻学与社会学系教授。
② Davison, W. P., "The third-person effect in communication," *Public Opinion Quarterly* 47 (1983).
③ 杨莉明：《自我尊重、自我效能与第三人效果中的自我-他人差异》，《国际新闻界》2012年第4期。

效果会借助不同的传播内容和传播形式，但是情感因素在各种媒介的传播活动中都得到了不同程度的重视。由于情感本身的多样性和复杂性，在各种媒介的传播过程中，会有不同类型的情感介入，不同的情感会取得不同的传播效果。因此，各种不同类型的媒介形式会根据自身的产品特点和传播目的选择以不同的形式纳入不同类型的情感内容来唤起相应的情感体验。情感因素已经被广泛运用到各种媒介形式中，研究者们也已经从不同角度探究了情感在不同媒介形式中对传播效果的作用机制。

广告是现实应用中借助情感因素获得传播效果的代表性媒介产品。情感是广告中经常使用的元素之一，广告常常以情感元素引起受众的关注，进一步使受众产生情感共鸣及情感需求，以期实现受众态度的变化或者使他们做出购买等行为，达到广告的传播目的。在广告的制作及其传播过程中，情感元素的作用机制及其对传播效果的影响机制已经得到了研究者们的关注和探讨。

传播效果会受到各种复杂因素的影响，研究者们根据情感的不同特点针对情感因素对广告传播效果影响程度分别进行了研究。有研究者将情感分为抽象情感和具体情感两类。抽象情感包括信任、感激等，而具体情感指兴奋、开心等，两者对广告效果影响的最大差异在于个体在经历情感体验时的明确性。研究发现，当个体处在远期未来（一年后购买）的时间位置上时（心理距离远），抽象情感较能导引出强烈的行为意图；而当个体处在近期未来（现在购买）的时间位置上时（心理距离近），具体情感更能导引出强烈的行为意图。还有研究者以情感适应理论研究具有情感诉求的广告效果，情感适应理论的核心内容是受众在外部刺激下，通过对内外部的评价产生情感反应，并引发后续的处理行为。包含情感诉求的广告在传播过程中会激发受众的某种情感体验，这种体验可能正面也可能负面，体验的倾向主要与具体使用的情感策略有关，不同的情感策略会产生不同的说服效果，采用正负结合的诉求策略可能会达到最佳的广告效果[①]。在以往关于情感效价（积极情感或者消极情感）对广告效果影响的

---

① 蒋晶：《情感、动机与捐赠意向：基于情感适应理论的公益广告效果研究》，《国际新闻界》2014年第4期。

研究中，虽然结果有分歧，但总的趋势是积极情感很大程度上会导致正面的广告态度，消极情感很可能促发负面态度；对广告效果的影响而言，消极情感的诉求总体不如积极情感；同一种情感诉求的广告传播也会因包含情感的强度差异产生不同的效果，中等强度的诉求被证实效果较佳[1]。虽然情感因素对广告效果的影响也受到其他因素的制约，但总体来说，情感诉求是影响广告实际传播效果的重要因素。

现代新闻业也已经开始重视情感因素的参与。以往对新闻业的认知是遵循新闻专业主义下的理性、客观的原则，强调新闻应客观报道、为公众提供理性的论坛。因此，情感因素往往被认为适合娱乐、煽情主义或小报新闻而被主流新闻业所排斥。然而，情感的重要作用正逐渐被现代新闻业所发现。事实上，情感本身作为真实世界的一部分，以事实为报道对象的新闻业很难也不应将它排除在外。情感与新闻专业主义强调的价值和原则并不是对立冲突的，在一定的条件限制下，发挥情感的作用更有助于新闻担负起公共性的责任，且会对公众产生更大的实际影响。此外，新闻业本身的变革也要求媒介更多地采用情感因素以增强自身的竞争力。包含情感的信息更利于获得受众的注意并延长其参与，并且相对于理念或事实，人们往往更容易受到情感因素的影响而做出相关的反应[2]。新闻传播过程中运用情感信息，在受众认知、态度和行为各个层面均能发生作用。在认知层面，新闻信息中包含的情感因素可以促使受众加深对新闻信息的理解和记忆。情感信息能够激发受众的内心体验留下更深刻的印象，还可能由于启动效应的影响而唤起之前相似的情感体验，便又进一步巩固对信息的记忆。在态度层面，态度是包含了情感和动机等因素的个体心理结构，情感本身便是态度的组成要素，直接影响态度的生成和改变。与此同时，新闻信息中的情感因素能够激发受众的情感共鸣及潜移默化地影响受众的态度变化。在行为层面，情感因素会成为受众行为动机

---

[1] 周象贤、金志成：《情感广告的传播效果及作用机制》，《心理科学进展》2006 年第 1 期。
[2] 袁光锋：《情感何以亲近新闻业：情感与新闻客观性关系新论》，《现代传播》（中国传媒大学学报）2017 年第 10 期。

的有效诱因，例如由于新闻报道的情感感染及被赋予的权威性，受众可能会自主地对新闻人物的行为进行模仿①。

情感在新闻业中扮演着越来越重要的角色，新闻业如何才能利用好情感因素也是研究者们关注的问题。在灾难报道中，电视媒介借助本身的视听结合特色，发掘并利用情感的价值，寻觅爆发性的充满激情的画面来感染观众，以实现传播效果的最大化。然而也应注意到，媒介以过于强烈的外界刺激来勾起受访者的痛苦回忆、过度激发受访者的情感反应的做法是应当避免的。这种过度行为体现着记者人文情感的缺失，也可能会给受灾者的心理带来再度伤害②。还有研究者提出要发展理性指引下的情感新闻，即蕴含着情感的新闻报道也须坚持以沟通公众情感、维系社会和谐为价值取向的新闻理念。情感新闻是深度报道在情感维度上的一次创新，不是强调记者主观情感的泛滥，而是使用情感这种人类共通的语言架设公众表情达意的公共平台，是在坚持报道事实、保持平衡公正以及排除偏见和个人化观点等理性指导下的新闻实践③。

三 小结

在梳理了传播效果研究的经典理论成果后发现，虽然研究者们一直关注情感因素，但在20世纪70年代之前，在传播效果研究中对情感的关注主要是把情感作为一种可观察的现象进行测量，用实证方法研究情感与受众行为的关系，而未从个体内在心理层面关注情感。随着心理学等领域对认知层面研究的深入，情感更多的功能以及受众本身的主动性逐渐受到了关注。传播效果研究开始关注情感机制的发生在传播过程中的地位，以及受众个体的主观体验对于媒介的主动选择。在传播效果理论中，情感因素的影响和作用得到了不同程度的关注，在现实的媒介传播过程中，情感因素

---

① 杨若文、朱希良、郑国琪：《新闻情感信息与新闻传播的效果——新闻情感信息传播探讨之七》，《今传媒》2008年第11期。
② 王晶红、张骏德：《谈灾难新闻中的情感因素与媒介表达——以5·12汶川地震为个案》，《新闻记者》2008年第7期。
③ 杜骏飞：《发展理性指引下的情感新闻——以江苏卫视〈1860新闻眼〉为例》，《视听界》2007年第6期。

也是不可忽视的一部分，并在促进传播效果的实践中得到了实际应用。

另外，在媒介的现实应用与实际效果中，大多数研究已经证实了情感对媒介的传播效果具有一定的影响。由于不同媒介形式本身的特质、情感本身的多样性以及媒介运用情感因素的不同方式等复杂因素的影响，情感介入对传播效果的影响既可能是促进作用，也可能会带来与预期相反的结果。媒介要想利用情感达到良好的传播效果，就需要善于发现受众真正的情感需求，并据此采用合理化的情感手法来调动受众自身的情感体验，使受众产生情感共鸣并进一步满足其情感需求，以此使受众认可和接受媒介内容。

参考文献

黄旦、李洁：《消失的登陆点——社会心理学视野下的符号互动论与传播研究》，《新闻与传播研究》2006年第3期。

周晓虹：《现代社会心理学史》，中国人民大学出版社，1993。

李美辉：《米德的自我理论述评》，《兰州学刊》2005年第4期。

黄爱华：《米德自我论的来龙去脉及其要义综析》，《社会学研究》1989年第1期。

郭景萍：《库利：符号互动论视野中的情感研究》，《求索》2004年第4期。

邵培仁：《论库利在传播研究史上的学术地位》，《杭州师范学院学报》（社会科学版）2001年第3期。

周象贤、金志成：《情感广告的传播效果及作用机制》，《心理科学进展》2006年第1期。

蒋晓丽、何飞：《互动仪式理论视域下网络话题事件的情感传播研究》，《湘潭大学学报》（哲学社会科学版）2016年第2期。

陈相雨、丁柏铨：《抗争性网络集群行为的情感逻辑及其治理》，《中州学刊》2018年第2期。

谢金林：《情感与网络抗争动员——基于湖北"石首事件"的个案分析》，《公共管理学报》2012年第1期。

刘晓红、卜卫：《大众传播心理研究》，中国广播电视出版社，2001。

李永健：《大众传播心理通论》，中国传媒大学出版社，2008。

蔡美瑛：《议题设定理论之发展——从领域迁徙、理论延展到理论整合》，《新闻学研究》1995年第50期。

郭中实：《涵化理论：电视世界真的影响深远吗？》，《新闻与传播研究》1997年第2期。

杨莉明：《自我尊重、自我效能与第三人效果中的自我-他人差异》，《国际新闻界》2012年第4期。

郭师宇、吕巍：《构建匹配对广告传播效果的机制影响——基于情感、产品属性与论据力度》，《上海师范大学学报》（哲学社会科学版）2015年第2期。

蒋晶：《情感、动机与捐赠意向：基于情感适应理论的公益广告效果研究》，《国际新闻界》2014年第4期。

袁光锋：《情感何以亲近新闻业：情感与新闻客观性关系新论》，《现代传播》（中国传媒大学学报）2017年第10期。

杨若文、朱希良、郑国琪：《新闻情感信息与新闻传播的效果——新闻情感信息传播探讨之七》，《今传媒》2008年第11期。

王晶红、张骏德：《谈灾难新闻中的情感因素与媒介表达——以5·12汶川地震为个案》，《新闻记者》2008年第7期。

杜骏飞：《发展理性指引下的情感新闻——以江苏卫视〈1860新闻眼〉为例》，《视听界》2007年第6期。

〔美〕斯蒂芬·李特约翰：《人类传播理论》，史安斌译，清华大学出版社，2004。

〔美〕乔治·赫伯特·米德：《心灵、自我与社会》，霍桂桓译，华夏出版社，1999。

〔美〕查尔斯·霍顿·库利：《人类本性与社会秩序》，包凡一、王源译，华夏出版社，1999。

〔美〕乔纳森·特纳、简·斯戴兹：《情感社会学》，孙俊才、文军译，上海人民出版社，2007。

〔美〕乔纳森·特纳：《社会学理论的结构（下）》，邱泽奇等译，华夏出版社，2001。

〔美〕哈里斯：《媒介心理学》，相德宝译，中国轻工业出版社，2007。

〔美〕威尔伯·施拉姆、威廉·波特：《传播学概论》（第二版），何道宽译，中国人民大学出版社，2010。

〔英〕丹尼斯·麦奎尔、斯文·温德尔：《大众传播模式论》，上海译文出版社，1997。

Scheff, Thomas J., "Shame and self in society," *Symbolic Interaction* 26 (2003).

Scheff, Thomas J. and Retzinger, Suzanne M., *Emotions and violence: Shame and rage in destructive conflicts* (MA: Lexington Books, 1991).

McGaugh, J. L., "The amygdala modulates the consolidation of memories of emotionally arousing experiences," *Annual Review of Neuroscience* 27 (2004).

Levine, L. J. & Pizarro, D. A., "Emotion and memory research: A grumpy overview," *Social Cognition* 22 (2004).

McCombs, M. & Shaw, D., "The Agenda-setting function of mass media," *Public Opioion Quarterly* 36 (1972).

Katz, E., Gurevitch, M. & Hass, H., "On the use of the mass media for important things," *American Sociologist Review* 2 (1973).

Davison, W. P., "The third-person effect in communication," *Public Opinion Quarterly* 47 (1983).

第四章 文化批判学视角下的情感理论机制

第一节 文化哲学理论

一 理论概述

从心灵与情感的微观视角考量宏观的文化世界，可以深入考量文化世界的本质缘起，在学理上也具有无可争议的重要意义。本质上而言，人类文化世界的建构是一个从人类心灵出发、借助人类掌握世界的基本方式，而走向人类理想愿景的外化构建过程。自人类心灵产生的情感作为重要参与因素，在文化的外化表达中始终扮演重要角色。文化哲学创始人卡西尔说过："人类文化可以界定为以下七种经验的渐次性客观化，分别为情感、情绪、欲望、印象、直觉、思想和观念的客观化。"① 马克思也指出，物质文化是"感性地摆在我们面前的心理学"。在人类哲学思想史上，关于心灵本质结构的研究理论既有康德批判哲学的巍峨高峰，又有古今中外研究的深厚积淀。因此，从心灵与情感的角度来考量文化领域，既有利于人类更自觉地建设文化世界，也能够为情感理论找到更为充沛的理论滋养。

人类通过根植于心灵的基本能力形成掌握世界的基本方式，通过精神

---

① 〔德〕恩斯特·卡西尔：《语言与神话》，于晓等译，生活·读书·新知三联书店，1988。

结构和心灵能力的客观化构筑起宏伟的文化景象。本节将以文化哲学为视角，从人类心灵的结构和人类掌握世界的基本方式两个方面探讨文化世界的建构过程，揭示人类情感与文化建造过程密不可分的渊源。

二 相关理论介绍

(一) 人类心灵的结构图式：感性、知性、志性学说

在批判哲学领域中，人的心灵按照不同划分方式被归纳为两个维度。一是平行划分的"情、知、意"，对应于哲学、科学、宗教三大文化领域；二是被纵向划分，表现心灵由浅及深的三个层次——感性、知性和志性。感性、知性、志性各有其内涵，并交织融合，形成人类的心灵结构图式。

1. 感性——人类对外部形式的直观感受

感性是人在事件中对对象外部形式的直观感受力，包含感性直观和感性体验两个方面。前者也被称作"外感觉"，主要从空间形式来获取外部事物的表象，后者也被称为"内感觉"，主要从时间形式来获得情感体验。情感体验作为人类内感觉的主要内容，虽不能直接为人们提供外部世界的信息，但它反映出心灵对外部信息的反应和评价，从这一角度来看，情感体验（感性体验）与感性直观大致处于同一层面，构成心灵表层活动的双向性。

感性直观被公认为是认知活动的出发点，研究者们对它进行了较多探讨。在感性直观层面，感性被划分为感觉和知觉两个层级。感觉是外部信息通过感官到达脑中枢后引起的原始认识活动，是对事物的个别属性的反映形式。知觉则是比感觉高一级的活动，由外来的感觉材料与心灵的抽象图式相融合而成，它是对事物的整体的反映形式。知觉既加工了感觉印象，又包含了概念思维成分。人类心灵则在从感觉到知觉的认知活动中起统括作用。

长期以来，人们对情感体验（感性的体验层）研究不够，从而导致对艺术现象的阐释较之科学的认识论远为落后。人并不是一种抽象物，而是具体的感性存在，对外部世界的感知总是伴随着内部情感体验。这种感性体验（内感觉）不同于感性直观（外感觉），它是人的身心受到内外刺激时对躯体状态的感受，并不直接依赖于感官，发生区域难以定

位;但它与外感觉一样也是霎时间的直接经验。其重要性在于,它体现了心灵活动的温度,赋予意识的流动以色彩。如果说在科学的认识论中,感性只是作为一种低级认识能力或对事物的一种低级反映形式,那么在美学和文艺研究中,完全有必要同时注重人类各种情感反应引起的艺术思维的碰撞。

2. 知性——感性材料的抽象认知与价值评判

人的知性力图在感性的基础上规范后者所获得的认知材料,去个性化,取普遍性;舍其生命情调,而把握其客观品格。知性可以被理解为一种将人们头脑中感性材料筛选、加工、组织,并使它们形成条理性知识的思维能力。它既体现在抽象认识领域,也表现在价值评价方面。认识与评价是知性层面一种平行双向的运动。通过认知活动,主观在特定条件下反映了客观,主观与客观相辅相成,客观的东西呈现于主观之外;通过评价活动,主观的意欲使客观的事物接受检验,要求客观的东西符合主观的取舍,主观的意欲体现于客观之中。

知性的评价不同于知性的认识。认识是力图获得真理,真理意味着揭示事物的本来性状,涉及知识的真实与虚假;评价则旨在确定价值,价值标示着主体与客体的关系,涉及客体的某些特性对主体是否投契。知性评价则不免带有个人情感因素的参与,但知性层面的评价仍然区别于情感体验,情感体验也可被称作一种评价,不过它属于感性层面。情感体验的评价常常是莫名的,知性的评价则是意识化、观念化的。

3. 志性——意识阈下人所应有的生存状态

志性是人类认识活动中一种比知性更具综合性的呈现,指向人所应有的生存状态。在日常生活中,人们信奉的道德观念无法通过感性经验提供,道德观念总是包含着对个体一己私欲的某种超越;也不能通过一种知性的逻辑进行演绎,否则道德就不会常常与现实环境相冲突。道德是主体心灵的内在立法,指向人所应有的生存状态,由认知活动中具备更高综合性的志性产生。

志性处于意识阈下,因此常常在现实生活中被忽视。但不管从人类历史,还是个体的深层体验来看,人类心灵确有一种扶摇直上超越一切的精神。它蕴含人在社会中作为族类存在物生存的目的性,使各种矛盾冲突化干戈为玉帛；它同时可以在对象世界中实现自身，化单元为多元。这种人类心灵深层难以揣摩的天人合一精神，超越客观存在的现实事物和理论依据、旨归于人生理想境地的先天倾向，就是我们所说的志性。

志性也包括两个维度：自由意志和自由原型。自由意志是心灵深层的动力因、目的因。知性统一感性材料，志性统一知性认识。

按照以上层级，人的心灵其实如同一个金字塔模型：顶层是感性，它的内容具体而富有变化，正常情况下带有功利性（审美、求知则是通过符号化而超越功利）及个性化特征，譬如个体的兴趣爱好等；中间层是知性，人的认识、审美、能力、个性，通常也因阶层、阶级而异，具有群体性特征；最底层则是志性，不仅是形而上的抽象化，而且是融而未分的具体，具有全人类性的特征。正因志性的存在，人类在各种信仰背后仍拥有一种全人类普遍的最高信仰——世界大同或共产主义。

为方便后续讨论，在这里对知性、志性和理性之间的关系做一点探讨。自康德以后的德国古典哲学中，理性的层次被明确界定，理性兼具理智（如纯粹理性）与意志（如实践理性），是人类生活的整个空间，具有比知性和志性更深远的内涵空间，常在宏观范畴中被广泛提及。而在微观心灵层面，感性、知性、志性的三类划分更符合人类的生物学基础，以及人由浅入深感知世界的递进过程。

（二）人类掌握世界的基本方式：人类心灵的外化过程

文化世界标识着人类生存的现实境遇，也展现出人类祈愿达到的理想生存景象。探讨人类心灵的层面结构，目的在于了解人类进行文化世界建构的自觉性与自发性，并探讨情感在这个过程中起到的作用。从心灵结构的剖析到文化世界的研究，则存在着人类掌握世界的基本方式问题。

人类不同于动物的基本点就在于人类能够在一定程度上掌握世界，即通过认识自然和改造自然使自然为自己服务。人类掌握世界的基本方式取决于人类心灵的基本能力，可以看作一种心灵的外化方式。在此基础上构建而成的宏伟的人类文明大厦，就是人本质力量经过对象化方式的结晶，是全人类精神架构及能力精神的现实化与客观化。

现代思维科学倾向于认为人类认知世界的基本方式有三种，分别为形象思维、抽象思维、灵感思维。形象与抽象思维多发生在意识阈以内，而灵感思维多发生于意识阈下；若划分得更加细致的话，也可以这样解释：形象思维即直感性出现在感性层面，抽象思维即逻辑性出现在知性层面，灵感思维即顿悟性出现在志性层面。

正常情况下人类的具体思维活动无论是科学还是艺术，都需要以上几种思维方式的共同作用。科学研究活动不单靠抽象思维，艺术创造活动也不只是形象思维。只是就其主要思维模式而言，艺术思维主干是形象（直感）思维，科学思维主干是抽象（逻辑）思维，宗教（玄学）思维主干是灵感（顿悟）思维。

正是这三种不同的主干思维方式的对象化，构建了艺术、科学、宗教三种有代表性的文化形态。

三 小结

由此可见，在批判哲学领域中，人的心灵按照不同划分方式被归纳为两个维度。一是平行划分的"情、知、意"，二是被纵向划分，表现心灵由浅及深的三个层次——感性、知性和志性，对应于哲学、科学、宗教三大文化领域。而人类认知世界的方式亦可理解为以下三种，分别为：感性或艺术的、知性或科学的、志性或宗教的。

感性、知性、志性共同参与到各种文化活动中。而科学是在研究过程中将感性内容、志性因素融会贯通，只是在最终结果中未体现出前两者（如所谓"尊重事实，服从真理"）；宗教在实践过程中也常从感性出发，跨越知性疆土抵达志性领域后把感性、知性的东西都扬弃了（如所谓"青青翠竹，尽是吾身"）。艺术与前两者的区别在于，它从感性原点出发，并执着躬耕于感性世界；它由知性穿越，深入到志性，同时把以上两个领域的成果与况味重新带回感性，融入感性的材料与形式中。由此可以看出，艺术创作是如何将人的本质丰富性对象化、艺术鉴赏是如何将人的本质丰富性复归的，"启蒙时代以来，美学便是哲学通往具体世界"，康德、黑格尔等文化巨人上下求索，最后都将人的哲学归根于审美学。这也是本章第二节转入探讨文艺美学的原因。

第二节 文艺美学理论

一 理论概述

在西方哲学史上,"美学"素有"感性学"之称,作为一门研究感觉和情感的科学,它在演化过程中始终彰显着"感官的真理与和谐"的色彩,美学因此在根本上被定位为"感性的科学",比由理性发展而来的理性主义哲学携带更加丰富的人类情感。

探讨文艺美学以及它与人类情感的紧密联系,应先从艺术思维的内在结构进行阐发。艺术思维是一种立体而抽象的思维方式,有其特定的结构系统,涉及极其复杂的心理过程。艺术思维的自觉实践产生审美经验,审美经验的升华结晶构成审美理想,对审美理想的判断法则包含诸多审美情绪的参与,在这一系列过程中,人类情感在思维层、经验层、理想层以及判断时都始终保持在场状态。

二 相关理论介绍

(一)情感与艺术思维的基元关系

作为三大具体的精神活动过程环节之一,艺术思维以其独有的特性与科学思维、宗教思维有着千丝万缕的联系,既存在联系但也有区别。科学活动注重抽象思维,重点探讨事物的本质及其内在联系,旨在追问对象"是什么";宗教活动以灵感(顿悟)思维为主,致力于实现人类灵魂的涅槃;尽管艺术活动的形象与直感成分最为浓厚,但不局限于仅运用形象思维,它执着地寻觅一种认识对象之法,但超越科学活动,追寻一种辽阔的人生境界,又不必如宗教活动那样脱离现实。因此,艺术思维不仅被知性成分所渗透,也需要借助顿悟与灵感,把有限的认知拓展于无限,把"是什么"和"应该怎样"等对立倾向和谐地统一起来。

最能体现全面人性的文化形式就是艺术,描写的对象是客观存在的人,以期充分展现个体的灵与肉,也如同歌德先生所言:"人为一个完整个体,一个存在各方面内在联系能力的统一体。艺术作品也必然同人的这个整体对话,必须适应这种个体丰富的统一性,这种单一而又杂多的整体"①,艺术思维正因此呈现多层面的形式。

人类心灵层面可分为感性、知性、志性三个层面,呈现向内收敛、追求和谐统一又向外发散、要求自我实现的两种模式的双向运动。艺术思维贯穿于这一立体结构中。

艺术思维的三大基元分别为表象、情感、理想。三者的结合呈现一种立体结构,艺术品的形态差异就体现为这一立体结构的此消彼长。

1. 表象——构建艺术的基础素材

表象构成艺术思维的躯干。艺术思维表象是指映入主体头脑中的一种感性、丰富、富有特征的物象。所有的艺术家如同人类族群的器官一样,他们进行创作活动依靠的是丰富的经历而不是富足的生活,也必然需要以所见、所闻、所感、所经历,对生活现象进行客观分析观察,累积丰富的素材,如此才能有源源不断的艺术构思。最初的表象素材来源于客观存在的环境,创作主题便在无形中按照灵感个性取其精华,进行选择改造。艺术思维以表象为基础,正因此带有原始思维的印记。但是,随着文化观念的积累与沉淀,更多的表象已经形成一种有意味的形式。

2. 情感——催生艺术的原始动力

艺术思维由情感赋予其生气。情感,则在艺术思维过程中发挥着原动力,使得艺术家有感而发,先吐为快;情感也作为一种创作形式而存在,是各大艺术家着力表现的方式;另外,情感作为一种黏合剂贯穿于艺术构思之中,促进存在差异的时空观景表象进行叠合,同时使得表象与艺术符号融为一体。

艺术思维的情感大致可分为两类。一类是创作者的情感,在抒情性作品中获得鲜明体现,由于直接功利的淡化和审美距离的形成,这类情感一般高洁而具有审美价值,并于个性中蕴含全人类性。第二类是作品中的人物情感。在叙事性作品中,高尚与卑劣、仁慈与狠辣等交杂在一起。艺术

---

① 〔德〕歌德:《搜藏家和他的伙伴们》,载朱光潜著《谈美书简》,北京出版社,2004,第28页。

思维充分运用以上两类情感,并进行融合,形成复杂多样的网络,在欣喜与悲伤、希冀与失落、坚守与彷徨等对立两级中跌宕起伏,如实展现人类心灵的辩证运动。

3. 理想——趋往艺术的核心灵魂

艺术思维的灵魂由理想所构成,艺术描绘的是一个乌托邦国度,理想处于其中的核心位置。没有理想就不能构成审美,从而没有美,也没有艺术。席勒曾言,艺术家凭借他的尊严和法则拾级而上,而不是无奈地按照运气和日常诉求向下坠落……他把理想不仅刻记在虚构与真实中,也刻记在他的想象力游戏里,刻记在具体行动的真情实意中,刻记在所有感性和精神的形式里,同时默默地将理想投入无限的时代长河中。可以说,在艺术思维中发挥指导功能的是理想,它赋予其评价的标尺,决定其向往的目标方向。一般而言,抒情性艺术较易显现出理想的统帅地位。

(二)艺术基元的三维建构

表象、情感与理想(象、情、志)是艺术思维的基元,缺一不可;同时,它们的分别组合,便构成艺术思维的三个维面。

1. 形象思维——表象与情感的结合

表象与情感相结合,形成严格意义上的形象思维。在这个过程中,表象引起主体的相关情感,使得情以物迁,"献岁发春,悦豫之情畅……霰雪无垠,矜肃之虑深"(刘勰),情感更为深刻;同时,主体情感集中于表象,"物以情观",登山则情溢于山,观海则意溢于海,表象生动鲜明。表象将具体的形态赋予情感,同时情感也制约着表象的变异、组合。

表象和情感均属于感性层次,带有直感性质,从而融汇成初级的意象。只有当它成为理想的体现或者经过理想的评判,才可成为严格意义上的审美意象。不过,人们通常所讲的"情景交融"等往往赋予了泛化的含义,即以"情"兼指情与志。

2. 酒神精神——情感与理想的结合

情感与理想结合后,以一种内在激情向外涌流和跌宕的活动方式呈现,类似于一种激情而醉态的创作形式。尼采将这一现象阐发为酒神精神。酒神精神是发散性的,喻示着情绪的宣泄,人的内心激流跌宕而迸发,摒弃束缚获得类似于原始状态的生存体验。

酒神精神奠定了浪漫主义倾向的心理基础。酒神精神充斥在文艺学的王国里，文学艺术家都在酒神精神的影响下创造出了登峰造极的诸多作品。自由、艺术与美德三位一体，因自由而艺术，因艺术而臻于美。

3. 日神精神——表象与理想的结合

与酒神精神相对应，尼采在《悲剧的诞生》中用日神的名字统称美的外观的无数幻觉。不同于酒神精神的狂热、过度与不稳定等诸多非理性状态，日神精神所传达的是一种静观、形状与视觉性，正如同日神阿波罗所代表的那种光明与理性。梦是日神精神在日常生活中的状态，它坚持景观，保持适度克制，赋予事物柔和的轮廓。因而日神精神代表的是一种造型力量，代表规范、界限和使一切野蛮未开化事物就范的力量，它专注于对美的对象进行纯形式的关照，通常在再现性艺术中占据主导地位。由日神精神主导的活动致力于在纷繁复杂中追求和谐统一，与古典主义倾向紧密相关。与日神精神相对应的古典主义作品，因此和与酒神精神相对应的浪漫主义作品从主观出发不同，常常以客观情形为立足点，力图达到真实而完美的再现。

在艺术思维中，酒神精神与日神精神总是同时存在，构成一种内在的张力结构。酒神精神由志率情而呈现，凸显了心灵的意向性活动；日神精神使象趋向于志而有序，突出体现了心灵的观照性活动；意向性与观照性为心灵所同时具有。

有的现代艺术家主张保持"情感的零度"进行创作，这一意见值得注意，但不免让人颇多疑惑。其一，如若保持情感的零度，那么又何必进行创作呢？若是属于被迫无奈，则免不了否定性情感的参与；若是出于自觉自愿，兴趣本身则可被认为一种情绪。其二，作者即便不对笔下人物予以明确褒贬，但不可能没有个人的态度，特定的观察眼光、特定的题材选择其实都蕴含着某种评价，纯客观叙述其实也是相对而言的。致力于小说创作的艺术家常为日神精神所支配，有时忽略了酒神精神的存在。

象、情、志三者融合构成艺术想象活动。基本素材由表象提供，直接动力由情感提供，目标方向由理想把控，从而主体的想象力能够在无限时空中自由翱翔，创作出鲜活多姿的意象世界。

在艺术思维中,象、情、志共同作用于典型与意境的产生;艺术家站在艺术理想的高度对现实中的个体形象进行评价,进而使其凝聚成生动的个别性与深广的概括性相统一的艺术形象,就是通常所说的典型;艺术家对现实景象进行理想化的提升和美化,使其成为令人神往的洞天桃源。意境就是情与景的交融,有限和无限的统一。

(三) 两大意识系统——艺术思维的心理动力机制

在现代心理分析学派看来,艺术思维如同一种白日梦。强烈内倾的艺术家通过脱离现实,将现实中难以实现的梦境和难以满足的条件加诸自己的"白日梦",通过对其改造、化装等方式,转变成一种虚拟的现实。心理动力系统在艺术活动返回现实的过程中起着至关重要的作用。

在弗洛伊德看来,心理动力系统可分为两大类:意识系统和无意识系统。他曾把这两类系统比作两个房间。无意识系统好比前房,各种精神兴奋个体拥挤在一起;意识系统则是一个与前房毗邻的接待室,两房仅一门相通,门口站立的守门员的职责便是对各种精神兴奋个体进行检查核实,存在异常且不被守门员赞同的兴奋个体一律不得进入接待室。前房拥挤着的是一群原始的本能冲动,此为现实道德及世俗规范所不容许的,时常受到压抑排挤;但若使守门员进入麻痹状态,诸如做梦、酒醉或者类似梦与醉的"白日梦"时刻,这些被压抑的冲动便可通过化装的方式混进意识系统的接待室。由此可知,艺术思维实际上就是一场化装表演,主角就是被压抑的冲动。

荣格(Carl Gustav Jung)则发表了不同观点。在弗洛伊德的描述中,无意识系统主要是个人层面的精神兴奋。荣格则认为,在个体无意识之下还存在着体现人类族群特性的集体无意识。此外,个体无意识也不只是被压抑的冲动,还包含被遗忘的材料。[①]

在荣格心理学中,人的精神系统层次被划分得更为细致。最外层是意识(相当于前意识系统),充当着意识"门卫"的是"自我","自我"则是从自我意识的组织而来;中间层是个体无意识,各种被压抑或

---

① 〔美〕C. S. 霍尔、V. J. 诺德贝:《荣格心理学入门》,冯川译,生活·读书·新知三联书店,1987。

被忽略的心理内容储存其中,当以上内容被一组组聚集起来后,便形成了一簇意识丛,即通常所言的"情结";最里层的集体无意识,是由人类祖先乃至更久远的前人类祖先遗传下来存在于原始记忆痕迹仓库中的,它是原型的具体呈现内容,通常为个体所不觉。原型也可以被分为两类:第一,阴影原型强大而危险,它是创作力和破坏力的发源地;第二,自性原型以坚持统一、组织和秩序为基本原则,目的是使个体自身成为一个完全的整体,是集体无意识的核心。自性与阴影的结合形成人的审美理想,灵感与顿悟也是以上两大系统相辅相成、相互作用的结果。

感性王国的中层定位着意识的阈限,感性内容与直感方式始终与艺术思维相伴随,也因此表现出跨越前意识系统与无意识系统的特性。将意识与无意识系统同知性、感性、志性相比对,可以发现,意识系统由知性与部分感性内容所构成,个体无意识由部分被压抑或被遗忘的感性内容所构成,展现出全人类倾向的志性相当于集体无意识。

艺术思维直接发生于意识系统中,但不可否认地受到无意识的广泛渗透。可以分为三个层次进行论述。

首先,推动艺术思维发生并使其发挥某种组织功用的,通常是个体无意识中的情结。

其次,集体无意识在艺术思维中起到了不容忽视的潜在作用。按照荣格的观点,集体无意识的内容是原型,原型深层次制约着艺术活动。

最后,就直接性而言,艺术思维主要发生于意识系统。人们往往夸大了无意识在艺术思维中的地位。

表象、情感、理想三种思维形式统称为艺术思维,交叉于意识与无意识两大系统,亦为艺术主体全身心投注后的产出。所以人们一致认为,艺术品是主体心灵丰富性的集中体现。

(四)审美理想——审美结构的终极指向

自康德将审美作为桥梁建构起知性的自然世界与理性的连接后,人本身的审美结构和审美心理受到肯定,审美建构的最终目的也得到更为系统的认知。"审美理想"作为审美结构的终极指向,从人类心灵的活跃状态中产生,在现实生活多条件的影响下,最终指向人类的理想图景。审美理想兼具古典主义与浪漫主义，与解答美的本质问题紧密连接，期望能完成人的主体价值以及建立人与美之间的联系。

人们通常将理想分为审美理想、社会理想、道德理想等。这种分类是以各领域出发点的不同来进行划分的，然而，当把理想看作人类活动的一个最终指向时，它就成为一个可以不断延伸扩容之境，形成一个完美生存状态的积点，难以进行类型划分。注重形式的审美理想仍然与人生要义紧密相关，体现历史趋势的社会理想也仍然可见诸多感性样貌。同时可以联想到中国古代以道德理想主义为追求的士大夫，探求的同样是内在高尚的道德修养与外在美观的圣贤形象的大统一。由此可知，对理想进行一定程度的探讨至关重要。德国古典美学对理想的基本特性也做了较为明确的揭示。理想是感性和理性的最终统一，是真与善的最终统一，是有限与无限的最终统一。理想的基本特性反映出理想的基本结构。

感性与理性的交流在艺术美的审美判断中得以促成，使得调解矛盾、臻于和谐在交流中成为可能。审美理想在这个交流过程中举足轻重，成为审美情感活动中的最终指向。

审美标志和精神的总和是审美理想，分为两个方面：第一，想象力是人类情感和精神在自然世界中进行自由创造的源泉；第二，审美鉴赏把有无目的性作为标准评判审美情感，真正的美的艺术通过理智脱颖而出，主体精神在审美鉴赏的选择与扬弃过程中得到升华，人的情感从感性经验过渡到超感性的形式，从此岸走向彼岸，分裂的感性与理性得到调和。

（五）审美情绪——抵达审美理想的重要法则

在论述审美理想时，不可避免需要讨论美的普遍性法则。审美理想的法则是关于可适用于审美的普遍规则的问题。"审美的，涉及自然界或艺术里的优美与崇高的诸判断里"，在这其中，人类情感亦发挥着决定性作用。

在美和崇高的范畴里，感官的顺从带来美的一种积极愉悦，感官的阻碍带来崇高的一种消极愉悦，以上两者作为最终审美活动产生的结果，均指向人类的情绪与情感。

在符合审美理想的形式中，传达愉悦无需知性的总结性认识或者成文的规定，在共通情感的作用下便可完成。诗人观察到的客观存在的对象原本无确定的内在目的，只是在书写的过程中在个体的思想领域重新拥有这种客观对象，这便是种内在生命的拥有形式而非其他，这种纯粹的由形式所传达的愉悦，便可在已形成的共识基础上传递下去，即共鸣。由此可见，在理性分析的基础上汇入自身的情感，从而呈现一种区别于通常逻辑的合目的形式就是审美，合目的形式同时具备概括性、理性、形象性与感性，是审美判断的主要特征。审美理性的飞跃过程由审美感性通过审美判断来完成，成为审美理想实现的基础与前提。

三 小结

作为人类三大文化活动之一的艺术，与科学、宗教的最主要区别就是它始终躬耕于感性领域，并将志性与理性完美结合带回感性原点。艺术作为最能表现人性光影的文化形式，对它进行的审美活动，能够实现对人的本质的充分理解。对于审美和艺术的研究，本质上仍然是对人的研究，绕不开对人类艺术思维、审美理想、审美情绪等核心问题的探讨。

艺术审美是在理性分析的基础上融入自身情感而形成的一种合目的形式。情感作为审美思维的基元和艺术感性中的重要角色，建构起艺术思维抵达审美理性时重要的思维框架，是审美理想实现的重要基础与前提。

第三节 现代性文化批判理论

一 理论概述

赫伯特·马尔库塞（Herbert Marcuse）[①] 说过，在探寻当代社会特质和个体生存现状的缘由时，理性与感性观念及其蕴含的问题等诸多哲学命题，仍然没有受到彻底质疑；众多思考存在的分歧表明，人们需要对该问题进行进一步探讨，对此批判视角提供了一定的思路借鉴。

西方哲学向来都以理性的名义接近本真的存在，一切事物都要被带到理性面前接受审阅，然而，19世纪以来西方文化出现的危机已经显示了理性的危机，于是当代哲学将研究视线转向探讨与感性紧密相关的美学理

[①] 〔美〕赫伯特·马尔库塞，德裔美籍哲学家和社会理论家，法兰克福学派左翼主要代表。

论和由理性发展而来的理性主义哲学的关联上，并随之进行了一系列关于现代性问题的深度反思。

现代性与现代化进程中的工业化、城市化、世俗化、圈层化等问题密不可分，呈现出断裂的当下性。在以马尔库塞为代表的法兰克福学派看来，现代性的到来具体表现为一种理性的张扬与统治，与资本主义生产方式存在一定的联系。批判和抗拒是他们对待现代性的态度，同时主要通过对工具理性的批判和对真实感丧失的哀悼来批判现代性。

从最初强调"理性代表着人和生存的最高潜能"，到以辩证的眼光看待理性自身的悖论，理性与感性的问题体现了近代哲学向现代哲学的根本转变。西方哲学亦经历从人道主义到结构主义再到解构主义的两次转变，这种变动的思潮深深影响了法兰克福学派关于批判的理性与新感性、艺术异在和自律等诸多思想。在他们当中，马尔库塞尤以激进而富有浪漫主义的文化、政治立场，阐释了对理性、感性以及由此带来的现代性问题的系列反思。

本节将以法兰克福学派代表人物马尔库塞的思想为指引，探寻批判理论视角下理性与感性的辩证关系，并探讨人类情感因素在这个过程中如何从不可避免的偏见走向不可或缺的出场。

二 相关理论介绍

在马尔库塞等批判学派看来，古希腊的理性是一种生存的理性，蕴藏着积极而超越的成分。然而自启蒙运动以来，由于资本主义的兴起与发展，生产方式和占有制度的转变使得理性自身产生了极端的分裂危机。在技术理性与经济理性的现代社会背景下，人的本性受到了极大的压制，感性遭遇偏离爱欲本能和劳动存在的理解困境，理性也失去了自身的革命意义以致断裂。在这个阶段，"科学理性与艺术理性分离，从主动接受到被动异变，或主动迎合社会通行的时尚标准，便产生了理性"，在虚假意识支配下，人们收获的满足亦是一种虚假形态，劳动被异化，快乐被理性化，文化工业也随之产生。

对这类问题的进一步探讨，需要把对资本主义的批判延伸到艺术世界。所有革命的终极目标以艺术作为代表，简而言之为个体的自由与满足。在当今社会关系中，艺术存在自己的上限与自由。若要实现自由，则必须抛弃抽象片面的理性，建立感性的新文明形态，以一种非压抑性生存方式恢复人的感性本能。

马尔库塞批判的理性与新感性理论的核心就是要把社会危机与对人类现存问题的忧虑置于生存的现实状态中，把那些不符合现存秩序却是生命本然的情感与欲望，从意识的海底解救出来，创造符合人性的新的文明形态。他在自身理论的建构过程中始终信奉马克思主义，并积极寻求更多理论的融合。马尔库塞从老师海德格尔的存在主义哲学出发，发现后者理论中历史性与真实历史运动存在着巨大鸿沟，结合失败后，又通过弗洛伊德的社会心理学进入理性与感性的生物学基础，最终进入艺术领域寻求理性与感性的协同。

（一）感性与理性思辨

1. 理性思辨

在德国古典哲学中，理性思辨是主导原则。"理性为自然立法"，德国古典哲学从理性自身开始，理性作为本原型的活动推导出一切，成为一切事物运动发展的根源。理性通过自我运动和自我意识，可以从主客体走向同一。

在西方理性概念的源头，理性指的是秩序的能力和理性自身所带来的源泉，既为目的又为目的展现，是人类的一种独特机能，是理论与实践能力的统一，在人类的认知活动、价值判断、实践过程中存在并发挥作用。在马尔库塞看来，古希腊的理性是有自身统一起源的存在理性，近代理性则是一种认知意义上的理性。

马尔库塞的理性观受到亚里士多德理性概念和黑格尔绝对理念原型的影响，他认为"理性=真理=现实"的公式把主观世界和客观世界结合成一个对立面的统一体，在这个公式中，理性应该作为一种颠覆性的力量而存在，既作为理论理性又作为实践理性，确定着人和事物的真理，在现实世界中，理性表现为理论理性与实践理性、工具理性与目的理性、历史理性与逻辑理性等多组对立又统一的矛盾运动。

2. 感性思辨

在西方哲学史上感性概念同样有着悠久的历史。古希腊的智者派多认为感觉是相对的，知识建立在感觉的基础上。自亚里士多德以后，人们一方面肯定感觉是认识的对象、起源和基础，另一方面逐渐认识到人所具备的理性能力，人能够用概念进行思维。此后，历经无数学者的陈述与辩驳，如中世纪唯理论和经验论、休谟的怀疑论、康德的二元论和不可知论以及黑格尔的批判总结，感性概念得以不断完善。

在批判哲学范畴里，感性既是一种本能的快乐，又可以表现为认知感官的接受性与显现性（感觉）。当感性认识处于完善状态时就成为美，因此感性也被用来表达构成美学对象的基础要素①。马尔库塞从语言学和语源学层面对感性进行解释，认为感性即审美，具有感官与艺术两重含义，并与"感觉"②紧密相关。

（二）理性的感性化——历史的辩证理性

资本主义时代的唯心主义哲学认为理性与幸福隔膜而分裂，理性的发展通过反抗个人的幸福实现自身，幸福因不能引导个人超越自身的偶然性和完满性而显得不值一提。

在发达工业社会，理性已逐渐从之前的价值理性演变成全面统治的工具理性、技术理性，并趋于顶峰状态。工具理性、技术理性、实用理性等成为支配社会生活的思维模式，衍生出一种压抑性文化，破坏了历史的正常比例关系。在批判学派看来，这种理性在主宰西方文明发展的同时，也显现出人类史终结的危机。在现存文明中，感性屈于理性，把理性从压抑性理性中拯救出来是批判的目的，清除技术、工具理性的单一性，使理性进而感性化，使压抑性理性让位于一种新的满足的合理性，从而与感性相结合。

批判学派主张理性应该被赋予新的内涵和内容。理性应当是一种现实的真实形式，包含否定、自由、批判和超越的意义，是一种历史的辩证理性，应当与人类的命运、现实和前途息息相关。人是一种理性的存在形式的表现，这种存在需要自由，幸福是最高的善，进步动能包含于所有这些普遍性命题，正式来自它们的普遍性。此时，理性、自由、幸福的内在关联得到了深刻揭示。

---

① "美学之父"鲍姆嘉通认为，美学对象就是感性认识的完善。
② "感觉"源自拉丁文"sensatus"，意为"感官得到的东西"，指主体在感知中唤起的心的状态，是从心理学的意义上进行界定的。

（三）新感性观——突破压抑的审美感性

根据马尔库塞的理论分析，突破资本主义技术理性对人性的压抑是新感性，重新建立一种"活"的感性。感性的本质是接受，即通过给予物的影响而产生认识，依靠这种本性，感性与审美建立了内在联系。新感性具备以下四个特征。

一是，与以往和现存的感性不同，新感性是一种对标历史的感性。以往或现存的感性统称为受统治的技术性理性压抑感性，主要因为丧失了自由感而异化。在批判的资本主义社会中，感觉的渠道是共通的。感受是被惯常、机械的，也是被强行灌输、被动接受的，乃至具备攻击性。而新的感性在对以往感性否定的基础上进行重建，是新的历史条件的必然结果，具有历史的紧切性。

二是，新感性强调感性经验与感性欲望，具有非压抑性、非操作性和反理性、快乐、安宁、和谐等审美特征。它不再局限于以往感性的格局，反对现代文明的贫困、苦役，以及削夺的连续性和攻击性，赞颂人的游乐、安宁、美丽、包容的性质，通过这些性质，人们之间的关系和人与自然的关系趋于平和，昭示着一个不再有压迫和暴虐的崭新世界的到来。

三是，在审美和艺术活动中造就新感性。它感受的是自然中感性的美，是人的最初本能得以释放的感性，它用一种新的方式经过所闻、所见、所感孕育出完整生命，清除不公正和困苦，推进生活标准向更高水平前进。新感性是一种"活"的感性、有灵魂的感性，相对应的艺术是活的艺术，宣扬自主性，强调个体生存。新感性使得自由与必然、艺术与现实达到前所未有的统一；可以实现非压抑人的升华，重塑感性秩序，迈向自由境地。

四是，想象力是新感性的基本动力，是一种充满理智的感性。在《爱欲与文明》中，马尔库塞认为想象可以提供完整人性的画面和解放的形象，它沟通着感性与理性，成为重构现实的一股指导力量。新感性是感受与理智会合的中介点，逻辑结果是自然的解放，可以作为一种对自由社会的度量。

美的根基在其感性中，马尔库塞伸张审美解放，希望通过现代艺术的方式造就新感性，而这也是最佳的途径。

（四）感性与理性的协同——审美之维的哲学调节

感性与理性的和谐统一，是艺术的显著特征。探寻感性与理性的和谐统一，中介就是美学中的想象。马尔库塞把感性与理性的统一置于艺术领域中，同时我们认为想象力也具备生产的性质，它是沟通感性、理论理性、实践理性三方的中介。

在谈及审美能力时，马尔库塞又返回本书第二节讨论的康德的判断力批判，认为它是理性与感性和解的必由之路。在康德看来，审美之维是双重中介，它一方面把感性和理智结合起来，使中介得以依赖想象而完成；另一方面，审美之维还是使自由和自然得以结合的中介。这个双重中介的重要性在于，文明的进步将人的感性能力置于理性统治之下，为了社会需要感性受到了压抑，而审美之维就是要对感性和理性这两个分类的王国进行哲学调节。

艺术争取个体自由与幸福的贡献存留于审美形式之中。对于审美形式，马尔库塞将它定义为"和谐、节奏、对比诸形式的统一体"，使艺术作品形成自足整体，兼具自身结构、风格。艺术作品通过审美形式，改变了现实中支配一切的秩序，传递了被压抑的解放形象的回归。

审美形式是一种由感性秩序构建的感性形式，并不遵循理智强加的规则，而是与感官享乐、感性思维相对应。感性思维能够使人借助于美，将自己置身于幸福之中。在艺术多种功能中，与审美形式结合最紧密的是审美功能。艺术最基本的功能就是创造美的形象，带来审美快感，并在很大程度上带来浓厚的生理快感。所以艺术品首先满足于人们的直观感受，直接作用于人类感官的审美性。由此可见，形式是艺术感受的成果，形式是艺术本身的现实，是艺术自身，马尔库塞用形式指代规定艺术之所以为艺术的东西，形式本身就是一种内容。

马尔库塞强调，真正的工作便是艺术工作，它本能是通过一种非压抑的感受产生，带着非压抑性的目的，以非压抑性的秩序反对受操作原则支配的自由观。

在一个真正自由的文明中，秩序以个体的自由满足为基础成为自由的必要条件，并将被这种满足所维持。

三 小结

综上所述，在文化批判学视角下，人类的情感在宏观和微观两个层次皆展现出感性与超感性的两种可能：人在宏观上跨越两个世界，一方面生存于现象界的感性需求中，另一方面，道德法则等标准又对人提出了理性的要求，所以人生来就生存在感性与理性两种分裂的张力中；微观上，无论是人类由浅及深的三个层次——感性、知性和志性，还是人类掌握世界的基本方式——形象（直感）思维、抽象（逻辑）思维、灵感（顿悟）思维，都无一不是这种生存张力产生的内因。

人的现象与本体之分裂、感性与理性之对立，在批判学视角下得到了一定程度的超越与救赎。以马尔库塞为代表的法兰克福学派敏锐感知到他们所处社会中理性观念的巨大断层，并致力于构建新的理性与感性秩序，积极寻找感性与理性的协同之地，并最终在艺术领域获得可能。在理性的感性化、新感性概念的构建过程中，人类追求幸福的权利得到极大保护，人内在生命的丰富性重新得到肯定，人类的合理化情感在哲学层面得到前所未有的重视。

参考文献

〔英〕佩里·安德森：《西方马克思主义探讨》，高铦等译，人民出版社，1981。

〔美〕刘康：《马克思主义与美学：中国马克思主义美学家和他们的西方同行》，李辉等译，北京大学出版社，2012。

胡家祥：《心灵哲学与文艺美学》，中国社会科学出版社，2007。

李醒尘：《西方美学史教程》，北京大学出版社，2005。

〔美〕L·弗雷、罗恩：《从弗洛伊德到荣格——无意识心理学比较研究》，中国国际广播出版社，1989。

〔美〕霍尔等：《荣格心理学入门》，冯川译，生活·读书·新知三联书店，1987。

朱立元主编《艺术美学辞典》，上海辞书出版社，2012。

〔德〕尼采：《悲剧的诞生》，周国平译，生活·读书·新知三联书店，1986。

贺方刚：《情感与理性：康德宗教哲学内在张力及调和》，博士学位论文，山东大学，2014。

〔德〕康德：《论优美感与崇高感》，何兆武译，商务印书馆，2001。

杨祖陶等编译《康德三大批判精粹》，人民出版社，2001。

〔德〕康德：《道德形而上学的奠基》，李秋零译注，中国人民大学出版社，2013。

〔德〕康德:《纯粹理性批判》,李秋零译注,中国人民大学出版社,2013。
〔德〕康德:《判断力批判》,李秋零译注,中国人民大学出版社,2013。
张蕾:《康德美学思想中的审美理想》,博士学位论文,广西师范大学,2017。
韩水法:《批判的形而上学》,北京大学出版社,2009。
范晓丽:《马尔库塞批判的理性与新感性思想研究》,人民出版社,2007。
〔英〕奥诺拉·奥尼尔:《理性的建构:康德实践哲学探究》,林晖等译,复旦大学出版社,2008。

第五章　符号叙事学视角下的情感理论机制

第一节　语言符号理论

一　理论概述

在《人论》中德国哲学家恩斯特·卡西尔提出，人是符号的动物。符号理论开阔了人们的注意力方向，拓宽了人类的思维方式。更加值得注意的是，通过揭示符号本质，我们认清了人的生活本质。人并非只在一个单一的物理宇宙中生活，还在一个符号宇宙中生活①。

符号系统能够帮助人们与原来固定不变的情境相脱离，在与现实接触以后，能够通过人们的意识探究现实，且人们能够对现实做出足够理性的认知与反应，通常情况下这一类反应是延迟的②。因此依靠符号学，人们既能够凭借先前的经验，又能够通过想象认知外部世界。在这样的基础上，符号学凭借理性与感性相结合的特点，帮助人们把很多很难描述清楚的情感与感觉，特别是那些非常容易消逝的情感与感觉，不仅通过条理化、书面化的思维表现出来，而且将先前的经验以及对未来的期盼渗透于

---

① 沈嘉祺：《符号理论对情感教育的启示》，《外国中小学教育》2005 年第 11 期。
② 刘智锋、陈建初：《关于文字性质问题的再思索》，《中南林业科技大学学报》（社会科学版）2010 年第 2 期。

第五章　符号叙事学视角下的情感理论机制

操作中①。

　　传递信息是符号最大的目的。从实践的角度看，人与人之间如果离开了符号的帮助将没有办法实现分享与传递，个人的感觉将会是分离的、孤立的。从现实的角度看，人与人之间通常会相互传递彼此认同的知识或者情感，只有基于符号这样的认同才能互相传递，且只有经由环境作用而产生的拥有相同感受和情感的人才能接收到这种认同。② 从这一层面来说，符号的缺失，会使人没有办法形成知识与情感，因此别人也没有办法收到此类讯息。除了生物进化的道路（被自然选择，经历遗传变异，人类得以进化）外，人类还有一条文化进化的路，这条路的铺设得益于符号系统，符号系统会在很大程度上帮助人们减少自然选择的压力，给个人的发展提供非常多的可能性。人们的符号系统变得越来越牢固、越来越精巧，得益于人们在实践和思想上取得的进步③。

　　关于如何定义符号，美国知名符号学家皮尔斯表示，在某种能力或者某些方面相对于某些人来说代表着某物的东西就是符号。著名的哲学家奥古斯丁认为，符号就是一种可以让人们联想到将其加之于感觉的印象抛开之后的东西。符号被人们定义为一门学科，专门研究符号和它的意指活动④。可以看出，人们能够从跨学科的角度解释符号学性质。从理论上看，非语言符号和语言符号是符号的两大类，本节主要从语言符号理论来进行情感相关的探讨。

　　符号理论强调传播是意义的产生而非过程。其核心是符号的研究，研究的领域主要在三个方面：①对符号本身的研究；②对由符号组成的传播系统或者代码的研究；③传播符号与代码都离不开其中运作的文化，而文化的形成与存在也离不开传播符号与代码的运用⑤。在情感的传播中，传

---

① 赵玲：《语言符号学在跨文化交际中的功用探析》，《中南林业科技大学学报》（社会科学版）2014年第1期。
② 王铭玉：《语言符号学》，高等教育出版社，2004。
③ 赵玲：《语言符号学在跨文化交际中的功用探析》，《中南林业科技大学学报》（社会科学版）2014年第1期。
④ Abraham Rosman, Paula G. Rubel, *The Tapestry of Culture-An Introduction to Cultural Anthropology* (New York: Random House, 1989).
⑤ 〔美〕约翰·费斯克：《传播研究导论：过程与符号》（第二版），许静译，北京大学出版社，2008。

播符号与代码同样不可或缺。

二 相关理论介绍

(一) 第二序列意义加强情感认同

著名的符号学家罗兰·巴特（Roland barthes）① 建立了首个系统性的模式，用来分析文本意义的相互作用与相互协商。意指化的两个序列是巴特理论的核心。意指化的第一个序列被巴特称为明示意，即符号十分常识十分明显的意义。意指化的第二个序列才是关键，是符号隐藏于背后或者深层次的意义。符号在意指化的第二个序列中运作的方式主要有三种：隐含义、迷思和象征②。第二个序列意义能够加强情感认同。

从向公众开放侵华日军南京大屠杀遇难同胞纪念馆的意义来说，纪念在南京大屠杀中遇难的同胞是十分常识十分明显的意义，即明示意。而铭记历史、反对战争、珍惜和平的意识形态才是向公众开放纪念馆的真正意义。

在意义的第二个序列中，铭记历史、反对战争、珍惜和平可以通过一个巴特式的迷思来解释。这个迷思包含一些概念，如战争是罪恶的，战争会毁了无数普通人的幸福生活，而和平来之不易，要努力珍惜和平。虽然当前的社会文化中存在着完全相反的迷思，但是这一主导性迷思依然包含以上所列概念。

铭记历史、反对战争、珍惜和平这些第二个序列意义，是由我们铭记历史、反对战争、珍惜和平的主导意识形态所产生的。这一意识形态中铭记历史、反对战争、珍惜和平的观念，能够加强拥有共同迷思的人的情感认同。

(二) 意识形态和意指化

情感传播像其他传播活动一样，直接进入通常的意识形态过程中。这一过程的核心在于隐含的价值和为文化成员所共有的迷思。建立和保持共有的唯一途径在于传播中的频繁使用。一个符号的每次运用，都强化了它在文化和使用者中第二个序列意义的生命。于是我们有了一个如图5-1所示的相互关系三角模型。

---

① 〔法〕罗兰·巴特，作家、思想家、社会学家、社会评论家和文学评论家。
② 〔美〕约翰·费斯克：《传播研究导论：过程与符号》（第二版），许静译，北京大学出版社，2008。

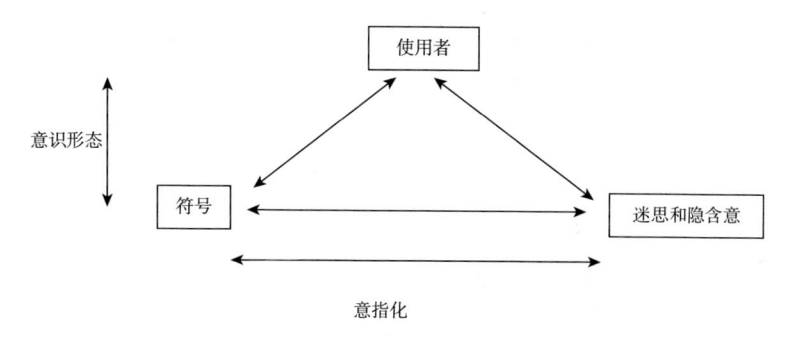

第五章 符号叙事学视角下的情感理论机制

图 5-1 符号、使用者、迷思和隐含意相互关系三角模型

图 5-1 中以双向箭头表示的相互关系依赖于频繁使用以确保其存在和发展。符号的使用者通过使用来促进符号的流通,也只能通过对传播中符号使用的回应来维持文化中的迷思和隐含意的价值观。一方面是符号和它的迷思与隐含意之间的关系,另一方面是符号与使用者之间的关系,二者都是意识形态关系。

价值观和迷思可感的形式由符号所给予,因此它们能够被公共化且被支持。意识形态被人们保持并且赋予生命,与此同时,意识形态也塑造了人们。文化成员对共同的价值观与迷思的接受,确定了他们在其中的文化成员身份,这一过程是通过符号来完成的。所以说,符号既能够让价值观与迷思公共化,也能够让它们具有文化认同的功能[1]。比如爱好和平的人们与他们的同伴们共享一种意识形态与情感。更具体地说,他们会认为,战争是残酷的,屠杀平民是极度不人道的,要尊崇民族平等,而不是极端民族主义,他们的意识形态决定了他们在和这些符号的互动中找到的意义。这些迷思和隐含意,用巴特的话说,就是"我的意识形态修辞"[2]。第二个序列意义共享了意识形态、加强了情感认同。

因此,在第三种用法(意义和思想产生的一般过程)中,意识形态

---

[1] 〔美〕约翰·费斯克:《传播研究导论:过程与符号》(第二版),许静译,北京大学出版社,2008。
[2] 〔美〕约翰·费斯克:《传播研究导论:过程与符号》(第二版),许静译,北京大学出版社,2008。

并不是一套固定的价值观和理解方式,而是一种实践。基于他们有能力使用符号、迷思和隐含意,并能恰当回应这一事实,意识形态把他们建构成以反对战争观念为基础的热爱和平文化中的特定成员。通过参与文化中的意义实践,他们成为意识形态自我维护的工具。他们从一种符号中获得的意义,源自该符号和他们所置身其中的意识形态:通过找寻这些意义,他们确定了自己与意识形态以及社会的关系。

(三)"二元对立"激活情感

语言学家索绪尔是符号学的创始人之一,列维-斯特劳斯(Claude lui-Strauss)① 发展了索绪尔的语言学理论,其中"二元对立"是列维-斯特劳斯理论中的重要概念。给所谓"二元对立"下个定义,在列维-斯特劳斯看来,词汇域在语言的分类系统中占有重要的位置。他认为,在一个系统中概念化分类是理解的关键,而他称为"二元对立"的结构则是理解过程的核心。任一事物假使不在 A 类里,就一定在 B 类里,这可谓最为完美的二元对立,人们开始认识世界,也把这样的分类加诸世界②。

列维-斯特劳斯认为,二元对立结构是最普遍、最基本的理解过程。它为一种系统,两种互相关联的分类组成了二元对立,它用最纯粹的形式构成宇宙③。

以第 17 届奥斯卡最佳外语片《美丽人生》为例分析二元对立结构(见表 5-1)。《美丽人生》第一幕灰暗的色调暗示了故事的悲伤,呼啸的风声体现了环境的严酷。但第二幕明亮的色调显示了男主热情的性格,欢快的歌声表明了普通人的快乐。穷小子被误认为权贵,这一"二元对立"引人发笑,也表现了圭多的有趣。当有趣的假王子圭多邂逅从天而降的美丽且出身高贵的多拉,在身份的"二元对立"中,爱情之花慢慢萌芽。而热情的犹太青年与阴郁的法西斯独裁者之间,隐含着文化与自然之间更深层的结构对立,为影片后半部分激起观众厌恶法西斯

---

① 〔法〕列维-斯特劳斯,作家、哲学家、人类学家,结构主义人类学创始人。
② 〔美〕约翰·费斯克:《传播研究导论:过程与符号》(第二版),许静译,北京大学出版社,2008。
③ 〔美〕约翰·费斯克:《传播研究导论:过程与符号》(第二版),许静译,北京大学出版社,2008。

政权、热爱和平的情感埋下伏笔。

表 5-1　电影《美丽人生》中的二元对立

灰暗：明亮
风声呼啸：欢歌笑语
穷小子：权贵
假王子：真公主
热情的犹太青年：阴郁的法西斯独裁者

影片在 6 分钟之内就用二元对立为电影激起情感做好了铺垫。而在整部电影中，二元对立激活了情感。

在笼罩着第二次世界大战阴云的意大利，犹太青年圭多原本有着幸福的日子，之后他与儿子受到了法西斯政权的迫害。普通人的安逸生活与法西斯的万恶战争的二元对立激活了人们对圭多的同情之感。并非犹太人血统的妻子多拉为了丈夫和儿子，也毅然登上了前往集中营的车。极端主义的残酷与爱的伟大的二元对立激活了人们的情感。在极尽摧残的暴行与压力之下，圭多仍对身边的人保持着真诚与热情，在惨无人道的集中营，圭多极力呵护着儿子的童心，哄骗儿子这残忍的一切只是一场大坦克的游戏。惨无人道的暴行与人性的光辉形成二元对立结构，激活人们反对战争的情感。

是极端民族主义与民族平等主义以及战争与和平的深层二元对立，激活了人们追求民族平等主义与热爱和平的情感。

因此，我们可以得到以下的迷思结构（见表5-2）。

表 5-2　电影《美丽人生》中的迷思结构

普通人的安逸生活：法西斯的万恶战争
幸福的生活：罪恶的纳粹
爱的伟大：极端主义的残酷
人性的光辉：惨无人道的暴行
民族平等主义：极端民族主义
和平：战争

整部影片通过和平与战争、民族平等主义与极端民族主义、人性的光辉与惨无人道的暴行等二元对立结构激发了笑对生活的热情、爱情、亲情、保护童真、反对法西斯、人人平等、热爱和平等多种情感。

（四）优先解读引发情感共鸣

读者与讯息都运作在社会结构中，人们能够通过优先解读的模式，将社会结构及讯息里的协商意义相互联系。

文字引导阅读属于意指化的第二个序列。通过反对不确定符号的方式，文字能够固定所指的含义，以缩小意义范围来引导阅读，即斯图尔特·霍尔所谓的"优先阅读"。约翰·费斯克对"优先解读"的解析为，有时文字能够告诉我们照片值得拍摄的原因，或许照片本身没有什么偏向，不过视觉形象是多义的，文字在此时就扮演了引导者的角色[①]。

类似的，在电影《美丽人生》中，每一帧画面本身或许没有偏向，它只是一种客观存在。蕴含在电影里的情感，是人们通过电影里的语言与文字进行解读的，而某种价值观被观众认同、引发情感共鸣，通常是经过了优先阅读的引导。

电影的中文名字为"美丽人生"，又译作"一个快乐的传说"。该电影名字中带有"美丽""快乐"这类自身具有情感偏向的词，影片中也经常出现"我觉得比起早死，我更要感谢神让我降生到这世上来，能够这样跟你相遇，这样被你爱着""因为爸爸，那最恐怖的时期，却成了我最温暖的时光"此类带有情感偏向的句子。

文字引导我们进行符号解码。这些带有感情色彩的文字指导着我们的阅读，将我们引向优先解读：反对战争、追求和平与爱的情感以及无论生活怎么样都要乐观面对，不能丧失对生活的热情，才能拥有美丽人生的积极情感。优先阅读极易引起情感共鸣。它将"美丽人生"置于反对犹太人、极度不人道的法西斯政权之下，犹太青年圭多必然会遭受生活诸多磨难，却不往"悲惨""可悲""绝望"等方面联想。一种积极乐观的生活观念由此被构建，引发情感共鸣。

---

① 〔美〕约翰·费斯克：《传播研究导论：过程与符号》（第二版），许静译，北京大学出版社，2008。

可以通过三种基本的意义系统反映或者解释我们对于自身社会地位的认识，同样这三种系统也可以指导人们对于文本意义的解码方式。

1. 支配性代码

支配性代码或者支配系统传达了优先阅读与社会的支配性价值观[1]。在一个社会中，支配性代码是主流的、支配着社会上大多数人的价值观。在庞杂的社会系统中，会有各种各样的思想观念产生，支配性代码引导着大多数人怎么想。

比如"男大当婚，女大当嫁"就是中国社会典型的支配性代码。它是中国传统社会延续了几千年的主流观点，现在仍是中国社会的支配性价值观之一。对"男大当婚，女大当嫁"的支配性界定是：不论男女，到了适龄就应该考虑结婚了。如果年龄过大还不结婚，父母可能会因此感到伤心，孩子本身也会因为亲朋好友的催婚而感到烦恼。绝大多数人都不会否认，婚姻是人生大事，这在一定程度上就是支配性代码在起作用。

支配性代码传达出的优先解读，最大程度地引起了大多数人的情感共鸣，也影响着人们的所思所想与喜怒哀乐。

2. 协商性代码

协商性代码对应着从属系统，它虽然认为需要改进现存结构里的部分成分，但仍然接受现存结构与支配价值观[2]。协商性代码无疑是认同社会现存的整体结构和主流价值观的，不过它会部分地认为其中的一些成分是需要改进的，这样才能让它认同的社会现存的整体结构更加完善，社会才能更好地向前发展，人们也才能更加幸福。

同样，对于"男大当婚，女大当嫁"的协商性代码可能是：人们到了一定年龄确实需要结婚，不然会伤了父母的心；不过，自己的幸福是最重要的，只有让自己满意、感到幸福的婚姻才是值得的，晚两年结婚或许是更好的选择。

协商性代码传达出的优先解读，总体上不会偏离主流价值观，也能引

---

[1] 〔美〕约翰·费斯克：《传播研究导论：过程与符号》（第二版），许静译，北京大学出版社，2008。

[2] 〔美〕约翰·费斯克：《传播研究导论：过程与符号》（第二版），许静译，北京大学出版社，2008。

起相当多人的情感认同。

3. 对立代码

对立代码对应激进系统,这种解读否定了产生支配性观点的社会价值观,同时否定了支配性观点。对抗性解码者认为识别出的优先解读错得离谱,他们把讯息放在一种激进的意义系统里来对抗支配性意义系统,以此协商出一种对抗性的激进的文本解读①。对立代码可以说相当反抗主流价值观,非常不认同现存社会结构与支配大多数的价值观。对立代码存在的意义之一就是反抗支配性代码,解码者往往是相对激进的少数人,为社会上的大多数人所不理解。

对于"男大当婚,女大当嫁"这则文本的对抗性解读的协商性代码可能是:婚姻从来都是束缚人的存在,不能畏惧世俗的眼光,一辈子不结婚人才能自由。

对立代码传达出的优先解读,非常容易偏离主流价值观,甚至是对抗主流价值观,在一定程度上会引起少数人的情感共鸣。

社会性是优先意义解读的重要特性。每个人都有诸多话语,都来自不同的社会群体,因为每个人都是不同社会群体的一分子,供阅读的文本和读者所有的不同话语之间的协商就是阅读。对于相同的内容,不同的人有不同的解码方式,这可能是因为在社会结构中解码者的地理区域、职业、政治倾向性、地位等存在差异。例如,出身于父母婚姻美满且传统的家庭、从小接受主流教育的人可能会对"男大当婚,女大当嫁"这一讯息进行主导性解码,对婚姻的必需与美好引起共鸣,会在适当的年龄就对此事上心,在其中倾注非常多的情感。哪怕生活有再多的艰难困苦,都会努力经营好一段婚姻。

而对于父母婚姻不幸福,甚至父母不幸福的婚姻对自己也产生巨大伤害的人,可能会更加偏向于对抗性解码:人可以一辈子不结婚,结婚是一件会给自己以及身边的人带来痛苦的事。

(五) 解码者的价值观影响文本解读

意义具有社会性。莫利表示读者和文本的协商还与社会力量相关联,

---

① 〔美〕约翰·费斯克:《传播研究导论:过程与符号》(第二版),许静译,北京大学出版社,2008。

其中包括家庭背景、宗教、地理区域、政治倾向性、教育等。读者对于某一事物具有的"刻板印象"① 以及读者的价值观，全部会影响文本的解读与由此引发的情感。同样以上文提到过的《美丽人生》为例进行分析。

1. 假如观众之前对《美丽人生》没有形成自己的观点与认识，那么优先解读形成的观念极易形成对抗性或者协商性解读

如果读者事先对第二次世界大战以及法西斯主义和纳粹集中营只有浅显的了解，或者是对这些事还没有形成观点与认识，那么该读者就会被单个文本的优先解读告诉要如何看待这部影片。当读者认可接受以及内化了这样的观点之后，就很有可能形成对与第二个序列意义接近的其他文本的协商性解读，但是当这位读者最先接受的优先解读意义和第二个序列意义不同时，就特别容易形成对抗性解读。

如果观众十分不喜欢电影《美丽人生》的导演兼男主角罗伯托·贝尼尼，或者厌恶战争题材喜剧化，那么就很难以较强的代入感去欣赏这部电影，会认为这部电影非常无聊，这就形成了对抗性解读。《美丽人生》这部电影也很难引起他的情感共鸣。

2. 假如观众之前对《美丽人生》这部电影形成了自己的认识与价值判断，那么优先解读形成的观念就不太容易形成对抗性或者协商性解读

比如，如果观众先入为主地认为《美丽人生》这部电影歌颂了在战争阴云笼罩下的伟大父爱，是一部难得的描写战争的经典喜剧片，那么就已经事先对《美丽人生》这部电影形成了自己的认识与价值判断，他的心里就已经有了主观情感，所以非常有可能对于偏向诋毁、批评《美丽人生》的评论嗤之以鼻、不予认可，电影文本中的优先解读也很难对其他文本形成对抗性或者协商性解读，原因在于观众早就戴着"有色眼镜"先入为主。

三 小结

在语言符号理论的视角下，我们能够更好地理解情感理论机制。二元对立能够激活情感，优先解读能够引发情感共鸣。支配性代码、协商性代

---

① 〔美〕沃尔特·李普曼：《公众舆论》，阎克文等译，上海人民出版社，2006。

码与对立代码三种基本的意义系统反映或者解释了我们对于自身社会地位的认识，同样这三种系统也指导着人们对于文本意义的解码方式。优先阅读往往把观众引向某种价值观，引发情感共鸣。

第二个序列意义加强情感认同。隐含的价值和为文化成员所共有的迷思能够加强观众对同一事物的情感认同。符号的使用者通过使用符号来促进的流通，也只能通过对传播中符号使用的回应来维持文化中的迷思和隐含的价值观，情感认同也会得到加强。同时，符号的接受者——观众是否事先对某一事物形成自己的认识，也会影响他对这一事物的情感体验。

第二节　语言学理论

一　语言学理论概述

著名的瑞士语言学家费尔迪南·德·索绪尔（Ferdinand de Saussure）① 在其著作《普通语言学教程》中提出语言是一个表达观念的符号系统，他是语言史上第一个提出这个观点的人。索绪尔注重语言中的结构，认为结构为语言构成成分对立的二分法，其中有以下典型的三组。

"语言"与"言语"。作为符号系统的语言，属于存储在人们脑中的记忆。语言的存在方式可以用以下公式表达：$1+1+1+\cdots=1$（集体模型）。语言可以说是言语的工具，同时也是言语的产物。言语就是人们说的话，言语的存在方式用公式表达为：$(1+1'+1''+1'''\cdots)$。索绪尔觉得，言语比语言更优。

"历时"与"共时"。历时为演化的，它是把个别言语纵向组合成一条线。共时为静态的，它让语言属于整个历史而不仅是某一个历史阶段，从而以此来反映语言的全貌。在索绪尔之前，可以说语言学全部是历时性的，共时性的重要性甚于历时性。

"能指"与"所指"。能指是用来区分意义的最小的分割单位，而所

---

① 〔瑞士〕费尔迪南·德·索绪尔，作家、语言学家，结构主义创始人，现代语言学创始人。

指是指它在形式与位置上的最小变化,它们共同构成了一个系统,一个符号和其他符号之间的关系为该符号的存在所依赖①。

本节将从语言学理论的视角出发,从"语言"与"言语"、"历时"与"共时"、"能指"与"所指"来探究其情感理论机制,尤其是其中的"能指"与"所指"。作为语言学家,索绪尔更直接关注符号本身。他认为,符号为"能指"与"所指"的结合。因此符号可以是一个带有情感意义的物体。

二 相关理论介绍

(一)语言与言语

在索绪尔看来,言语活动包括三个部分:心理部分(音响形象与概念)、生理部分(发音与听音)、物理部分(声波)。他认为语言学的研究对象不能是言语活动,因为言语活动是极为复杂的,是异质的。在索绪尔的观点中,一开始语言学的研究就需要站在语言这一维度上,它为言语活动的另外所有体现的标准②。他在言语活动里分离出了一部分,即语言。语言被索绪尔"选择""先"作为语言学的研究对象,这是在面对许多二重性时的最佳选择。其他学科的研究对象与语言学的研究对象有着明显的不同,一个是客观的存在,一个包含有主观选择性。索绪尔表示,其他学科都是对事前确定了的对象进行相关的工作,然后就能从不一样的观点来考虑,但是语言学的研究对象在观点之后,是观点创造了其研究对象③。

语言,从外延看,是言语活动减去言语。从内涵看,作为符号系统的语言,属于存储在人们脑中的记忆。语言是存储人意志之外的,对于所有人来说都是共同的,但同时又是每一个人具有的东西。语言的存在方式用公式表达是这样的:$1+1+1+\cdots=1$(集体模型)。

言语就是人们说的所有的话。"个体永远是它的主人"④。一方面,言语是个人的组合,以说话人的意志为转移。另一方面,言语的表现是暂时

---

① 〔瑞士〕费尔迪南·德·索绪尔:《普通语言学教程》,高名凯译,商务印书馆,1980。
② 〔瑞士〕费尔迪南·德·索绪尔:《普通语言学教程》,高名凯译,商务印书馆,1980。
③ 〔瑞士〕费尔迪南·德·索绪尔:《普通语言学教程》,高名凯译,商务印书馆,1980。
④ 〔瑞士〕费尔迪南·德·索绪尔:《普通语言学教程》,高名凯译,商务印书馆,1980。

与个人的,其中没有任何东西是个人的①。言语的存在方式用公式表达是这样的:(1+1'+1"+1'''…)。

从一组相对立的特征来看语言与言语的内涵,就是言语是实现的、个人的,语言是潜在的、社会的。

在《普通语言学教程》中,索绪尔认为符号即语言的本质,音响形象与概念相结合为语言符号,语言符号具有心理性与社会性。语言符号的原则及性质内在地决定了语言与言语的划分②。

索绪尔被后人誉为"符号学的先驱",他预见了符号学这一新学科的诞生。在他看来,语言是一种符号系统,用来表达观念。

心理性与社会性是语言符号最基本的属性。在索绪尔眼中,将语言与言语相区分的内在依据正是这两大属性。语言有社会性,言语有个人性;语言有心理性,言语有物理性与心理性。因此,区分清楚语言和言语非常重要,其中语言是语言学的研究对象③。

从社会性来说,索绪尔认为语言的内在特征之一就是其社会性质,"符号在本质上是社会的"④。符号的内在特征为什么会是社会性呢?因为生活在社会中的人们需要符号,就是因为这种需要才产生了符号。语言固有的特性使语言无法离开社会,无法离开使用它的生活在社会中的人们。此处所指的社会,不是指语言的社会文化含义,而是指社会集体意识。社会中个体成员的个人意识被这种集体意识超越了,对它的不完整反映只存在于每位成员的意识之中⑤。

索绪尔反复强调语言具有社会性。"语言是一种社会制度"⑥"语言是社会事实"⑦。索绪尔认为,语言离不开说话的大众。不论何时,语言作为一种符号现象,无法脱离社会事实而存在。情感也没有办法脱离社会事实而存在。

---

① 徐今:《索绪尔〈普通语言学教程〉精读》,武汉大学出版社,2016。
② 〔瑞士〕费尔迪南·德·索绪尔:《普通语言学教程》,高名凯译,商务印书馆,1980。
③ 徐今:《索绪尔〈普通语言学教程〉精读》,武汉大学出版社,2016。
④ 〔瑞士〕费尔迪南·德·索绪尔:《普通语言学教程》,高名凯译,商务印书馆,1980。
⑤ 徐今:《索绪尔〈普通语言学教程〉精读》,武汉大学出版社,2016。
⑥ 〔瑞士〕费尔迪南·德·索绪尔:《普通语言学教程》,高名凯译,商务印书馆,1980。
⑦ 〔瑞士〕费尔迪南·德·索绪尔:《普通语言学教程》,高名凯译,商务印书馆,1980。

情感也具有社会性。许多社会学家表示情感是社会建构的。参与社会结构与文化社会化所导致的条件化的结果为人们的感受。当社会结构与文化规范、信念、意识形态密切联系的时候，它们就已经界定了什么能够被体验为情感，以及应该如何表达这些被文化定义的情感。斯蒂文·戈登（Steven Gordon）曾经表示，情感的起源是文化的，而不是生物的[①]。

从语言学的角度来看，用来传达情感的符号系统为语言，用来承载、传达情感的载体为言语。例如，在汶川发生大地震的时候，上亿的民众虽然没有亲身经历大地震，但当了解到这场地震的具体情况时，就会产生社会集体意识，就会明白那种不可名状的让自己忍不住想要流泪的情感叫作"悲痛"，当有人说"发生这样的灾难真让人感到悲痛"时，他就是将自己内心的情感——语言符号为"悲痛"用言语表达出来了。

（二）历时与共时

索绪尔认为，在语言学中所有关于演化的都是历时的，所有关于静态的都是共时的。历时语言学研究的是各项并非为相同的集体意识能够感觉到的相互连续的要素之间的关系，这些要素彼此之间不构成系统，而是一个代替一个。共时语言学研究语言系统内部各要素间的关系[②]，即语言的结构[③]。

索绪尔表示，历时与共时之间存在着交叉的关系，既绝对独立又相互依存。对立关系是历时与共时之间最根本和最重要的关系。强调历时与共时的对立花费了索绪尔很大的精力，同时他也强调了共时优于历时。

对索绪尔而言，历时与共时的系统性不同。历时和系统没有关系，共时却涉及了系统。两者本质上的差别正在于此。在语言系统中，无论哪一部分都需要考虑其共时的连带。而变化的历时却不会涉及整个系统。历时与共时的重要性也不同。历时方面的重要性低于共时方面的重要性。对于语言学家来说，假若他身处历时的展望，那么他能够看到的是一系列改变语言的事件，而不是语言。对于说话的大众来说也一样，唯一的、真正的

---

① 〔美〕乔纳森·特纳等：《情感社会学》，孙俊才、文军译，上海人民出版社，2007。
② 〔瑞士〕费尔迪南·德·索绪尔：《普通语言学教程》，高名凯译，商务印书馆，1980。
③ 廖杨佳：《论索绪尔语言学的共时观与历时观》，《戏剧之家》2018年第1期。

现实性是共时①。

语言符号具有两个原则：线条性原则和任意性原则。线条性原则侧重于符号系统与能指系统的关系，任意性原则侧重于能指系统与所指系统的关系。这是相互关联的两条原则。语言符号的线条性则与任意性原则决定了历时与共时的区别。

任意性原则决定了语言符号既有可变性又有不变性。因为符号中所指与能指的结合是任意的约定，所以凡是社会所公认的，用什么概念和什么音响形象相互结合都可以。只要形成了符号，某一概念与某一音响形象相互结合了，就找不出更改的理由，也不必更改。因为语言符号的能指需要在时间里绵延，时间却能够让所有的事物都发生改变，又因为语言符号里的所指与能指间的结合并无道理，是任意的，即便改变了所指与能指的关系也并无影响，所以语言符号无法抵抗时间给它施加的压力，具有可变性②。

因为语言具备可变的性质，所以它能够在前后不一样的时间片断中发生相应的演化；因为语言具有不变性的符号系统，所以在时间的片断里它能够以这种固定的、不变的符号系统身份存在。

同样从历时与共时的角度来看，情感也具备可变性和不可变性。情感能够在前后不一样的时间片断中发生演化，具有可变性。例如，许多热恋的情侣，随着时间的推移，感情慢慢变淡，爱情逐渐消失，在前后不同的时间片断中，他们的爱情发生了改变。但语言具有不变的符号系统，在时间的片断里，爱情也能够以这种固定的、不变的符号系统身份存在。正如瞬间即永远，对于彼此深爱的两个人，他们相爱的那一时刻即永恒。

（三）能指与所指

索绪尔认识到，语言符号为一个双面的心理实体。我们能够从能指与所指两个方面来认识符号的心理性。

索绪尔的能指不是指音响，而是指音响形象。音响可以被归类为物质的声音，音响形象可以被归类为声音的心理痕迹，虽然音响形象离不开物

---

① 徐今：《索绪尔〈普通语言学教程〉精读》，武汉大学出版社，2016。
② 徐今：《索绪尔〈普通语言学教程〉精读》，武汉大学出版社，2016。

第五章　符号叙事学视角下的情感理论机制

理的声音,但是音响与它在性质上也属于两个不同的范畴,音响属于物理范畴,音响形象属于心理范畴。通过观察言语活动我们能够得知音响形象的心理性质,正如索绪尔所言,不需要动舌头,也不需要动嘴唇,我们就可以自言自语,抑或是在脑海中默默地念一首诗,这是因为对我们而言语言中的词皆为音响形象。索绪尔的研究对象不是声音,因为系统本身并不会被发音所影响。声音是不可能属于语言的,因为声音是一种物质要素。对于语言来说,它只是一种次要的东西,是一种被语言所使用的材料。索绪尔认为言语的研究对象是声音。而语言的能指为:在本质上它不是声音的,却是无形的——并不由它的物质,却是由其他所有音响形象的差别与它的音响形象所构成的①。

索绪尔的能指不是指客观事物,而是指概念,虽然客观事物与概念相联系。索绪尔把语言看作一个相对独立或者自足的系统,这是他的符号理论的一个前提,在这个系统中,语言符号的所指与能指相同,都不等同于外界事物,而是与外界事物相联系的概念。

索绪尔把能指与所指的关系称为意指化,如图5-2所示。

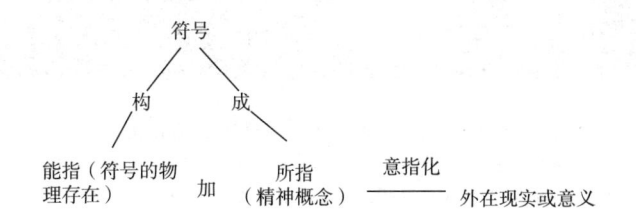

```
                    符号
                   ╱    ╲
                  构      成
                 ╱         ╲
    能指(符号的物      所指       意指化
      理存在)    加  (精神概念) ─────── 外在现实或意义
```

图 5-2　索绪尔的意义要素

资料来源:〔瑞士〕费尔迪南·德·索绪尔《普通语言学教程》,高名凯译,商务印书馆,1980。

用笔在纸上写下"2333",它们可能只是纸上的四个记号。把它们组合在一起,如果当成一个网络用语来读,它们就成了一个由能指(它的外形)与脑海中的概念(我们所知道的大笑表情)结合而成的符号。我们对表情"2333"的概念和现实中大笑之间的联系就是意指化。

---

① 〔瑞士〕费尔迪南·德·索绪尔:《普通语言学教程》,高名凯译,商务印书馆,1980。

索绪尔定义了两种方法来使符号组织成为传播代码。第一个方法是词汇域，第二个方法是句法结构。索绪尔认为，一切的讯息包括了（从词汇域里）选择与结合（成为一个句法结构）①。

我们以获得喜临门床垫杯人民摄影"金镜头"（2017年度）新闻人物类组照金奖的组图《嘉杭京三地上演空中生命接力》中的一张图为例进行分析，图5-3的故事背景为2017年，21岁的姑娘刘国群捐献器官来救助他人、帮助他人延续生命，图片中的男人是刘国群的父亲。

图5-3 嘉杭京三地上演空中生命接力
图片来源：浙江记协网，http：//zjjx.aheading.com：8114/UserData/HuoJiang GongGao/2018/06/522984.htm，访问日期：2021年6月28日。

在图片中，我们首先要确认词汇域。整整一套可以用来选择的符号被包含在一个词汇域中，我们从中选择其中一个。

在图片中，构图构成了图像的词汇域，还有色彩词汇域、影调词汇域、主题人物词汇域，以及关于人物身姿、表情、动作词汇域等。构图词汇域，如水平式、长方形、中心式等；色彩词汇域，如色别、亮度、明暗色阶等；影调词汇域，如明暗层次、虚实对比、色彩的明暗关系等；人物身姿，如

---

① 〔美〕约翰·费斯克：《传播研究导论：过程与符号》（第二版），许静译，北京大学出版社，2008。

第五章　符号叙事学视角下的情感理论机制

挥手、捂脸等；表情，如严肃、悲伤等；服饰，如黑衣、白大褂等。

构成色彩词汇域的要素具有两个最基本的特点。（1）在一个词汇域里，每一个基本单位一定会有部分共同的特性，拥有共同的特性是它们属于同一词汇域的原因①。这张图片中的每一种颜色都属于色彩词汇域。图片中的"手机"不属于这一词汇域。（2）在词汇域中，每一个基本的单位一定要明确地跟其他单位有所区别②。以该图中男子的动作为例，"看手机中女儿的照片"是能指，指现实中这位父亲十分思念女儿的动作，这一动作区别于其他能指，如打篮球（喜欢运动的动作）。

如果从词汇域里选择了某一个单位，那么这一个单位往往需要与其他单位结合在一起，这样的结合称为句法结构③。而在结构里非常重要的一点为组合基本的单位是需要遵循惯例或者规则的。可以说，词汇域关乎符号的选择，句法结构关乎符号组合，理解符号与其他符号的结构关系成为理解符号的关键。所以理解这张图片的词汇域选择和其句法结构的组合关系是理解这张图的关键。

这张图是一个简单的传播系统。从景别词汇域、人物词汇域、色彩词汇域、动作词汇域分别选择符号近景、刘国群的爸爸、捐献器官者刘国群、黑色、白色、看手机中刘国群的照片。黑色也是哀悼的颜色，总体偏黑色的环境氛围以及刘国群爸爸被照到的部分是黑色的，体现了刘国群的爸爸内心的悲伤。而手机照片中的刘国群身着白色衣服，象征着她是个纯洁、善良的姑娘。黑色与白色两者对比，更凸显了刘国群爸爸的丧女之痛。所以这个简单的句法结构为：刘国群的爸爸在黑暗的环境中看手机中明亮、纯洁的刘国群，心中难过，对逝去的女儿十分想念。

索绪尔非常喜欢在结构关系中寻找意义。如果想要准确又深入地解读该图片中的符号，我们就需要关注其中符号呈现的情感意义。通过上文的

---

① 〔美〕约翰·费斯克：《传播研究导论：过程与符号》（第二版），许静译，北京大学出版社，2008。
② 刘智锋等：《关于文字性质问题的再思索》，《中南林业科技大学学报》（社会科学版）2010年第2期。
③ 〔美〕约翰·费斯克：《传播研究导论：过程与符号》（第二版），许静译，北京大学出版社，2008。

分析，我们能够得出这张图片的句法结构为：器官捐献者刘国群的家属对女儿逝去的悲伤与对女儿的想念。

"情感叙事"是指在叙事的过程中创作者通过讲述包含生命体验的内容，有意识地去关注并且真实地展现个体命运的一种叙事方式①。

在创作该图片的过程中，创作者有意识地关注了个体的命运，并运用镜头通过对不同词汇域符号的选择及其巧妙组合的符号真实地展现了普通人的命运以及背后动人的情感意义。

美国著名社会心理学家马斯洛（Abraham Maslow）曾提出层次需求论，他认为，每个人在内心深处都潜藏着不同的需求，这些需求为人类的行为提供了动力上的支撑。人类的需求被马斯洛分为了五个层次，从低到高分别为生理需求、安全需求、归属和爱的需求、自尊需求与自我实现需求②。可以说，人们对情感的需求也蕴含于"自我实现需求"、"自尊需求"与"归属和爱的需求"之中。

在图5-3中，创作者有意识抓拍的刘国群父亲看手机中刘国群照片的这一反应，很好地表现了刘国群父母失去女儿的难过与悲伤。创作者景别选取近景，刘国群的父亲置身于昏暗的环境中，只有手机照片中的女儿是明亮的，凸显出刘国群的父亲由于突然失去了处于青春年华的女儿内心的悲痛之情，他的整个世界都变得灰暗了，只有女儿在自己心中依然那么明亮、那么美好。

女儿才21岁就早逝了，在情感上对刘国群的父亲来说是一个巨大的打击，他一下子就失去了对女儿归属和爱的需求。创作者抓拍的刘国群父亲的反应，没有撕心裂肺，更多的是一种隐忍的难过与悲伤，让人看来更为难过。

郭景萍在《试析作为"主观社会现实"的情感——一种社会学的新阐释》中表示情感为人类存在的本质力量与基本规定，是组成人性的重要部分③。这张图片作为一个传播系统，传达出普通人闪光的人性与极强

---

① 郭劲峰：《感动观众：个人生命体验的公众分享——纪录片的情感叙事策略研究》，《北京电影学院学报》2013年第5期。
② 〔美〕亚伯拉罕·马斯洛：《动机与人格》，许金声等译，中国人民大学出版社，2012。
③ 郭景萍：《试析作为"主观社会现实"的情感——一种社会学的新阐释》，《社会科学研究》2007年第3期。

的情感叙事意义,直抵人心深处。

三 小结

在索绪尔看来,一个能够表达观念的符号系统就是语言。他注重语言中的"结构",区分了"语言"与"言语"、"能指"与"所指"、"历时"与"共时"。作为语言学家,索绪尔更直接关注符号本身。从语言学的角度来看,言语是承载情感、表达情感的介质,而语言是表达情感的符号系统。从历时与共时的角度来看,情感具有可变性与不可变性。从能指与所指的角度来看,符号为能指与所指的结合,而符号可以是一个带有情感意义的物体。

第三节 拟剧理论

一 理论概述

资本主义的社会矛盾在 18 世纪后期因为工业革命以及无产阶级的出现飞速增长,与此同时产生了研究社会运行和发展的社会学。在经过一段比较长时间的发展之后,帕森斯(Talcott Parsons)① 提出了结构功能主义,开创了"帕森斯时代"。在 20 世纪六七十年代,西方社会发生剧烈的变动,帕森斯的理论暴露出缺陷,无法做出让人满意的解释,因此一大批反对帕森斯的理论出现了,符号互动论就是其中著名的派别之一,其第三代代表人物是 20 世纪最出色的社会学家之一欧文·戈夫曼(Erving Croffman)②,他重要的思想结晶为拟剧理论③。

1956 年,戈夫曼在他的首部作品《日常生活中的自我呈现》中提出拟剧理论,进行了比较详细的阐释,并且在他之后的研究中不断完善这一成果。拟剧理论是戈夫曼为了说明日常生活中人们的社会互动而引入的戏

---

① 〔美〕帕森斯,男,社会学家,结构功能主义的主要代表人物。
② 〔加拿大〕欧文·戈夫曼,男,社会学家。
③ 岳敏:《表演:心智与身体中社会秩序何以可能——试析戈夫曼〈日常生活中的自我呈现〉》,《江西广播电视大学学报》2010 年第 1 期。

剧学上的术语。

在戈夫曼的研究里，他着重于人际交往中面对面的符号互动，研究人们在平常的社会生活里如何利用符号进行相关的表演，从而使表演获得不错的效果，以此来向他人展示自己的理想形象或者达到其他的目的。在戈夫曼的理论框架里，所有人的人生都被界定成表演，而社会则是人们表演的舞台。因此，人与人相互结交来往的过程就被转换成表演的过程。在这个过程里，一定避不开表演的目的、方式以及效果。从表演目的的角度，戈夫曼提出了印象管理这一概念。神秘化表演、误解表演、补救表演以及理想化表演为印象管理的四个部分。而表演框架被戈夫曼分为剧班、剧情、剧本期望、表演区域与印象管理五个因素。这些观点是戈夫曼思想的核心，也是这一小节研究的理论基础①。

二 相关理论介绍

（一）拟剧理论理论视角下的情感互动

表演框架是人们在现实生活的舞台上演出的根据，它是人们内化了的现实存在的社会准则与社会规范，是一系列的共同理解与惯例。戈夫曼觉得，人们现实生活中在不同的场合会以不一样的角色进行表演，假如人们能够直接按照剧本进行表演，就会依据剧本进行表演，在剧本不够完整或者不太明确的时候，就需要进行临时创作或者随机应变②。在我们的生命中，有很多对我们重要的人，我们与这些人需要有很好的情感互动与情感联系。例如一位 30 岁的女性，她在职场中是一名白领，在丈夫面前是一位妻子，在妈妈面前是一个女儿。如果希望与同事、丈夫、妈妈有很好的情感互动及情感联系，这位女性就需要在相应的场合分别扮演好同事、好妻子、好女儿的角色。假如这位女性能够直接按照好同事、好妻子、好女儿的剧本进行表演，她就会依据相应剧本进行表演，她会经常与自己的同事、丈夫、母亲交流，或者随机应变。

表演框架包括了五个因素：剧本期望、剧情、剧班、表演区域、印象

---

① 张培：《国内外拟据理论研究综述》，《新闻世界》2011年第3期。
② 〔美〕欧文·戈夫曼：《日常生活中的自我呈现》，冯钢译，北京大学出版社，2008。

管理。笔者将从这五个方面分析"拟剧理论"视角下的情感互动。

1. 剧本期望

剧本期望就是指社会中各种角色都有社会规范对其进行限定。我们的社会是一个大舞台，上面不停地演出着各种各样的戏剧，在社会生活这个舞台上，我们每个人都是一名演员。而在每个人行为的背后，都隐藏着一位强大的编剧，这位编剧就是社会体系，因为它的存在，个人不允许离开剧本。每个人的行动都会受到社会规范这位编剧提前写好的剧本的限制。另外，每个人的行动也会受到其他演员以及观众等人的影响。

2. 剧情

表演是指人们在某一社会情境中，为了给其他人留下某种印象而做出的所有行为和活动。所有人都是剧情表演者，人们在现实生活的舞台上扮演着各种角色，表演着相应的剧情。其目的是表达某种意义。戈夫曼觉得，有些表演者或许真心相信自己的表演，觉得自己的行为不是演给其他人看的，也有一些表演者不相信自己的表演，认为其行为就是演给其他人看的。

3. 剧班

戈夫曼认为，剧班是"表演某种剧情进行合作的一些人"[①]。比如在一个小家庭中，爸爸、妈妈和孩子为了表演家庭幸福的剧情会进行合作，爸爸、妈妈会表演彼此相爱以及很爱孩子，孩子会表演乖巧可爱。这个小家庭就是一个剧班。

4. 表演区域

表演区域分为前区和后区（也称前台和后台）。前区是根据固定的方式进行表演、被观众规定了特定情境的那部分舞台，主要由三个部分组成：个人的举止、外表以及布景。后区是不允许局外人与观众进入的那部分舞台，只有关系非常亲密的人才有可能见到后台发生的一切。表演区域分为表演的前区和后区这样的舞台隐喻与人在现实生活中的表演情况是相对应的，它对人与人之间的情感互动有重要

---

① 〔美〕欧文·戈夫曼：《日常生活中的自我呈现》，冯钢译，北京大学出版社，2008。

影响。

5. 印象管理

戈夫曼觉得印象管理就是不论每个人具体的目的是什么,在人际互动过程中,控制其他人的行为是其主要的兴趣,特别是控制别人对他的反应。这一类的控制主要是通过影响别人逐渐产生限制与规定来实现的。这样会引领指导其他人心甘情愿地按照他的意图来行动[1]。印象管理可以说是拟剧理论的实质。

微信朋友圈就是人们进行印象管理的场所。在微信朋友圈中,人们通过文字、图片或小视频等内容来展示自我,加强与微信好友的情感交流。一般来说,发在微信朋友圈的自拍往往是经过美颜的,发在微信朋友圈的文字往往是经过美化的,大多呈现生活丰富多彩、态度积极乐观的一面。这些在朋友圈的表演或许有意或许无意,他们创造了理想化的自我,给微信好友们制造了"我"的美好印象,也给微信好友们提供了为自己点赞、评论的途径,加强了与微信好友们的情感互动与沟通。同样,给别人的朋友圈点赞、评论的表演行为也是在进行印象管理。这一表演行为传达出了我在赞美或者关心你,增强别人对自己的好感,以达到自己的目的,促进彼此的感情。

(二)表演模式中的情感意义

在社会生活的舞台上,所有人都既是观众也是表演者。表演者的表演分为四种模式:理想化表演、误解表演、神秘化表演、补救表演。每一种表演模式都有它的情感意义。

1. 理想化表演

理想化表演是掩盖或者部分掩盖与社会所共同认可的标准、价值和规范不一样的行为。理想化的表演需要集中展示自己理想化的形象,其重要的特征就是掩饰[2]。

葡萄牙足球运动员克里斯蒂亚诺·罗纳尔多(又称"C罗")在大

---

[1] 〔美〕欧文·戈夫曼:《日常生活中的自我呈现》,冯钢译,北京大学出版社,2008。
[2] 王长潇、刘瑞一:《网络视频分享中的"自我呈现"——基于戈夫曼拟剧理论与行为分析的观察与思考》,《新闻与传播研究》2013年第3期。

众面前展现的形象就相当理想化。他是穷小子逆袭的典范,父亲是花匠,母亲做过厨师和清洁工,多年来凭借自己的足球天赋与努力,成为葡萄牙足球史上的最佳球员,其资产堪比一家银行。他以勤奋刻苦出名,他已经30多岁,身体却锻炼得比大多数20岁的年轻人更棒。他孝顺,与儿子的沟通有爱,对待球迷很和善。他呈现给大家的一切表演都十分理想化。他与儿子的情感互动羡煞旁人,儿子曾在纪录片中称爸爸是自己的天,他的家人也十分爱他,他的粉丝们更是对他有极强的情感。在C罗从皇马正式转会至尤文图斯的第一天,就卖出了52万件C罗球衣。在社交媒体上,C罗更是拥有13300万的粉丝。

C罗真是一个完美无缺的人吗?肯定不可能。他只是对他的问题与不足进行了一定程度的掩饰,掩盖或部分掩盖了与理想化的自己不一样的部分。比如对于儿子"迷你罗"的生母,C罗在大众面前从来都是避而不谈的,他认为只有儿子才有权利知道自己的生母是谁。总的来说,他通过理想化表演集中展现了理想化的形象,也因此收获了大量良性的情感互动与情感回馈。

2. 误解表演

误解表演就是使别人产生错觉、得到假印象的表演。误解表演也存在善意、恶意之分。在日常生活中,我们不难发现这样的现象:身边的朋友经常在朋友圈发布自己出国旅游、在高级餐厅用餐、购买奢侈品等图片来塑造自身经济水平高、家境优渥的形象,然而实际上部分图片属于伪造,只是为了让其他人产生误解。在此事例中,发布朋友圈的一方是误解表演中的表演者,朋友圈中的其他人是互动方,表演者利用奢侈品、高级餐厅、出境游等象征着财富的符号来使互动方产生误解,使个人的虚荣心得到极大满足。

满足虚荣心是进行误解表演的重要原因之一。而也有部分人出于善意通过使用误解表演来拉近与其他人的距离,避免他人尴尬,如不少主持人会伪造自己的出糗经历,通过自黑的方式来缩短自己与嘉宾或观众的距离,以获得更好的节目效果。

3. 神秘化表演

与互动方保持相当的距离,以此使对方产生崇拜尊敬心理的表演即神秘化表演。比如孩子在小的时候，往往会觉得自己的爸爸像超人，好像无所不能。这是爸爸对孩子进行了"神秘化表演"。在孩子面前，爸爸什么都会，能帮孩子解决几乎所有的问题，也能够抵挡孩子生活中所有的风浪，可谓是孩子比较亲密的人了。但其实爸爸作为神秘化表演的表演者，孩子作为互动方，彼此是保持了相当的距离的。孩子往往看不到爸爸受到挫折时的沮丧模样，也几乎没有机会看到爸爸无能为力、伤心难过的样子。在孩子面前，是爸爸表演的前区，爸爸给孩子的印象往往高大、威严。我们常用父爱如山来形容爸爸对孩子的情感，这也是孩子对爸爸的印象。孩子很少能看到爸爸表演的后区，双方的距离让孩子对爸爸生出崇敬的感情。同时，这段距离也是孩子与成年人之间的距离，小孩的身高、心智以及对神秘化表演的把握，是比不上成年人的。当孩子渐渐长大，慢慢接触社会，长成大人，变得成熟之后，会明白爸爸在表演后区进行的表演，神秘化表演的表演者与互动方之间的距离逐渐消失，孩子对爸爸很难再有崇敬的感情。但取而代之的是在爸爸逐渐变老的时候，孩子会成为神秘化表演的表演者，为爸爸承担起生活的风浪。在这样的表演交替中，亲情显得尤为动人。

4. 补救表演

对于补救表演，戈夫曼提出了四种措施。第一种是表演者要对自己的表演提前做好预防性措施，以期用于补救，其中包括了戏剧的规则、戏剧的忠诚、剧组的素养。第二种是局外人或者观众帮助表演者进行补救表演的保护性措施。第三种是表演者想办法使局外人或者观众可以为了表演采取保护性的措施。第四种是观众故意忽略[1]。

比如男性在爱情中就可能需要这四种补救措施。在下面这个例子中，男士是补救表演的表演者，他的爱人是这场补救表演的观众，其他人都是局外人。如果这位男士在爱情中犯了错，伤了他爱人的心，那么他可能会使用这四种措施来补救他们的感情。第一种，在他们相爱之初就商量好，如果在爱情中犯了错，自己努力达成对方的一个心愿，这事就翻篇了，之后不得追究。这样的预防性措施能够有效补救情感，而不会因为一次犯错

---

[1] 〔美〕欧文·戈夫曼：《日常生活中的自我呈现》，冯钢译，北京大学出版社，2008。

导致情感破裂。第二种,在男士犯错的时候,他的爱人(观众)因为爱他,可能会主动提醒他要如何进行补救表演,也可能是他们的亲朋好友(局外人)帮助他进行补救表演,以补救他们的感情。第三种,这位男士想办法让局外人或者观众帮他进行补救表演,比如主动向爱人道歉,真诚地问她怎样才能原谅自己的错误,并努力做到。这也可能可以补救感情。第四种是这位男士的爱人可能因为爱他,会故意忽略男士在爱情中犯的错,就当这件事没有发生。

这只是一个简单的例子,在不同的社会情境下,在人与人之间的交往与情感互动中,如果表演者的表演出现问题或者意外,表演者就要做好相应的补救表演。而良好的情感互动和情感基础,能有效助推补救表演的完成。

三 小结

在社会生活的舞台上,每个人既是表演者又是观众。所有人都有自己的剧本,在不同的剧组表演着不同的剧情,在不同的表演区域人们的印象管理也不同。表演者扮演好自己的角色才会有良好的情感互动。而未能扮演好自己角色的表演者,情感互动往往是恶性的。有时候剧本会变得不太明确或者不够完整,表演者的临时创作或随机应变既考验一个人的能力,也会影响表演者与其他人的情感。而表演者的四种表演模式——理想化表演、误解表演、神秘化表演、补救表演都有其情感意义。

参考文献

沈嘉祺:《符号理论对情感教育的启示》,《外国中小学教育》2005 年第 11 期。
刘智锋等:《关于文字性质问题的再思索》,《中南林业科技大学学报》(社会科学版) 2010 年第 2 期。
赵玲:《语言符号学在跨文化交际中的功用探析》,《中南林业科技大学学报》(社会科学版) 2014 年第 1 期。
王铭玉:《语言符号学》,高等教育出版社,2004。
〔美〕约翰·费斯克:《传播研究导论:过程与符号》(第二版),许静译,北京大学出版社,2008。

〔美〕沃尔特·李普曼：《公众舆论》，阎克文等译，上海人民出版社，2006。
〔瑞士〕费尔迪南·德·索绪尔：《普通语言学教程》，高名凯译，商务印书馆，1980。
徐今：《索绪尔〈普通语言学教程〉精读》，武汉大学出版社，2016。
〔美〕乔纳森·特纳等：《情感社会学》，孙俊才、文军译，上海人民出版社，2007。
廖杨佳：《论索绪尔语言学的共时观与历时观》，《戏剧之家》2018年第1期。
郭劲峰：《感动观众：个人生命体验的公众分享——纪录片的情感叙事策略研究》，《北京电影学院学报》2013年第5期。
〔美〕亚伯拉罕·马斯洛：《动机与人格》，许金声等译，中国人民大学出版社，2012。
郭景萍：《试析作为"主观社会现实"的情感——一种社会学的新阐释》，《社会科学研究》2007年第3期。
岳敏：《表演：心智与身体中社会秩序何以可能——试析戈夫曼〈日常生活中的自我呈现〉》，《江西广播电视大学学报》2010年第1期。
张培：《国内外拟据理论研究综述》，《新闻世界》2011年第3期。
〔美〕欧文·戈夫曼：《日常生活中的自我呈现》，冯钢译，北京大学出版社，2008。
王长潇、刘瑞一：《网络视频分享中的"自我呈现"——基于戈夫曼拟剧理论与行为分析的观察与思考》，《新闻与传播研究》2013年第3期。
Abraham Rosman, Paula G. Rubel, *The Tapestry of Culture-An Introduction to Cultural Anthropology* (New York: Random House, 1989).

第六章 当代中国需要什么样的情感传播

第一节 面向共同体想象的情感传播

一 当代社会的共同体想象

共同体的概念由来已久,共同体是指对某一整体事物的称谓,组成该集体事物的个体应具备一定程度的同质性。周安平从语词结构上分析,认为共同体存在不同的表述形式,如通过范围划分,可分为家庭共同体、国家共同体、民族共同体等各种共同体形式;通过内容划分,可分为情感共同体、利益共同体以及价值共同体①。

共同体的形成主要通过两种方式,即自然生成和人为创造。自然生成是指共同体的形成并非是人为计划或有目的的产出,而是在血缘、模仿以及想象等力量的促成下自然形成的。具体而言,血缘作为先天的因素将人们捆绑在一起,而人们在此过程中的相互模仿使得群体成员的思想和行为逐渐趋同。想象则是群体不断扩展的关键因素,正如安德森(Benedict Anderson)② 在其著作《想象的共同体》中所指出的:"民族之所以是想象的,是因为即使在最小的民族的成员,也从来不认识他们的大多数同

---

① 周安平:《人类命运共同体概念探讨》,《法学评论》2018 年第 4 期。
② 〔美〕安德森,男,著名政治学家、东南亚地区研究家,专门研究民族主义和国际关系。

胞,并和他们相遇,甚至听说过他们,然而,他们相互连结的意象却活在他们的心中。"①

实际上,共同体想象成员基本没有可能面对面认识每一个其他成员。然而,他们却可能有相似的利益,或者能够识别他们自己为相同民族中的一分子。民族成员在他们心中存在亲密的心理意象,当想象中的共同体发生具有积极意义的历史事件时,正面的情感也随之在每一个成员心中产生。另外,当想象中的共同体发生悲剧性的历史事件时,人们也往往基于这种想象产生悲愤、仇恨等强烈的情感,产生一些集体性的攻击、复仇行为,甚至在这些情感的驱使之下选择牺牲个体利益来回应内化的共同体想象。

此外,共同体的形成同样可以人为建构。人为建构的共同体一般是为了服务于某种秩序而刻意创造出来的连接关系。例如,工会是为了维护工人群体的利益而形成的工人的共同体组织。然而,自然生成和人为创造并不能完全区分开,以血缘共同体为例,其存在主要源于人们自发行为,但也有人为缔结的因素。

人类社会自古以来一直努力尝试构建彼此依存、共同发展的共同体形态,以弥补个体能力的不足,从而满足人类生存、交往及发展的各种需要。随着媒介技术以及社会形态的不断变革,人们之间的互动也不再受制于传统地域范围和血缘关系等因素,共同体在传统形态的基础上不断发生演变和创新,越来越多富有当代意义的共同体形态,如经济共同体、政治共同体、学术共同体等逐渐产生。

与此同时,人们对共同体的理解范围也在不断扩充,共同体的概念逐渐上升到民族、国家甚至全人类的高度。当下中国所提倡和践行的构建人类命运共同体,就是一种超越了具体的民族国家与差异化的意识形态的全球观②。人类命运共同体概念的提出反映了世界各国在发展过程中所面临的共同困境,而人类命运共同体正是要一起解决这些复杂的困境。构建共

---

① 〔美〕本尼迪克特·安德森:《想象的共同体:民族主义的起源与散布》,吴叡人译,上海人民出版社,2011。
② 徐明华、李丹妮:《情感畛域的消解与融通:"中国故事"跨文化传播的沟通介质和认同路径》,《现代传播》(中国传媒大学学报)2019年第3期。

同体的想象和实践已经成为当代社会的重要议题,如何有效地达成共同体形态的联结也变得尤为重要。

二 共同体和情感的双向互动

虽然共同体的形态多种多样,对于共同体内涵的解释也复杂多元,学术界对于共同体概念也没有一个获得共识的标准定义,但即便如此,情感在各类共同体形态中凝聚与整合的重要作用获得了较为普遍的认同。在学界过去的研究中,无论是滕尼斯提出的基于自然意志的"社会有机体",还是安德森提出的植根于广阔文化背景的"想象的共同体",都将情感这一因素纳入了共同体形成和维系的条件当中。

关于共同体与情感,滕尼斯(Ferdinand Tönnies)[①] 在《共同体与社会》一书中提出"本质意志"和"选择意志"两个概念。"本质意志"以强烈的情感元素为特征,以合作、习俗和宗教为构成要件;"选择意志"则强调社会传统、法律体系和公共舆论等构成的组织。滕尼斯认为前者才是人类关系的真正本质,即共同体是以情感为突出元素,基于自然意志而形成的一种社会有机体[②]。安德森则认为,民族主义包含的深沉情感、对家园的执着依恋和文化归属感是"想象的共同体"形成的条件[③]。此外,涂尔干等人提出的情感仪式理论以及劳勒等人提出的社会交换情感理论则进一步说明了积极情感体验对于维系共同体团结、促进共同体发展的作用机制,以及消极情感体验对共同体的危害和破坏作用机制。韦伯(Max Weber)认为共同体关系是指社会行动的取向基于各方同属的主观感情的某种社会关系,共同体关系可能会建立在各种类型的情感、情绪或传统的基础上。"只有当这种社会关系包含了共同的情感时,它才是一种共同体关系[④]。"情感在共同体的构建和认同中扮演着举足轻重的作用,

---

[①] 〔德〕滕尼斯,男,现代社会学缔造者,他的成名作《共同体与社会》对社会学界影响深远。
[②] 〔德〕斐迪南·滕尼斯:《共同体与社会》,张巍卓译,商务印书馆,2019。
[③] 〔美〕本尼迪克特·安德森:《想象的共同体:民族主义的起源与散布》,吴叡人译,上海人民出版社,2011。
[④] 〔德〕马克斯·韦伯:《经济与社会》(第1卷),阎克文译,上海世纪出版集团,2010。

对此,康奈尔大学的社会学家乔纳森·特纳贴切地概括为:"情感在所有层面上,从面对面的人际交往到构成现代社会的大规模的组织系统,都是推动社会现实的关键力量。"①

另外,共同体也反向对情感有制约和形塑的作用。从情感社会学视角来考量,情感是具有"主观社会现实性"的,一部分是与生俱来的个人天性,另一部分则由成长过程中外在社会环境形塑而成,两者相互补充和作用,最终形成了一个人的情感。弗洛伊德提出了积淀说,认为情感是潜移默化地在社会中长期积淀形成的。此外,郭景萍教授在《情感社会学:理论·历史·现实》一书中指出,后天社会环境形塑的情感往往在个人行为中具有主导作用②。例如,人们对于死亡的恐惧情感是天然生成的,但是经过社会教育等后天教化,可以为了国家大义牺牲自我生命,此时,爱国情感战胜了本能恐惧情感。社会现实对情感的教化、制约作用还体现为共同体内部的文化传统、信仰、道德规范等诸多因素影响着不同的情感唤醒和情感体验。例如,在中国传统文化的影响下,直呼父母或老师的姓名被认为是一种不尊敬的行为,会给对方带来不愉悦的情感体验,而同样的行为放在西方文化的语境之下,则不会带来如此的消极情感体验。

由此可以发现,共同体与情感之间的作用是双向的:一方面,共同体内的集体意识形成了一定的情感原型,这些情感原型使得个人情感更容易被激活并扩散为社会普遍情感;另一方面,有些情感传播可以促进国家和民族内部的友好团结、增强内部凝聚力,有些情感传播会破坏国家和民族内部的和谐、挑起和激化共同体内部矛盾。因此,我们需要把握国家和民族的文化心理及与它相联系的情感心理,积极利用其中的有利因素增强国家和民族凝聚力,同时密切关注由不利因素所导致的负面社会情感,并加以引导和纾解,以防止负面情绪的恶化和极端化对社会产生不良影响。

---

① 〔美〕乔纳森·特纳、简·斯戴兹:《情感社会学》,孙俊才、文军译,上海人民出版社,2007。
② 郭景萍:《情感社会学:理论·历史·现实》,上海三联书店,2008。

三 当下共同体联结的情感路径

在如今双向性和开放性的新媒介空间中,情感传播成为当下塑造共同体意识和保持共同体团结的有效路径①。当下的新媒介空间中,人们越来越积极地寻求各种形态共同体的聚合,建构各式各样的虚拟共同体形态。而在当前众声喧哗的传播语境中,对于共同体的认同已经不能简单地通过直接的信息灌输来实现,而更多需要通过感官的调动和情感的互动共享来达成。情感正是当下共同体形态建构以及凝聚的核心元素。

事实上,情感在我国传统的宏大叙事中一直扮演着重要的角色。抒情是中华民族的传统。从儒学的仁义忠孝到当代中国呼吁的"真善美"和"正能量",情感在中华民族共同体的构建过程中从未缺位。尤其是近年来,中国复兴步伐加快,中国在发展不断深化的道路上面临着越来越多的社会问题,国内社会各个阶层和国外各个舆论场的或正面或负面的情绪此起彼伏。

就中国国内而言,一方面,政府越来越多地关注、回应和积极应对社会问题,让人们产生了更加积极的情绪,使人们的国家主人翁的意识增强;媒体和企业传递社会正义,营造了和谐积极的社会氛围;社会群众畅通和多样的沟通渠道及方式,让文化背景、教育背景、成长背景存在差异的群体能够更好地表达自己、展示自己,从而使个体获得尊重和理解、在社会共同体中获得更多的存在感……这些都激发了正面情绪,强化了对国家共同体的认同。另一方面,传播的低成本也带来了一些社会舆论乱象和滋生了负面情绪;交流的增多既可以促成矛盾的消解也可能带来矛盾的激化。社会中负面事件的传播范围也极易扩大,容易激起人们的不安和恐惧情绪,使人们对社会和人心不信任;同时一些负面情绪的传播还会激化性别、阶级、地域和民族宗教矛盾,造成社会发展的乱象和失衡,破坏国家和民族的团结统一以及社会的和谐发展。

因此,情感传播在处理国内情感和认同问题时需要加强引导。例如,

---

① 徐明华、李丹妮:《情感通路:媒介变革语境下讲好中国故事的策略转向》,《媒体融合新观察》2019年第4期。

近年来,《感动中国》《朗读者》等强调情感传播的优质综艺逐渐摆脱边缘化,慢慢闯入大众视野,它们从内容上呼唤和谐的社会情感关系,感召传统民族美德,强化了对民族共同体的认同,是情感传播与共同体构建良性互动的典范。

此外,从中国所处的国际环境看,随着中国经济、科技、文化实力的不断发展,中国文化的传播能力正在不断增强,在"一带一路"的发展中,在中国文化软实力的提升中,传播技巧也在不断提升,之前文化传播被批评官方、没有人情味,现在越来越接地气、越来越坦诚和亲切,更加能够找到不同国家民族的情感共通点,容易获得情感认同,为增强国家软实力和获得国际认同奠定了良好的基础。2020年突袭而至的新冠肺炎疫情,不仅是一个重大的公共卫生危机事件,而且影响着中国的方方面面。从国际舆论的视角来看,这还是一场舆论攻坚战。2020年4月30日,新华社在推特上发布了一个名为"Once Upon a Virus"的视频,获得了强烈的反响,该视频通过反讽的方式调动情感共鸣,起到了很好的宣传效果,比证据砌累的"十问美国"更加直观。甚至有外国网友在 ABC news 下评论说:Why are you calling that propaganda? Looks like a simple statement of the facts to me. 该视频利用情感共鸣获得了很好的传播效果,在国际舆论场中占领了舆论高地,赢得了他国认同。

四 小结

本节从当代社会的共同体形态出发,探讨了人类社会对于共同体形态的理解和建构。正如赫拉利在《人类简史》中所说,促成人类相互凝聚的推动力在于想象,在想象的指引下人们建构了共同认可的文化、宗教、民族和国家,虽然人们互不认识,但相同的文化背景让他们可以彼此凝聚[1]。目前已经建成的民族共同体、国家共同体都拥有各自的文化理念,且这种理念往往带有区分你我的特性,因此建构人类命运共同体的理念推行任重而道远。当今社会局势的复杂化以及现实社会逐渐浮现出的一系列

---

[1] 〔以色列〕尤瓦尔·赫拉利:《人类简史:从动物到上帝》,林俊宏译,中信出版社,2016。

问题都在呼吁团结统一，呼吁超越血缘、种族、民族甚至国家和意识形态等因素的影响建构出各种形式的共同体形态，从而获得共同的价值认可和凝聚力。

而在共同体形态建构的过程中，需要将情感因素纳入当今的话语空间中，发挥情感的沟通和动员作用，促进个体间良好的沟通交流，以真挚和共通的情感来唤起不同阶级、不同民族甚至不同国家的个体对于团结友善的共同体形态的理解和追求，减少对立所带来的排斥和冲突。同时，凭借情感在共同体形态建构及凝聚中的基础性作用，推动实现当代社会中各式各样的共同体形态的建构，逐渐推动人类命运共同体的建构和凝聚。

第二节 基于社会多元化诉求的情感传播

一 社会身份分层与多元化诉求

在复杂的社会结构中，个体的身份具有多种分层与意义，而其身份的特定内涵也影响着生成不同的诉求。特纳在《情感社会学》一书中介绍皮特布克（Peter J. Booker）的身份控制理论，指出了人们的身份与诉求之间的关系。皮特布克认为，人们总是在一定的社会结构背景中行动，每一个人都是一个社会位置和互动中角色的占据者，当人们互动时，他们尽可能寻求保持某种特定的身份[1]。在皮特布克看来，如果要预测人们将如何行动，必须理解他们身份的意义，由于人们所持有的身份与他们的行为具有对应性，因此，身份也往往代表着特定的行为，而且这种行为将进一步巩固这一身份。

按照身份控制理论的基本概念，具有不同身份的个体会获得不同的行动导向，其情感诉求也各不相同。虽然皮特布克考虑的主要是个体间身份分层造成的情感诉求的变化，但将其理论运用到宏观的社会层面，同样能够发现不同社群、不同阶级由于社会地位、经济水平、文化传统的差异而存在着各种多元化的情感诉求。

---

[1] 〔美〕乔纳森·特纳、简·斯戴兹：《情感社会学》，孙俊才、文军译，上海人民出版社，2007。

当今复杂的社会要维持稳定的结构,不仅需要考虑到社会整体具有共通意义的基本诉求,而且要将不同地区、不同社群以及不同阶级的多元化诉求皆纳入考虑范围。社会中的个体具有着不同身份,基于身份的诉求也会产生各种具体的行为,不同身份的个体往往会做出符合自己身份的行为。个体诉求的满足将能够促使他产生一系列有益于社会的行为,然而,如果某些个体或群体的诉求长期难以得到表达及满足,就可能会对社会的稳定形成隐患。在当前的语境下,了解多元诉求的具体含义,理解其中所蕴含的本质需求,探索满足其诉求或者化解不合理诉求的路径,是当前维持社会持续性稳定的重要问题。

二 多元化诉求中情感角色的兴起与强化

情感在心理学范畴中被认为是高级生命体在考察外界事物能否满足其需要时而产生的一种主观心理倾向。在人类进化和社会演进的过程中,它一直充当着配角。在启蒙运动之前相当长的一段历史进程中,"神"和"上帝"作为绝对精神一直在社会生活中扮演着举足轻重的角色,社会共同体的主流思想范式是对宗教的信仰和对神秘主义的推崇;启蒙运动之后,人的理性逐渐成为衡量一切事物的尺度,理性主义逐渐成为一种主流的思维范式,在社会生活中占据着优势地位。由于理性主义推崇人的理性思考和自我约束,在理性主义范式系统下,人的主观情感往往处于被压制、打压的状态。

而强调情感在人的行为中的重要性、认为情感会对个体行为产生重大影响的情感主义虽早已有之,但从未进入社会主流认知。情感主义的代表人物大卫·休谟提出,快乐和痛苦是人类心灵的主要推动原则,如果它们从我们思想中被剔除,我们很大程度不能发生行为。在休谟的思想体系下,人类原始的情感——快乐和痛苦产生了某种心理层面的倾向,并促生了不想要或者想要的欲望,从而激发了行动[①]。

随着对社会集体行动相关研究的发展,情感成为集体行动理论中对于

---

① 张晓渝:《休谟与康德:动机情感主义与理性主义之分及其当代辩护》,《道德与文明》2015年第4期。

发生机制进行解释的重要变量。20世纪60年代之前，西方的社会运动浪潮尚未兴起，对于社会集体行动的解释主要根植于经济学的相关理论，认为社会中发生集体行动主要是源于公众对于利益、生活水平等经济维度的不满。这一理论解释框架主要基于马克思主义以及现代化理论的关键思想，将行为的发生看作拥有不同经济地位或者不同经济资源阶级或群体之间的冲突。而20世纪60年代之后，西方社会中各种类型的集体行动出现得越来越频繁，甚至发生了各种激进的社会运动。于是，各种社会运动理论学者开始重视集体行动中的非理性因素，强调各种负面情感因素对于集体行动的影响作用，具有代表性的理论包括"社会不满""社会愤懑"等，逐渐形成了对于集体行动的情感主导解释范式[1]。而基于集体行动理论发展的三个阶段，有学者总结出基于社会诉求的集体行动主要有理性、情感和阶层三个研究视角，其中理性着重强调的是集体行动参与者的利益诉求以及付出代价，而情感着眼于各种负面情绪在社会集体行动中的助推作用，阶层则主要关注集体行动中参与者的身份问题[2]。

在当今的新时代语境下，崭新社会历史背景的生成和新一代互联网原住民的成长使得原有的社会公共信仰基础不断解构，理性主义的霸权地位被冲击，情感主义的普适优势不断凸显，情感主义在主流社会意识范式的舞台上隆重登场。一方面，国际和国内形势复杂，多元化问题涌现，理性主义无法满足需求；另一方面，科技的发展使国际和国内的交流更加畅通，信息的交换更加频繁，个人情绪更容易传播并过渡成为社会情绪，推动社会结构和文化的变化。

"后真相"（Post-truth）曾在2016年被评选为牛津字典的年度词汇，其主要意义为，相较于个人的情感和信念而言，客观存在的事实对民意、舆论等只产生较小的影响。简单来说，即情绪的影响力远超客观事实。这一词语的概念几十年前就已经存在，然而是在最近几年频繁进入公众的视野，并且在重大的社会事件中被反复验证。"后真相"特征

---

[1] 沈浩、罗晨：《中产阶层在微博话语中的主题、利益诉求及情感表达》，《现代传播》（中国传媒大学学报）2019年第8期。
[2] 魏万青：《情感、理性、阶层身份：多重机制下的集体行动参与——基于CGSS2006数据的实证研究》，《社会学评论》2015年第3期。

表现较为突出的有英国脱欧公投和美国总统大选等政治"黑天鹅"事件。古斯塔夫·勒庞（Gustave Le Bon）在《乌合之众》中表达的观点与后真相概念的核心思想不谋而合，他认为，在与理性的永恒交锋中，感性永远处于优势的一方；群众从不渴望真理，而是渴望能满足其幻想的信息①。理性和事实在感情巨大感召力下溃不成军，情感主义的时代号角已经吹响。

而在媒体实践领域，情感主义表现得淋漓尽致。近年来，频频出现舆情反转的新闻事件。在新闻资讯的传播过程中，真相变得不那么重要了，观点的新奇和情感的宣泄成了主要旋律；在面对一则信息时，人们很少关注其来源和可信度，而更多地关注自我的表达欲望能否得到满足以及事件能否引起其他群众的情感共振。在情感主义掌控的媒介环境下，群众更倾向于表达自己内心的想法，而并不关心真相本身。

这样的舆论背景衍生出一批依靠情感和观点来揽获特定受众的群体，他们被称为意见领袖（KOL）、公知或者网络大V。这样一部分群体，依靠所提出的观点和情感煽动性的话语，斩获大批网络流量，并具有相当大的网络公众影响力。他们往往就热点事件发表自己的看法，并提出带有爆点的观点和煽动性的语句，借此来吸引眼球；其文字的内在逻辑往往较为薄弱，经不起反复推敲，但因为加入了大量的情感色彩，具有极强的感染力和说服力。一言以蔽之，在情感主义主导的舆论场上，公众只看他们想看的，只听他们愿意听的，放大情感、爱憎分明才是吸引流量和眼球的王道。

情感传播逐渐在社会生活中掌握了话语权，渗透到社会生活的方方面面，这在媒体实践中表现得更加明显。理性主义的浪潮退却，情感主义的浪潮兴起，这对于当今社会诉求的表达和集体行动的发生产生了深远的影响。这也在提醒媒体，应该如何发挥情感传播的关键作用促使多元化诉求得到满足，同时化解过激或不合理的诉求，维持当前社会秩序的团结和稳定。

---

① 〔法〕古斯塔夫·勒庞：《乌合之众：群体心理研究》，段鑫星译，人民邮电出版社，2016。

三 面向社会多元化诉求的情感传播

如今,表达社会诉求及治理集体冲突除了通过传统的线下途径之外,还通过依托网络技术的线上渠道。随着网络技术的普及与发展,互联网渠道在社会诉求表达和集体冲突治理中的作用越来越显著,逐渐成为表达诉求以及疏解冲突的理想途径。在当下的新媒介语境中,要充分发挥互联网渠道的优势,促进多元化诉求的合理表达,优化对集体冲突的疏解和治理,就要重视情感因素的重要角色,发挥情感对疏导效果的提升作用。

特纳在《情感社会学》一书中说:"人类的独特特征之一就是在形成社会纽带和建构复杂社会结构时对情感的依赖[①]。"历史文化认同和价值观念归属形成了中华民族的身份认同,使五十六个民族聚在一起成为一个大家庭,情感成为重要纽带。在"后真相"时代,强调事实说话的理性主义式微,情感主义逐渐占了上风。然而,情感是把双刃剑,只有对它合理使用来满足社会的多元化诉求,才能达到良性循环。

从社会整体诉求而言,和平、富裕和健康等是全社会共同的追求和渴望,媒体在传播和引导的过程中,也应牢牢抓住这些关键,传播正向的情感能量,传递社会主义核心价值观。中国一直是强调和平发展的国家,其传统文化中对"和"的概念有很深的诠释和理解,而和平与发展的理念在当下更为重要。生活富裕、物质保障也是全国人民尤为关心的问题。

而针对社会不同群体的多元诉求,情感也可以在满足合理诉求或者疏导过激诉求的过程中发挥关键性的作用。例如,对于社会公正的诉求,唐代韩愈《张中丞传后叙》中所写的不畏义死、不荣幸生,体现了自古以来中国价值观中正义的理念。社会公正一直是长盛不衰的话题。传播中在对社会公正诉求进行情感引导时,首先要对正义的诉求予以肯定,愤怒、痛苦都是正常的应激情绪,传播过程中要及时跟进事实进展,对情绪及时疏导,也要引导群体进行反思,让情绪成为社会制度改革的助推器和问诊器。

---

① 〔美〕乔纳森·特纳、简·斯戴兹:《情感社会学》,孙俊才、文军译,上海人民出版社,2007。

四 小结

以往在西方社会中,情感被界定为理性的对立面,被排斥在公共生活和社会治理之外。但近些年,西方社会已经逐渐认识到情感在公共生活和社会治理中发挥着难以替代的作用。相较之下,中国则从传统社会以来一直具有较为丰富的"情治"经验,中国社会治理利用情感进行感化、互动及疏解的经验对社会治理经验与理论形成了补充。在情感主义兴起的当代社会,利用积极情感进行社会治理已经成为重要的探索方向。

当今社会存在着各种不同类型的诉求,媒体和社会管理者要借助情感对此予以满足或者疏解。情感的作用具有双面性,一方面,负面情感可能会引发极端的集体性活动,悲情、戏谑、怨恨等情感往往作为一种能量可以动员人们形成集体性事件;另一方面,爱国、自豪、快乐等情感可能激发人们做出积极的行为反应,促使他们维护社会的安全稳定,为国家的发展富强而积极奋斗。因此,需要综合考虑社会不同群体的多元化诉求,关注消极负面情感并进行情感疏解,利用正面积极情感建构情感治理策略。

第三节 寻求现代性认同的情感传播

一 现代性转型与身份认同机制变更

当今中国社会处于不断发展的转型期,面向现代性的社会转型带来了身份认知的改变,同时引发了诸多的认同困境,例如认同断裂化、价值理性物化、认知碎片化、虚假认同等。社会转型的冲击力和现代性背景下自我的本体安全缺失影响了当前社会的身份认同机制,且成为形成身份认同困境的内潜性原因[①]。

现代性转型带来的革新、冲突以及断裂使得当代社会中的人们面临着越来越明显的认同困境。关于"现代性",英国社会学家吉登斯(Anthony Giddens)从社会学的角度认为,现代性指社会生活或组织模式,

---

① 王芝眉:《结构断裂:转型期主流意识形态认同困境的内潜性原因分析》,《新疆大学学报》(哲学·人文社会科学版) 2014 年第 6 期。

第六章 当代中国需要什么样的情感传播

不同程度地在世界范围内产生着影响。他将现代性的发展分成两个阶段：一是简单现代化阶段，以追求理性、科学与自由为目标；二是晚期现代性阶段，以全球化为标志①。吉登斯指出，现代性随着在世界范围内的发展逐步呈现双重性趋势，一方面，现代性中的科学技术和自由理念对于社会进步起着推动作用；另一方面，现代性在变革的过程中也带来了难以预知的风险。现代性所带来的复杂风险，给整个人类的生存带来各种危机，导致了置身其中的个体产生强烈的不安全感和焦虑感。

而为了抵抗现代性风险带来的不安全感和焦虑感，个体就需要重新建构自我与身份认同。吉登斯认为，传统社会中的个体不存在认同危机，因为个体往往会通过习俗、宗教和礼仪来保持积极的自我及身份认同；进入现代社会之后，现代性颠覆了传统的生活状态，通过全新的科学技术、全球化范围的互动等使个体脱离了传统社会秩序。而生活在当代社会中的个体，无力排除由现代性所带来的复杂风险，无法为自身建构出保护机制，往往会陷入焦虑和不安，感到被迅速变革的社会所吞噬和淹没。被焦虑感所笼罩的个体已经难以维持积极的自我及身份认同。

伴随着现代性的扩张，社会中的个体在自我及身份的迷失过程中，也在不断地寻求自我及身份认同。其中，新型媒介的使用带来了身份认同机制的变革。齐格蒙特·鲍曼（Zygmunt Bauman）认为媒介的流动性一直在现代社会的流动性发展中扮演着重要角色，将较为固定的社会结构转变为具有流动性的现代性社会，同时带来了资源流通方式以及信息内容的变革，改变了现代社会个体的生活方式和交往模式②。个体被血缘、地缘以及文化等因素赋予了一种先在的身份，而在现代社会的流动过程中，尤其是伴随着移动新媒体的使用，出现了一种新的自我及认同机制。

在新媒介语境中，各种新的因素正在重构既有的自我及身份认同机制。例如个体往往通过共同的兴趣爱好、相似的娱乐及消费方式等寻找认同。传统社会中单一固定的认同机制被瓦解成多个子系统，而不同的子系统之间又会互相抵消。在当前媒体极具流动性的时代，个体认同的图景越

---

① 〔英〕安东尼·吉登斯：《现代性的后果》，田禾译，译林出版社，2000。
② 〔英〕齐格蒙特·鲍曼：《共同体》，欧阳景根译，江苏人民出版社，2003。

来越模糊，陷入一种混乱状态。个体对自我的身份认同不再仅仅依赖"出生于"的地缘机制，而是开始按照社会化媒体提供的新的生活方式来自我身份认定①。由此，现代社会认同从传统的认同领域中脱离出来，形成了新的认同机制。

二 互联网空间的情感认同需求

在现代性的流动社会中，个体面临着难以进行自我定位及实现认同的问题。原子化的个体之间往往缺乏深层的交流和关联，个体越来越感到发自内心的孤独、空虚、寂寞及无望等。在联系脆弱性的当下，地区、职业及邻里等联系被弱化，长期的稳固联系已经不是个体最急迫的需求，短暂情感认同的满足成为最直接的需求。于是，在这种认同危机下，个体往往转向互联网空间寻求直接的情感满足。

在各种风险和焦虑环境中，现代社会中的个体往往存在各种情感需求。首先，个体在社会的具体化分工中彼此划分开来，形成了一种原子化的存在，但人是社会性动物，内心深处还是会渴望与他人建立情感沟通和联系；其次，日常生活的压力和痛苦给个体的精神带来巨大的压力，个体往往在现实生活中感到苦闷或者压抑，于是便想在互联网空间中寻求压力的解脱，渴望以互联网空间中的各种休闲方式来疏解自己的精神压力；最后，个体在现实社会生活中往往需要克制和理性，各种情绪难以尽情宣泄，便会选择在互联网空间中尽情释放。

在当前社会因素以及个体需求的推动下，情感在互联网空间中的地位越来越显著，已经兴起了一种情感主义。一方面，社交化的互联网新媒体语境越来越多地纳入了情感因素，互联网新媒体技术的变革已经为个体情感的释放创造出了各种渠道，社交媒体的即时互动和分享更加容易唤起使用者的情感。另一方面，情感在互联网新媒体语境中具有一种独特的优势，个体在互联网空间中积极进行表达和互动，在这一过程中，如果能够释放情感，就能够更加极致地表达自己的想法，更加有效地达成彼此的互动。作为一种现代社会突出的思想范式，情感主义的突出特点是情感和观

---

① 刘娟：《媒介流动性：身份认同与集体焦虑》，《今传媒》2018年第10期。

点占主导作用。人们在互联网空间中存在着强烈的有效沟通、寻求认同，以及释放压力、情感宣泄的需求。

情感主义生长的一个重要背景就是互联网的产生和发展。互联网高速发展，人人都可以通过网络这一媒介成为信息的提供者和意见的发表者，互联网上的信息呈几何爆炸式增长，海量信息呈现在人们眼前；同时，网络打破了时间和空间的局限性，互联网上的信息以秒为单位极快地进行扩散和迭代，速食信息时代来临。网络空间巨大的信息量，让人们在纷繁复杂的信息中无从下手，产生信息焦虑和信息疲惫的现象；同时快速迭代更新的信息减少了人们深度思考的时间，降低了人们理性分析的可能性。在此情况下，人们往往诉诸感官刺激，追求带有观点的信息，情感主义借机占据上风。

就情感主义发展起来的人群基础而言，作为互联网原住民成长起来的一代是情感主义的中坚力量。普朗克（Max Planck）提出过这样一个观点：一个新的科学理论获得胜利并不依靠说服其反对者，而在于其反对者的最终死去且对它熟悉的新一代成长起来。这在社会科学领域同样具有借鉴意义。情感主义的兴起，很大程度上依赖于互联网原住民的成长和活跃。这类群体带有很明显的群体特征：熟悉互联网环境，并对互联网有着较高的依赖度和活跃度；并不执着于真相，喜欢刺激和新鲜物品，对于感官刺激的追求较为强烈。因此此类人群能够熟练运用互联网，将某种情感和观点在网络中进行快速传播；并且基于自身日渐壮大的受众群体，他们所传播的带有某种情感和观点的事件往往具有较为广阔的波及范围，会产生较大的社会影响。

情感认同已经成为当代互联网空间建构认同的迫切需求，情感也成为个体在互联网空间依赖的主要表达内容和互动载体。现代社会中个体的原子化使他产生孤独感、焦虑感和无价值感，个体在互联网语境中寻求自我与身份认同的确立。在互联网空间中，个体通过彼此间的互动和交流建立联系，通过情感的共享和感染建构认同，在彼此的联系过程中，他不仅更加清晰界定了自我身份，而且寻得了彼此理解的伙伴，从而形成了自我以及彼此的认同。

三 基于现代性认同困境的情感传播

在现代性社会中，各种复杂的不确定因素，甚至是风险，导致人们产生了强烈的紧张、焦虑、压抑、愤懑、烦躁等负面心理。一般而言，认同会促使人们产生归属感和安全感，强烈的焦虑感和不安全感往往来自认同的缺失。而个体认同和集体认同之间的联系，使得个体的认同缺失演变成一种普遍性的集体认同不稳定。这种持续性的孤独感不仅使个体丧失自我及身份认同，更会影响集体认同的形成。因此，认同的建构成为现代社会的重要问题。而借助情感传播建构认同，利用情感的凝聚性保持认同的稳定和深化，是现代社会语境中的有效路径。

情感传播作为一种建立在情感基础上的传播形态，主要通过综合运用情感因素来进行合理的体系构建，在潜移默化中影响传播对象。情感传播需要把握几个关键点。首先，就传播主体来说，情感传播更加注重价值的传递。一般来说，传播的主体进行传播活动都抱有一定的目的，这种目的带有一定的精确性，可计算并且可以估计结果；情感传播则更看重于价值的传递。理想的情感传播效果是要突出传播主体的精神品质以及人文关怀。其次，情感传播的内容具有一定的主观能动性。情感传播本身的内涵决定了其传播内容的主观性，因为它并不是把具体信息的传递放在首位，它所要传播的内容洋溢着传播主体的一种主观感知和情感因素。如果是进行内在传播，情感传播像是在研读一个具有完整情节并富有创造性的艺术作品，受众会像读者一样自觉带入自己的情感体验。

再次，情感传播的语言具有天然的感染力。与理性不同，感性是人类与生俱来的一种本能，有情感流露就会有感性的身影，情感传播以情感为立足点，表现出强烈的情感主义色彩。情感语言本身具有一定的感染力和美感；当语言表现出对传播对象的关心和尊重，并且积极和乐观时，他们就会被感染，从而建立起精神交流的桥梁。最后，情感传播的行为是为了缩小彼此之间的距离。情感在肯定与否定这两种极性感情之间存在着各种不同强度的情感类型。不同于认知过程，情感不是客观事物特征的反应，而是反映了客观事物与人类需求之间的关系。尽管积极的肯定情感和消极的否定情感带有一定的情绪色彩，但这并不代表人们在处理问题时就会冲动行事，以及不会隐藏和控制管理自己的情绪。

情感传播的运用同样需要把握合适的限度，情感因素的嵌入与表达要恰到好处。情感传播并不是要一味地释放更多更强烈的情感来抓人眼球，情感也有适宜和不适宜之分，而是需要保持一定的平衡和分寸感，不能为了追求情感共鸣而忘记事实的描述，同时，要在合理的位置上嵌入情感因素，情感的类型要尽可能多样化，情感的表达也需要真挚自然，而不是过于强调一种情感而将情感极端化。在现代社会中，个体间存在着巨大的差异、拥有着不同的情感需求，因此传播者在进行情感传播时，要合理安排情感和考虑传播对象的背景，不能一概而论。而情感因素的表达与运作也需要注意合适的临界点，受文化和身份的影响，不同群体的情感触发点有所不同，每个个体情感的引发点也不尽相同，因此，情感的嵌入和表达也应该做到恰到好处，考虑传播对象的身份和需求做到具有针对性。

情感传播并不意味着传播主体仅仅是从情感上来影响受众，还强调利用情感叙事的方式来满足传播对象的情感需求，促使传播对象形成一种情感认同。在情感传播中，通过情感故事的叙述引起传播对象的情感共鸣，继而通过情感的感染作用激发一种深层次的情感认同。在传播的过程中，融入了情感的叙述总比简单的描述更让人印象深刻，更让传播对象不自觉地将自身的经验与传播的内容相联系，从而达到传播效果。"话语"的运用是传播的内容，是传播产生效用的核心。融入了情感话语的传播，在理想传播效果的达成中发挥着关键作用。

情感传播并不是一味地标榜情感因素的融入性，而是利用一种合理的抒情方式来传播情感话语背后所蕴含的意义，情感话语是传播主体可以用来更好表达意义的载体。例如，情感传播往往会通过叙述各种生动的情感故事来达到理想的传播效果。人类文化最早都是靠各种各样的神话故事来进行传承，虽然有些故事过于离奇，但是人们还是更加注重故事背后的人类文化，人们习惯于用故事的形式来思考和提取意义，而故事已经成为思考、掌握和产生意义的最佳工具。故事的意义被包含在故事中，故事变成了意义的主体，故事和意义是一体的。人们从故事中学习和理解意义，用故事来表达意义。情感故事背后所包含的意义帮助传播对象找到相同的情感共同点，以此来引起传播对象的情感共鸣，使传播的渗入程度加深，改变了以往单纯叙述事实数据的传播方式。

情感传播更加注重价值的传播,强调传播主体的文化品格和人文关怀,通过拉近与传播对象之间的心理距离,达到一种互相沟通、彼此理解,继而产生认同的效果;与理性传播是一种注重客观思维的传播方式不同的是,情感传播追求传播目的性或可预测性。情感传播是提升中国国际话语的重要武器,但是由于它本身的一些特点,它并不能适应所有的语境,因此我们需要对情感传播进行定向的选择与优化,使它能够适应对外传播的需求。然而,情感传播并不是完全建立在强烈的情感情绪的基础上,与一味煽动情感、打着情感标签的传播方式有着本质的不同,需要强调的是,情感传播依然离不开传播主体的理性选择,它是一种包含了理性的"抒情"叙述。

四 小结

在现代社会中,现实生活的快速流动以及网络虚拟世界的建构,导致个体难以准确地进行自我定位、难以实现自我及身份认同等。互联网虚拟世界中的情感释放,映衬着现实世界中的精神缺失与情感压抑。思考如何利用情感传播,以及传播什么类型的情感来弥补现实中的情感缺失、促进人与人之间实现有效的交往和心理的认同,不仅能够提高人们的幸福感、引导个人情绪的健康发展,还能够促进个体认同以及集体认同的建构,对于社会整体性认同的回归具有重要意义。

现代社会生活中的压抑和焦虑使得人们更加倾向于在互联网空间释放情感、寻求情感满足,互联网空间已经成为人们达成情感认同的精神空间。个体对于情感的主动寻求也在提醒传播者,互联网虚拟空间中的认同建构并不是通过信息灌输的方式来实现的,而更多是借助情感因素和情感机制达成共享以及互动来实现的。在这一过程中,情感的感染和共鸣成为关键要素,它们能够促成互动参与者达成经验的共享和意义的一致。个体可以根据自己的情感经验和情感需求来理解媒体叙述的情感话语,从而生成与媒体情感话语的情感共鸣,获得媒体情感话语背后所传达的深层意义,激发个体对于媒体情感传播的认同,又通过情感的感染来深化这种认同。情感传播已经成为认同建构的有效途径,也成为媒体实践重要的探索方向。

参考文献

周安平:《人类命运共同体概念探讨》,《法学评论》2018年第4期。

〔美〕本尼迪克特·安德森:《想象的共同体:民族主义的起源与散布》,吴叡人译,上海人民出版社,2011。

徐明华、李丹妮:《情感畛域的消解与融通:"中国故事"跨文化传播的沟通介质和认同路径》,《现代传播》(中国传媒大学学报)2019年第3期。

〔德〕斐迪南·滕尼斯:《共同体与社会》,张巍卓译,商务印书馆,2019。

〔德〕马克斯·韦伯:《经济与社会》(第1卷),阎克文译,上海世纪出版集团,2010。

〔美〕乔纳森·特纳、简·斯戴兹:《情感社会学》,孙俊才、文军译,上海人民出版社,2007。

郭景萍:《情感社会学:理论·历史·现实》,上海三联书店,2008。

徐明华、李丹妮:《情感通路:媒介变革语境下讲好中国故事的策略转向》,《媒体融合新观察》2019年第4期。

〔以色列〕尤瓦尔·赫拉利:《人类简史:从动物到上帝》,林俊宏译,中信出版社,2016。

张晓渝:《休谟与康德:动机情感主义与理性主义之分及其当代辩护》,《道德与文明》2015年第4期。

沈浩、罗晨:《中产阶层在微博话语中的主题、利益诉求及情感表达》,《现代传播》(中国传媒大学学报)2019年第8期。

魏万青:《情感、理性、阶层身份:多重机制下的集体行动参与——基于CGSS2006数据的实证研究》,《社会学评论》2015年第3期。

〔法〕古斯塔夫·勒庞:《乌合之众:群体心理研究》,段鑫星译,人民邮电出版社,2016。

王芝眉:《结构断裂:转型期主流意识形态认同困境的内潜性原因分析》,《新疆大学学报》(哲学·人文社会科学版)2014年第6期。

〔英〕安东尼·吉登斯:《现代性的后果》,田禾译,译林出版社,2000。

〔英〕齐格蒙特·鲍曼:《共同体》,欧阳景根译,江苏人民出版社,2003。

刘娟:《媒介流动性:身份认同与集体焦虑》,《今传媒》2018年第10期。

第七章　新时期中国对外传播的情感动力机制

第一节　符合国际社会规则的情感动力机制

一　国际社会规则的建立与界定

国家是国际社会中的主要成员。形成良好的国际秩序需要制定且切实执行能够管理好国家行为与国际交往的国际规则。在历史的不断发展中，国际社会已经制定出了非常多形式丰富、涉及各种领域的国际社会规则。

知名学者布尔（Hedley Bull）清楚地界定了规则。在他看来，规则即要求某一类人或者团体采用特别规定的行为方式的一种含有指示命令性质的原则①。虽然很多学者经常引用布尔这一界定，并将它奉为经典，但是布尔这一界定在一定程度上将"原则"等同于"规则"，这是否适宜还有待探讨。

在界定国际机制的过程中克拉斯诺（Stephen Krasner）对规则、原则等几个比较接近的概念做了相对明显的区分。克拉斯诺认为，国际机制即在国际关系特定领域中行为主体愿望被汇集整合形成一整套明示或暗示的

---

① Hedley Bull, *The Anarchical Society：A Study of Order in World Politics*（New York：Columbia University Press, 1977）：54.

原则、规范与决策程序①。在这里,"规则"是指禁止某一些行为的规定或者指导行为的特殊规定。"原则"是指关于因果关系、事实与公正的信仰。

基欧汉(Robert Keohane)也做了类似的区分。在基欧汉看来,规则更具体地规定了机制成员的义务与权利。规则比原则更加容易发生改变,因为极有可能不止一套规则能够实现既定的目标②。

复旦大学国际关系与公共事务学院教授潘忠岐认为,狭义的国际规则是指对国际互动与国家行为有着约束力的规定,除此之外,广义的国际规则还包括了指导性的原则与规范,以及多种多样的制度性质的安排③。

国际社会规则关系到国际社会能否稳定发展。世界各国人民在经历了两次世界大战之后,痛定思痛,建立了我们正在施行的国际社会规则与根据国际社会规则建立的世界治理体系。尤其是第二次世界大战之后,以联合国为主体,建立了包括世界贸易组织、世界银行、国际货币基金组织等的世界治理框架。该框架虽然不够完美,但是对于世界和平与发展都起到了非常重要的作用。在过去几十年中,虽然世界上会有不够太平的地方,热战、冷战、贸易战都发生过,不过不能否认的是在解决全世界共同面临的问题时,以国际社会规则为基础的世界治理体系发挥了非常重要的作用。不仅如此,国际社会规则也关乎中国的发展,影响中国国家利益的实现。因此,符合国际社会规则的情感动力机制对新时期中国对外传播至关重要。

二 对外传播符合国际社会规则的现实价值

(一)中国面临的现实困境

因为历史发展原因,尤其是受两次世界大战的影响,二战后国际社会规则以及国际秩序主要是在西方发达国家主导下制定与建立的,如雅尔塔体系、

---

① Stephen Krasner, "Structural Causes and Regime Consequences: Regimes as Intervening Variables," *International Organization* 2 (1982): 185-205; Stephen Krasner, ed., *International Regimes* (N.Y.: Cornell University Press, 1986): 2.
② Robert Keohane, *After Hegemony: Cooperation and Discord in the World Political Economy* (N.J.: Princeton University Press, 1984): 58.
③ 潘忠岐:《广义国际规则的形成、创制与变革》,《国际关系研究》2016年第5期。

布雷顿森林体系等。很多年来，在制定国际社会规则的过程中，西方发达国家占据了主导地位，众多发展中国家处在边缘地带，很少有发言权。

全球经济在经历2008年国际金融危机后遭遇了重大波折。把本国利益受损作为理由，一些西方发达国家借此机会在国际社会推行单边主义。部分西方发达国家不考虑解决自己国家经济结构性矛盾、不想办法改善国家治理，只是一味地向外转移矛盾，推行保护主义、孤立主义政策，与全球化的潮流背道而驰。

（二）提升中国国际社会规则话语权的需求

一个不争的事实是，西方发达国家在如今的国际社会规则中拥有更多的话语权。不过国际社会规则并不是一直不变的，它是不断发展和完善的。新时期国际社会中广大发展中国家的作用与地位越来越突出，世界格局正在发生深刻的变化，这也一定会表现在国际社会规则的发展完善中，并且已经体现在一系列新的国际社会规则中，比如金砖国家机制、G20机制的建立，为促进发达国家和发展中国家对话、共同解决全人类面临的重大问题提供了全新的治理模式与重要的沟通平台。广大的发展中国家与新兴市场国家需要更多的话语权。

中国是世界第一大人口国、第二大经济体，但因为历史原因，中国在大多数的国际社会规则中并没有占据主导地位，还缺乏较高的国际社会规则话语权。在改革开放之前，中国加入的国际组织很少。改革开放以来，我国加入的国际组织越来越多。不过因为西方发达国家主导制定了大多数的国际社会规则，中国作为后来者，要想参与国际治理，需要认同已有的国际规则。中国亟待提升国际社会规则话语权，而符合国际社会规则的情感动力机制对此大有裨益。

三 符合国际社会规则的情感传播策略

（一）尊重国际社会规则，融通中外

国际社会中，不一样的治理主体有千差万别的价值理念、关注点与利益诉求。中国在进行对外传播中，如果不尊重国际社会规则，不考虑国际社会规则的差异性，就很难获得不同群体与国家的普遍认同。我国是一个拥有五千多年文化传统的东方古国，也是一个走中国特色社会主义道路的

国家,对于自己的国际角色,中国有着特殊的自我定位,对于国际社会规则话语权的争夺,中国有特别的诉求。同时,我国作为世界第二大经济体,作为一个负责任且逐步走向世界舞台中央的大国,对外传播离不开全球视野与开阔胸襟。在制定符合国际社会规则的情感传播策略时,我们需要始终牢记与遵循习近平总书记的重要论述,努力打造融通中外的新表述、新范畴、新概念。

(二) 把握好国际社会规则情感传播的着力点

随着国家的不断发展以及综合国力的不断提升,中国也在国际社会规则的制定与国际社会制度的创建上发挥了越来越重要的作用,比如在经济与发展领域创建了亚洲基础设施投资银行,和东盟达成了自由贸易协定,在国际气候公约的谈判中承担起应有的责任、很好地扮演了负责任大国角色,参与创建了二十国集团等。我们既要承认在国际社会规则中我国已有的劣势,更要看到不断增强的中国国际社会规则话语权态势。因此在新时期中国对外传播中,我们要把握好国际社会规则情感传播的着力点。

互联网空间是一个重大领域。不同层面、不同领域的国际社会规则各有特点:有一些国际社会规则影响力比较小,有一些国际社会规则影响世界整体、很关键;有些领域因为国际社会规则比较成熟,很难有改进的空间,有些领域因为比较新兴还没有形成比较成熟的国际社会规则。互联网空间就是一个能够影响世界整体,而相关的国际社会规则还不够完善的重点领域。如今可谓是互联网的时代,中国的互联网领域虽然起步不算早,发展却是十分的迅猛,具有比较强的国际竞争力。在中国对外传播中,我们要把握好国际社会规则情感传播的着力点,紧紧抓住互联网这一重点领域。

(三) 突出中国特色,建构自身话语体系

中国作为四大文明古国之一,有着丰富、灿烂的文化。在新时期中国对外传播中,符合国际社会规则的情感传播策略需要运用好中国智慧与中国文化,突出中国特色,建构自身话语体系。在国际社会规则的制定中,我国不能被动地做追随者或接受者,而是应该做一个主动者。在创建一些与我们国家有关的新的国际社会规则时,要争取体现中国价值、中国思想与中国方案。通过巧妙地运用中国智慧与中国文化,进行符合国际社会规则的情感传播,提高中国国际社会规则的话语权。比如,我国在和周边国家建立相互信任的机制时,可以突出"亲、诚、惠、容"。而在处理国际社会关系时,可以强调以德服人、顺势而为,秉持人类命运共同体理念等。在新时期,突出中国特色、建构自身话语体系,才能更好地进行符合国际社会规则的情感传播[①]。

四 小结

国家是国际社会中的主要成员。国际社会规则关乎中国的发展、影响中国国家利益的实现。因此,建立符合国际社会规则的情感动力机制,对中国对外传播至关重要。因为历史原因,西方发达国家主导制定与建立了大多数的国际社会规则。中国作为世界上最大的发展中国家,现在仍然承受着现行部分国际社会规则的不公平待遇,欧美发达国家企图利用国际社会规则限制中国的发展。提高中国国际社会规则话语权十分重要,它关乎中国国家利益的实现。中国在制定符合国际社会规则的情感传播策略时,既要尊重国际社会规则、融通中外,又要把握好国际社会规则情感传播的着力点,更要突出中国特色、建构自身话语体系,才能更好地进行对外传播。

第二节 满足受众共同心理的情感动力机制

中国的国际地位随着自身实力的提升而得到了提高,提升中国国际话语权的需求越来越迫切。与此同时,世界上各个国家与地区之间的形势变得越来越复杂,孤立和合作,制约和依赖,各方的利益与舆论相互杂糅,国际传播的格局与场域也悄然发生着变化。在新时期,面对新的国际传播形势,中国对外传播也面临着新的挑战与机遇。本节将从受众共同心理的角度来探究新时期中国对外传播的情感动力机制。

[①] 张志洲:《人民要论:增强中国在国际规则制定中的话语权》,《人民日报》2017年2月17日,第7版。

一 新时期中国对外传播有关受众的现状与问题

(一) 新时期中国对外传播受众新特点

1. 网络受众群体作用日益凸显

在美国举办的 Code 大会上,"互联网女皇"玛丽·米克尔(Mary Meeker)发布了《2018年互联网趋势报告》。《2018年互联网趋势报告》显示,全球互联网渗透率2017年达到49%,预计2018年全球互联网用户会有36亿人,将超过全球人口总数的50%。2017年,美国成年人每天在数字媒体上花费5.9个小时,高于2016年的5.6个小时。其中每天在手机上花费大约3.3个小时。

Global Web Index2017年数据显示,互联网用户平均每天在线6个小时,总在线时长已经突破10亿年,互联网用户在线时长已经占到了人们清醒时间的1/3。

可以说,新时期中国对外传播的受众多数为互联网用户,网络受众群体作用日益凸显。

2. 年轻受众在传播中的作用日益凸显

全球民意调查统计数据门户 statista 数据显示,截至2019年12月,在全球互联网用户分布中,18%的互联网用户年龄为18-25岁,32%的互联网用户年龄为25-32岁。[①]

以上可以看出,年轻人是互联网时代的主力军。年轻人更容易接受新的观念、新的思想,而且更具开放性、包容性。年轻人能够更加容易地接受对外传播的内容,在一定程度上,很多年轻的用户还能产出优质的对外传播的内容。因此在中国对外传播中,年轻受众的作用不可忽视。

3. 受众观念态度并不是一成不变的

新时期全球的形势变得越来越复杂,加上互联网传播的影响,身处其中的受众观念态度并不是一成不变的。美国独立调查机构和智库机构皮尤研究中心(Pew Research Center)所做的对华好感度调查数据显示,2018

[①] "Distribution of internet users worldwide as of 2019, by age group," statista, https://www.statista.com/statistics/272365/age-distribution-of-internet-users-worldwide1,2021.

年 38% 的美国人对中国持赞成态度，略低于 2017 年的 44%。近年来，美国人对中国人的态度有所波动，在新时期中国对外传播中，要注意受众观念态度的具体变化。

（二） 新时期中国对外传播忽视受众共同心理研究

1. 受众共同心理的变化

一方面，在新时期中国对外传播中，受众共同心理从被动接受逐步转向积极主动。在信息爆炸的互联网时代，人人都有麦克风。受众在新时期更具有主观能动性和劳动生产能力。很多受众同时也是生产者，新时期互联网上存在着海量生产内容的用户。

另一方面，在新时期，越来越多的受众想要公正无偏见地传播讯息。许多受众对他们接收到的信息表示怀疑。在新时期中国对外传播中，纯粹出于宣传目的或者明显带有偏见的讯息很难吸引受众，更别提满足受众共同心理了。

2. 新时期中国对外传播忽视受众共同心理

我国的宣传很多时候非常生硬，具有说教式、官方化的特点。在信息娱乐浪潮与全球政治形势越来越复杂的双重冲击下，我国的宣传模式很难满足受众共同心理和得到受众的认可与接受。新时期中国对外传播有时会忽视受众共同心理，主观倾向性过于明显，容易使受众产生抵触或者不满的情绪。

二 满足受众共同心理的情感传播的必要性

（一） 满足受众共同心理的情感传播是尊重对外传播规律的表现

中国社会与西方社会方方面面都存在着差异，如历史文化、社会习俗、意识形态等。新时期中国对外传播的目的是让国外受众接受传播内容，提升中国的国际传播能力与国际话语权。中国与外国存在着许多差异，新时期中国对外传播要符合对外传播规律，就需要找到彼此的共通点，而情感就是很好的共通点。满足受众共同心理的情感传播是尊重对外传播规律的表现。所以新时期中国对外传播需要将受众共同心理放在重要的位置，努力降低主观倾向性。新时期中国对外传播要尽量做到"软化"，以情动人。例如，中国一直做得很好的就是"熊猫外交"。圆滚滚、胖乎乎的熊猫作为国宝，憨态可掬，十分可爱，深受世界人民的喜爱。由于熊猫极其稀少，只有少数几个国家才拥有为数不多的熊猫，全世界都抵挡不住熊猫的魅力。对稀有可爱且热衷卖萌的动物的喜爱之情，可以说是绝大多数人共同拥有的情感，不分国界与地区。满足受众共同心理的情感传播符合对外传播规律，能够让国际受众在潜移默化中提升对中国的好感度。

（二）满足受众共同心理的情感传播能够有效提升传播效果

新时期中国提高国际话语权的需求日益提升。只有满足受众共同心理，以受众喜闻乐见的方式进行情感传播，才会有效地提升传播的质量与效果。

三 满足受众共同心理的途径

（一）从单面宣传向平衡传播转变

在新时期对外传播的观念方面，我国要逐步走出以往对外单面宣传的误区、淡化对外单面宣传的色彩。宣传并不等于传播，在不违背我国新闻传播原则的前提下，需要尊重对外传播的基本规律，重视对外传播过程中受众的共同心理，深入理解对外传播的整个过程，尽可能真实客观地进行对外的传播与报道，这也是媒体的责任。在新时期，越来越多的受众想要获得公正无偏见的传播讯息。在拥有海量信息的互联网时代，如果传播的信息主观倾向性过强，受众可能会下意识地排斥与抵触。对外传播的媒介不能完全代表国家的立场，也不代表政府，因此在对外传播的过程中不能让国际受众过于强烈和频繁地感受到对外传播中的政治意味。在新时期，中国对外传播要逐步完成从"以自我为中心"向"以传播受众为中心"的转变。要关注且认真研究受众共同心理，把传播的受众作为重要关注对象，从单面宣传向平衡传播转变，才能提升新时期中国对外传播的质量与效果。

在互联网时代，新时期中国对外传播要满足受众共同心理进行情感传播，可以考虑让用户（受众）生产内容。在新时期，信息传播技术不断发展，给人类社会带来一次又一次的技术革新与观念冲击。互联网技术既可以让传播受众更简单地获取更多的信息资源，又使想要改变现状的受众实现主动参与。互联网技术的发展给予人类传播开放性、互动性、平等性的可能，技术赋权是新时期中国对外传播在一定程度上实现用户生产内容的基础。

传播是途径，是实现赋权的方式或者手段①。新时期中国对外传播，可以积极地引导、鼓励用户（受众）生产内容和参与传播，使新时期中国对外传播的受众从信息的消费者转变为传播的生产者，满足受众社会互动的心理。在对外传播的过程中，要鼓励用户（受众）生产内容，以使国际受众在这个过程中获得参与感与认同感，在潜移默化中增加对中国的好感，扩大传播的范围。鼓励用户（受众）生产内容，是让参与者在互联网上获得社会归属感的有效途径之一。社会归属感也是人类的心理需求、情感需求之一。在马斯洛的需求层次理论中，社会归属感是最基本的需求之一，属于人类安全需求。议程融合理论是美国学者唐纳德·肖多年前提出的。他认为，人们有一种对群体归属感的需求，所以媒体设置的议程有一种聚集社会群体的功能②。在新时期中国对外传播的过程中，用户（受众）生产内容、主动参与传播，既可以得到交流带来的即时报偿，如信息、情感方面的满足感，还能享受到它所培养的社会关系带来的长期报偿③。

让受众主动参与新时期中国的对外传播，也许是满足受众共同心理、平衡传播的有效途径。让他们在互联网上获得社会归属感，以减少对中国的误解与敌意、贴近与中国的情感传播。

（二）以情感打动人，满足受众共同情感

新时期我国对外传播要尽量做到"去政治化"与"软化"。借助更好的传播技术，用更加生动的形象和更为丰富多彩的表达方式，通过普通人的视角、平实的风格、平常的心态进行对外传播。在进行对外传播时，通过普遍的情感打动人心，才能有效地满足受众共同心理。利用国际受众喜闻乐见的传播内容与形式，让他们不知不觉地接受中国对外传

---

① 邓倩：《互联网时代传播赋权研究——基于网民个体心理与行为的实证考察》，博士学位论文，武汉大学，2014。
② Shaw L., McCombs M., Weaver H., Hamm J., "Individuals, Groups, and Agenda Melding: A Theory of Social Dissonance," *Journal of Public Opinion Research* 11 (1999).
③ 彭兰：《网络传播概论》（第四版），中国人民大学出版社，2017。

播的内容与理念,甚至使他们积极主动地参与新时期中国对外传播的内容创造,而不是被动地接受主观倾向性很强的宣传,才可以有效提升对外传播的效果。

另外,要注重人际传播拉近中外民众情感的积极作用。国际受众亦是社会成员,在新时期中国对外传播中,他们在接受大众传播的信息与接收人际传播的信息时会有明显的不同。社会心理学上说,态度影响行为。这既包括受众共同心理上的不同,也包括行为表现的不同。在过去,中国对外传播更多表现为大众传播,而很少考虑人际传播。有时大众传播并不能替代人际传播。在新时期,中国对外传播也开始考虑到人际传播的重要性,通过有效又友好的人际传播,以情感打动人,满足受众共同情感,如举办的"仁泽无疆——中日友好青少年书法交流活动"、2018年厦门国际青少年校园足球邀请赛、"重走古丝路 奏响大合唱"特别活动等。形式丰富的活动在一定程度上可以通过人际传播以情感打动人,满足受众共同心理,贴近国际受众与中国的情感距离,取得了良好的传播效果。

四 小结

面对新的国际传播形势,新时期中国对外传播也面临新的挑战与机遇。中国对外传播受众呈现新特点。互联网用户数量庞大且每日平均在线时间长,网络受众群体作用日益凸显。年轻受众在传播中的作用日益提升。另外,受众对新时期中国的观念态度并不是一成不变的。在新时期中国对外传播中,一方面,受众共同心理从被动接受逐步转向积极主动,另一方面,越来越多的受众想要获取公正无偏见的传播讯息。如果我国在对外传播时主观倾向性过于明显的话,就很难满足受众共同心理。

中国社会与西方社会方方面面都存在差异。新时期中国对外传播要符合对外传播规律,就要找到彼此的共通点,而情感就是很好的共通点。满足受众共同心理的情感传播符合对外传播规律,能让国际受众在潜移默化中提升对中国的好感度。而了解国际受众的心理、满足受众共同心理、有针对性地进行情感传播,能有效提升传播效果。"'帝吧'出征Facebook"

事件就是一个典型的满足受众共同心理的情感传播事件。通过美食、美景满足受众共同心理，有效地进行了情感传播，拉近了两岸同胞的心理距离。

从单面宣传向平衡传播转变和以情感打动人、满足受众共同情感都是新时期中国对外传播满足受众共同心理的途径。在对外传播的观念方面，要逐步走出我国以往对外单面宣传的误区，淡化对外单面宣传的色彩。在不违背我国新闻传播原则的前提下，尊重对外传播的基本规律，关注且认真研究受众共同心理，把传播的受众作为重要关注对象，从单面宣传向平衡传播转变，才能提高新时期中国对外传播的质量与效果。在互联网时代，新时期中国对外传播要满足受众共同心理、进行情感传播，可以考虑让用户（受众）生产内容，这也许是满足受众共同心理、平衡传播的有效途径，能够减少国际受众对中国的误解与敌意、贴近与中国的情感距离。而新时期我国对外传播要尽量做到"去政治化""软化"以及注重人际传播的作用，才能以情感打动人、满足受众共同情感。

第三节 传播好中国文化的情感动力机制

一 全球化时代中国文化对外交流的趋势与机遇

（一）中国文化对外传播的国际背景

随着全球化进程的不断加快，世界越来越紧密地联系在一起，中国文化的对外交流也获得了新的机遇。在新兴技术层出不穷的今天，任何国家都无法摆脱全球化传播体系而孤立发展。作为世界上最大的发展中国家，如果中国不能成功融入全球化传播体系，就不仅面临排斥和挤压的环境，也将失去在全球传播市场中平等竞争的机会[1]。西方国家往往通过其强大的经济政治能力在国际社会中"呼风唤雨"，进而掌握国际传播的话语权，而广大发展中国家由于经济、政治等各方面的原因处于被动地位，难以与国际主流保持一致，这就需要中国文化的对外传播及时符合国际标

---

[1] 张骥等：《中国文化安全与意识形态战略》，人民出版社，2010，第149页。

准、尽早与国际接轨。

目前,全球政治经济正面临各种复杂问题,既包括地区间阶层结构僵化、区域发展不平衡,也包括各种政治事件,例如英国脱欧、难民潮、欧洲右翼保守势力兴起等,以往占据主流地位的西方媒体如今却难以解释各种全球性问题,以至于自身都面临信任危机。与此同时,中国国力的迅速增强对全球政治经济结构产生了巨大影响。2008年全球金融危机之后,相对于西欧债务危机和美国经济增长持续放缓,中国经济表现出强劲的增长势头,科技迅速发展,在世界舞台频频亮相。但是,中国文化在国际文化传播领域从未得到过与经济和政治力量相匹配的地位,尤其在情感动力机制方面,如何让西方世界与中国文化产生情感联系并激发中国文化的全球认同,仍需要不断思考与探索。

(二) 中西文化的视角碰撞

文化是人类所有精神活动及其与政治和经济相关的活动产物①。文化的渗透力和作用力与其所在区域的历史发展有着千丝万缕的联系,中国与西方历史发展、价值体系、意识形态上的诸多差异,对双方的文化交流造成了极大的阻隔,东西方文化之间误读的现象经常发生。

例如,对于"龙"的解释,在西方文学中,龙是勇猛而凶恶的形象,象征着战争的残酷和血腥。在大多数希腊神话中,龙扮演邪恶和凶悍的反叛者,因此经常被上帝或者英雄击败。而在中国文化中,龙更像是中华民族的象征,一种与血缘相关的情感符号,而"龙的后裔"指代中国人民。正是由于不同的文化解释,具有神圣意义的"中国龙"已成为西方的邪恶象征。在西方人看来,"中国龙"代表着好战和侵略。在广为流传的《时代》封面中,"中国龙"的形象多次出现,特别是在中华人民共和国成立后的前20年。在1954年3月的《时代》杂志上,龙的形象非常可怕:龙的眼中充满红色的火焰,口中吐出毒蛇的信子,用闪着寒光般的利爪攀爬在栅栏上。即使在今天,在西方的视角中"龙"也常常代表着"中国威胁论"。这种误读并不是自发的判断,很

---

① 中国社会科学院新闻研究所:《中国共产党新闻工作文件汇编(1933—1989)》,人民日报出版社,1990。

大程度上源于西方媒体的不当解读。误解产生的根本原因在于东西方视角的碰撞，加之媒体对文化符号的过度放大和片面曲解，造成了中国文化集体被误读。

（三）中国文化传播中的情感动力机制

早在1936年，在德国议会选举期间，哈特曼（Heinz Hartmann）等人设计了一个实验，向不同区域选民发放了不同类型的宣传手册，分为诉诸感性和诉诸理性两类，结果显示，发放诉诸感性手册区域的选民投票增长率更高，这充分说明信息传播过程中情感具有强大的催化作用。同样的，情感在文化传播过程中也具有重要作用。

如何将中国文化利用情感话语进行对外传播呢？这就要求我们寻求符合世界文化传统的共同价值，例如西方有"同理心"的概念，这个词语源自希腊，它指的是人们能够设身处地地为对方着想，做到换位思考。在中国，孔子提出的"己所不欲，勿施于人"恰好与之对应，且具有较高的共性[①]。因此，利用情感语境进行对外传播能较为轻松地越过文化方面的制约，提高双方的文化认同感。

二 当前中国文化对外交往的困境

（一）中国媒体的传播力弱于西方，主要体现为传播方式相对单一、传播方法滞后、传播效果不足

由于中西方文化的差异，不同区域的人们会采取不同的思维方式接受信息，这就要求媒体在进行对外传播的过程中有的放矢，将传播内容个性化地传播给不同的受众。但是，我们长期凭借过去对内的传播经验办事，导致我们在一定程度上"内外不分"，在对外传播的方法、手段、技术上都存在问题。一是引导国际舆论的能力不足。在全球舆论场上未能及时地化被动为主动，进而主动设置议题、抢夺舆论主导权。二是缺少对目标受众媒介使用习惯和使用心理的研究，未能有针对性地进行精准化传播，中国新闻如何吸引西方眼球，仍须了解西方人的文化心理、认知习惯，以西方能接受的方式传播中国文化。

[①] 刘波：《如何改善中国的国际形象》，《经济观察报》2010年3月1日，第51版。

在当前全球文化传播体系和模式中，西方的一些大型跨国媒体集团充分利用其强大的经济实力，将影响范围扩展到全球的各个角落。国际间的文化传播往往呈现出此消彼长的态势，近几年来西方国家凭借其优质的文化产品迅速介入全球文化市场。在对各国民众进行调查时发现，"中国传统媒体在本国的传播"和"中国新媒体在本国的传播"在国际重大事件的提及率分别为12.4%和9.0%，足以看出我国在媒体国际化方面仍存在巨大的提升空间[①]。

近年来，尽管中国一直十分重视对外传播、采取了各种传播策略，但实际上并未达到预期的传播效果，有的甚至适得其反。一定程度上，西方对我国产生了国家形象上的刻板印象，但这也与我们只管盲目实施传播行为而不顾及传播效果有关。近年来，随着新媒体的发展，我国对外传播技术有很大进展，在实际操作上我们往往追求新闻目标，却从未对传播效果进行深入研究。在对内宣传中，国家的路线方针政策主要依靠党媒进行报道，由于传播理念滞后等，相对于宣传效果，宣传的形式更加受到重视，这一习惯也延伸到对外传播上，导致了当前部分新闻看起来声势浩大，而实际上收效甚微。

（二）中国的文化传播制度相对经济制度较为滞后

在过去，中国选择了一些典型人物来传播中国文化，把一些人物归类于某一个阶层和民族。例如，在报道地震等自然灾害时，我国媒体往往以正面报道的形式进行过度情感渲染、大量煽情，这反而会引起国际社会的反感，很容易让外国观众误解中国，无法达到预设的传播效果。

（三）中西方意识形态的差异给中国文化的传播带来了困难

在国外，信仰宗教是一种非常普遍的社会现象。许多民族将信仰和对宗教的尊重视为民族认同的重要标志。中国文化的对外交流应该考虑到受众的宗教因素，对于有关宗教方面的信息若解读失误极易引起舆情事件。另外，我国作为社会主义国家，走中国特色的社会主义道路，以实现共产主义为最高理想，而西方国家走资本主义道路，意识形态的差异往往导致

---

① 李继东、姬德强、胡正荣：《中国国际传播发展报告（2016）》，社会科学文献出版社，2016。

双方难以沟通，甚至出现错误解读与传播隔阂。通过不断的实践，中国逐渐形成了一套意识形态浓厚的对外传播策略。在新的国际传播环境中，这些对外传播策略具有很重的"宣传腔"，往往先下结论再列举事实，实际上这种策略的传播意向非常明确，在交流中表达观念过多、基于事实的陈述较少，这些做法往往会让国际受众难以接受。

三 中国文化对外传播的新途径

（一）激发华人华侨的爱国热情，激发情感动力，进一步建构民族集体记忆

由于种种原因，大量中国人离开了祖国，以各种方式参与了西方国家的建设，成为海外华侨华人。尽管这些人成了居住国的公民，但依然具有着中国人的文化基因，这些华侨华人在世界观、价值观和人生观上比较一致，他们对中国有强烈的认同感，他们在西方国家因有一定的地位而对西方主流社会具有一定的感召力。因此，中国的对外传播可以针对华侨华人来设置议程，以情感为纽带，通过建构国家和民族的集体记忆，让他们向国际社会传达中国新闻所承载的中国精神，进一步激发中国华侨华人对祖国的爱国热情，也能获得西方民众对中国文化的认同感。

（二）针对目标受众的审美标准，向外界传播中国文化

中国人讲中文故事，在语言使用或语言情境方面具有独特的优势。然而，以中文讲述的中国故事一旦走出国门，由于存在文化障碍，很容易水土不服，传播效果也会大打折扣。法国东方研究所的魏柳南（Lionel Vairon）教授认为："西方文化已经主宰世界几百年了，而今天世界的沟通方式仍是以西方的概念为基础的。"为了改善和有机呈现中国在西方世界的国家形象，我们在讲述中国故事时，就要针对西方受众的审美标准，为他们量身定制新闻产品，要做到淡化主流意识形态，利用西方人的认识图谱理解中国文化，进而体会"越是民族的，就越是世界的"价值认同。

（三）促进传播语言的本土化，创造民族文化符号

从信息接收角度来讲，人们对母语有着天生的亲和力。我国国际广播电台使用52种外语以及普通话、4种方言和5种少数民族语言，向世界传播中国新闻，用当地国家的母语传达中国的声音①。另外，在当前西方文化的扩张中，中国独特的民族文化更为珍贵。当中国文化与西方文化竞争国际主导地位时，中国特色文化客观上提供了坚实的基础。文化符号在一定程度上也代表着文化，方便受众更好地理解符号背后的文化内涵，因此，我们应创造属于中国的民族文化符号，将传统文化进行现代包装，以此将中国的深厚历史和文化传播给外国观众。与此同时，我们还要深入挖掘传统文化的本质、进一步推动创新。

（四）研究文化传播规律，进一步探索创新的传播方式、手段和方法

强势文化对弱势文化的辐射和渗透符合文化传播规律。不同的文化载体对不同类型文化的传播具有重大影响。麦克卢汉（Marshall Mcluhan）认为，媒介即讯息，也就是说，不同类型的媒介往往具有各自独特的传播优势。目前文化传播媒介层出不穷，文字、广播、电视、网络各有特点，而我国能够借助技术革新潮流发掘出合适新颖的传播方式。例如我国在2018年"两会"期间首次采用VR的方式，令广大网友身临其境，感受"两会"庄重严肃的氛围。又如，2019年春节联欢晚会，江西卫视采取"5G+VR"的直播方式让网友大饱眼福。而这些新的技术手段，不仅能让人们耳目一新，创造出巨大的经济价值，而且能在潜移默化中传播我国文化。再如，美国《泰坦尼克号》《狮子王》等电影，一方面创造了经济价值，另一方面也促进了文化价值的传播。而中国学者在大量阅读被翻译为中文的西方书籍时，也会不知不觉接受西方思想。由此可见，探索创新的传播方式尤为重要。

（五）发掘中国优秀传统文化的普遍价值

中国文化源远流长、博大精深，浩如烟海的书卷中有着取之不尽的优秀成果，这些成果在如今国际竞争日益加剧的今天仍然具有现实价值②。例如《论语》中提到的"过犹不及"，太多和太少都不是好事，表明了中庸的思想态度，而中庸之道具有很强的包容性，倡导"己所不欲，勿施

---

① 周婧：《对汉语国际推广背景下中国文化海外传播的若干思考》，《考试周刊》2008年第28期。

② 徐稳：《全球化背景下当代中国文化传播的困境与出路》，《山东大学学报》（哲学社会科学版）2013年第4期。

于人",反对恃强凌弱,符合广大国家的共同价值。而对于这些优秀的传统文化,我国应大力挖掘阐发,塑造一个爱好和平、和谐友善、负责任的大国形象。

另外,目前在全球化进程加快的同时,各种问题层出不穷,自然环境遭到破坏,战争冲突等不稳定因素依然存在。在这种局势下,弘扬中国文化提倡的和谐思想非常有意义,我们要从优秀传统文化出发,充分挖掘其普遍意义,才能以文化感染人,继而充分发挥中国优秀传统文化的魅力、进一步传播好中国文化。

四 小结

本文从全球化视角对传播好中国文化的情感动力机制进行了三个方面的探索研究。全球化对于中国文化而言,既是机遇又是挑战。在第一部分,本文首先阐释了中国文化对外传播的国际环境,由于全球化趋势,在各种高新技术层出不穷的今天,任何国家都无法脱离全球化体系独立发展。由于历史和经济、政治等方面的原因,西方国家往往掌握着国际传播中的话语权,这就要求中国文化尽早与国际接轨。另外,由于中西历史发展价值体系上的诸多差异,双方的文化交流相对比较困难。本文认为只有寻找符合世界文化传统的共同价值,才能更好地利用情感话语进行对外传播。

在第二部分,本文探究了中国文化对外交往的困境。主要表现在三个方面。第一,中国媒体的传播力弱于西方媒体,主要体现在传播方式相对单一、传播方法滞后、传播效果不足上,中国媒体在对外传播的方法、手段、技术上都存在问题。第二,中国的文化传播制度相对经济制度较为滞后。体现为应对突发事件能力不强,一旦面对突发性集体事件,部分地区的媒体甚至失语,导致谣言产生,造成公众恐慌和焦虑。第三,中西方意识形态的差异给中国文化的传播带来了困难。中国的对外传播中意识形态色彩比较浓厚,在交流中表达观念过多,而基于事实的陈述较少,让国际受众难以接受。

在第三部分,本文探究了中国文化对外传播的新途径。第一,激发华侨华人的爱国热情,激发情感动力,进一步建构民族集体记忆。第二,针对目标受众的审美标准，向外界传播中国文化。在讲述中国故事时，要针对西方受众的审美标准，为他们量身定制新闻产品。第三，促进传播语言的本土化，创造民族文化符号。需要将传统文化进行现代包装，还要深入挖掘传统文化的本质，进一步推出有中国特色的文化价值符号。第四，研究文化传播规律，进一步探索创新的传播方式、手段和方法。第五，发掘中国优秀传统文化中的普遍价值。在传统文化中发掘国际社会中广大国家的共同价值，塑造一个爱好和平、和谐友善、负责任的大国形象。

第四节　中国符号国际化的情感动力机制

一　符号互动理论概述

符号互动理论由美国社会学家米德创立，并由他的学生布鲁默（Herbert Blumer）于1937年正式提出。该理论认为，人们在任何情境中，都会通过采取他人的观点来理解他人的思想与情感、评估他人的倾向与可能的行为进程，并从他人的角度来评价自我。首先，人们通过这种方式来预测他人的行为，并根据预测结果进行行为调整，来确保达到一定程度的协作。其次，人们通过自我评价，以广泛的文化背景作为道德评判依据，并由此调整行为来保持对他人的尊重。最后，人们以广义的视角评价自己，每个人都能在社会结构的参照下调节行为。

符号互动理论作为情感社会学的重要理论部分，对于人们情感意义的交互传达产生了重要影响，而若把国家作为其理论的最小个人单位，符号互动理论的主要观点同样具有重要的参考价值。当今世界，经济全球化和世界政治多极化趋势日渐加强，在国际社会中脱颖而出、进一步提升国际竞争力和国际影响力，是每一个国家进行国际交往的基本目标。若将符号互动理论运用于国际交往中，国家会通过具有象征意义的符号来进行与他国的互动，通过在全球中自己国家的定位来进行自我评价，并调整国家的对内对外策略以致加强国际协作。本节将以情感社会学中的符号互动理论为基础，探讨在国际交往的背景下，中国应该如何选出具有象征性的符号来加强国际化进程中的自身影响力。

二 符号互动理论视角下的中国符号国际化

(一) 国际交往中的角色扮演和自我意向

1. 强调自我概念

米德认为，人们在交流过程中往往能够通过彼此间的姿态互动换位思考，以此预期他人的下一步行为，并为自己的行为提供参考。实际上，每个人都具有角色扮演的属性，所扮演的角色以自身固有属性为依据①。国际社会也是如此，每个国家在国际秩序上都扮演着不同的角色，据统计，截至2018年，世界上共有233个国家和地区，其中国家有195个，地区有38个，各个国家都有其鲜明的文化特色和地域风俗，各个国家之间不可能彼此完全了解，如何在世界舞台上展示自己的国家形象呢？最关键的是要将自己的国家形象符号化，赋予它象征意义。例如我国民众喜欢将鹰当作美国的象征，将北极熊作为俄罗斯的象征，这两者在一定程度上也代表了各自的国家符号。例如北极熊凶猛、身躯庞大，比喻国家的巨大规模和民族的坚韧。因此，国家的符号是其现实属性的抽象化，与米德角色扮演的观点相一致。

2. 以大熊猫为代表的中国符号

对于中国来说，选择适当的符号作为国家和文化的象征十分重要，例如我国目前的"大熊猫外交"，之所以选择大熊猫，也是看重了大熊猫具备的多种属性。大熊猫是中国特有的珍稀保护动物，是中国的国宝。同时，大熊猫体型庞大，象征我国地大物博、幅员辽阔，其属于草食性动物，温顺平和的性格是和谐、友谊、和平的象征。正因如此，才让大熊猫作为中国符号之一。中华人民共和国成立以来，大熊猫多次作为我国外交的重要组成部分向各国展示我国形象。资料显示，1957年，苏联获赠一只大熊猫平平，后又获赠一只大熊猫安安；1972年，美国获赠一对大熊猫玲玲和兴兴；1972年，日本获赠一对大熊猫兰兰和康康……大熊猫逐渐成为西方寓意中国的动物，这种动物代表了西方的一

---

① 〔美〕乔纳森·特纳、简·斯戴兹：《情感社会学》，孙俊才、文军译，上海人民出版社，2007。

种期许：有力量、很少咬人、不争肉吃，比美国的鹰和俄罗斯的北极熊都要温和。无论是代表美国的鹰、代表俄罗斯的北极熊，还是代表中国的大熊猫，都反映了各国各自在国际交往中的角色扮演，代表符号有深层次的象征意义，各国在进行国际交往之时，会潜移默化地根据各方的代表符号做出行为判断。

（二）中国符号国际化面临的困境和挑战

1. 中西方价值取向存在差异

中国自古崇尚以儒家文化为代表的家国情怀，即"修身齐家治国平天下"，这种价值取向使中国更偏向于集体主义，而西方国家信奉个人主义，更加重视个体自由和个体权利。正是由于历史发展和社会制度的演变，东西方价值观出现较大差异。例如我国在春秋时期，孔子著《论语》，以道德教化来规范人们的行为，使社会等级井然有序，强调人在社会中的位置。而西方苏格拉底更强调社会中个人的权利，并由此为价值取向奠定基础。中国传统文化强调中庸平和、处事不争、以多数人的利益为出发点考虑问题，并由此作为是非对错的评判标准，而西方人更重视群体中个体价值的实现。例如西方更加重视自我意识，这种观念在日常用语中也有体现，例如在英语书写中，"I"的任何形式都大写，"we""you"等则小写，这说明相对于其他人的代词来说，自我更加重要，我国的传统用语则与之对比鲜明，例如"我"字常常用"在下""鄙人"等词代称，这种对比正体现了中西方价值取向的差异。因此，由于中西方文化传统、价值取向的不同，中国符号在国外的受认可程度也会受到影响。

2. 符号解读存在差异

每个国家都有自身的文化特色，如何把众多纷繁复杂的文化特色浓缩成通俗易懂的国家符号，是国家符号国家化的一个难题。中国京剧、中国画、中医等国粹作为中国文化的符号代表固然可行，但由于文化视角和意识形态的局限，其他国家不一定对这些代表符号感兴趣，因此选择符号不仅要考虑中国视角下的文化特色，更要结合国际视角下的可接受程度综合考量[①]。中国历来崇尚"龙"文化，我们炎黄子孙都是龙的传人，"龙"

---

① 刘波：《如何改善中国的国际形象》，《经济观察报》2010年3月1日，第51版。

作为一种代表符号成了中华民族的象征,但在西方各国看来,"龙"非但不是神圣、友好的象征,反而代表着邪恶和好斗,不同群体对同一符号的差异解读也会导致中国符号国际化受阻。目前,我国对外传播更多使用温顺、平和的"大熊猫"符号,淡化"龙"符号。据统计,在中国的十个关键词中,国外对长城、瓷器的辨识度最高,对中国京剧、中国画、中医辨识度较低,这说明符号解读存在差异,而这种解读差异也会在一定程度上影响中国符号的国际化。

(三) 当前中国符号国际化的现实路径

1. 以普遍价值进行情绪唤醒

柯林斯认为,对符号产生的道德正义感使群体成员参与到仪式中来。也就是说,符号能唤醒情绪。把他的理论运用到国际交往中,我们同样能运用各国都接受的符号——普遍价值进行情绪唤醒,争取中国符号所代表的中国形象在国际社会中更容易被接受。

例如中国儒学所包含的忠恕思想,认为"己所不欲,勿施于人",强调尊重他人、遵从秩序。这在一定程度上符合人文主义思潮,也容易被各国人民理解,中国便能以此作为自己的文化符号,将和谐、宽恕思想进行对外传播,一方面解决了自己的符号取舍问题,另一方面也能向国际社会展示自己崇尚和平、强调宽恕的国家形象。

除了传播中国特有的儒家文化外,我们还能传播超越国界范围的价值符号,例如追求人文主义和人性光辉,传播社会中的正能量事件[①]。例如近几年每逢天灾必有互帮互助的新闻出现,体现了恶劣环境下不同国家之间的相互援助,对相关新闻的报道显示了国际互助的精神,彰显了我国合作互助的国际形象。2008年汶川地震,国际社会提供了各种形式的支持和援助,外国政府、组织捐资7.7亿元,来自日本、俄罗斯、韩国、新加坡的救援队伍开展救援,而在其他国家的重大灾害中,中国国际救援队也发挥了举世瞩目的作用。这些举动充分说明,关于世界各国普遍认同的普遍价值也值得传播,而且这些普遍价值更能引起全球范围内的情绪唤醒,获得世界各国人民的认同,也进一步

---

① 崔圣、田田叶:《文化因素对中国对外传播的影响与原因》,《今传媒》2012年第1期。

促进中国符号的国际化。

2. 以产品输出促进情感认同

如果以普遍价值传播促进情绪唤醒是从文化角度推动中国符号国际化，那么进行产品输出则是从物质层面进行符号传播。中国向外输出的产品承载着文化和技艺，消费者在对产品的使用过程中潜移默化地接受着其背后的文化熏陶①。例如中国改革开放以来，我们的产品远销海外，世界各国的商铺里几乎都能看到"MADE IN CHINA"的标识，长期以来的产品对外输出，给各国人民留下了中国产品物美价廉的印象，也进一步唤醒了对中国的情感记忆。随着中国产品的使用，我国在国际社会中树立了务实、讲究诚信的国际形象。近年来，中国企业不断推陈出新，越来越重视产品质量和用户需求。中国品牌如"华为"等在国际社会中的影响也进一步唤起了国际对中国的情感记忆，逐渐从接触产品到认同文化，也日渐接受了中国"追求质量"的国际形象。

除了基于高新技术进行的智能手机输出，中国的文化产品也日渐改变着国际社会对中国的印象。例如近几年中国漫画由于制作精良、契合市场而日渐兴盛，"国漫崛起"作为一个话题广受关注，《十万个冷笑话》《斗破苍穹》《全职高手》等国产动漫在国际市场上也崭露头角，取得了销量与口碑双丰收的成果②。值得一提的是，《秦时明月》作为国产动漫以一种别样的方式诠释了诸子百家文化思想的精髓，它在海外市场的传播也进一步吸引着海外受众主动接触中国文化，动漫也渐渐成为中国的文化符号。在国产动漫海外爆红的同时，中国网络小说也受到了海外受众的青睐。wuxiaworld是一家更新中国网络小说的美国网站，其2017年2月的统计数据显示，该站每日页面点击量在400万左右，每日来访用户量接近30万人，拥有活跃读者已超过250万人。中国网络小说完全有可能被打造成与美国好莱坞、日本动漫、韩国电视剧并驾齐驱的世界流行文艺，更能作为代表中国的符号。

---

① 姚晓东：《如何向世界讲述中国故事——美国媒体国际传播的经验及启示》，《江海学刊》2010年第6期。

② 沈正赋：《新时代我国对外传播手段建设方案》，《中国出版》2018年第6期。

三　小结

本文从符号互动理论视角探究中国符号国际化的情感动力机制。符号互动理论以个体作为最小的单位进行研究，以此探究人们情感交互的重要意义。而本文将此理论运用到国际社会交往之中，每个国家作为国际交往的最小个体，会通过具有象征意义的符号来与他国进行互动，通过在全球中国家定位来进行自我评价，并调整国家的对内对外策略以致加强国际协作。

乔治·米德认为人们通过符号化进行角色扮演，可以更好地理解彼此在社会结构中的位置，并做出相应的行为预测。因此选择合适的符号是中国进行国际化、提高国际影响力的一个重要因素。文中对比了中国"龙"和"大熊猫"这两种代表符号，发现符号的设置与其自然属性息息相关，大熊猫由于性格憨厚、属于草食性动物而被认为不具攻击性，有利于中国"友好和平"形象的国际传播，而由于历史文化差异，中国"龙"在西方视角下具有不同的符号解读，因此在国家形象的国际化传播中，选择符合传播预期的代表符号十分关键。

在了解符号选择重要性的基础上，本节简要分析了中国符号国际化的困境，主要包括不同地区价值取向存在差异，符号解读有所不同。西方崇尚自由主义，强调个人追求，而中国崇尚家国情怀，强调集体主义，不同的价值取向导致了符号传播中的隔阂，而双方由于历史文化差异，对符号的解读也有所不同，这进一步阻碍了中国符号的国际化传播，难以唤起国外人民的情感共鸣。

除了分析中国符号国际化的困境外，本文也从文化和物质两个层面提出了中国符号国际化的现实路径。文化上，一方面，中国能充分挖掘儒学所包含的忠恕思想，强调社会和谐，进一步唤起国际对中国文化的情感认同。另一方面，中国能传播超越国界的普遍价值，追求人文主义，追求人性光辉，通过多种国际交往促进国际对中国符号的价值认同。物质上，中国能以产品输出激发情感记忆，从过去的中国制造到如今的中国智造，从智能手机的低端市场定位到如今的自主研发国产芯片，都反映了中国国际形象的变化。随着我国产品在海外市场的成功,中国符号将以新的姿态为国际社会广为认知,通过产品的接触让各国人民主动接受中国文化,而中国产品作为中国符号之一也能以市场接触的方式促进中国符号的进一步国际化。

参考文献

潘忠岐:《广义国际规则的形成、创制与变革》,《国际关系研究》2016 年第 5 期。

张志洲:《人民要论:增强中国在国际规则制定中的话语权》,《人民日报》2017 年 2 月 17 日,第 7 版。

〔美〕玛丽·米克尔:《2018 年互联网趋势报告》,Code Conference,2018。

《2018 年全球数字报告》,美国 GlobalWebIndex,https://wearesocial.com/blog/2018/01/global-digital-report-2018,访问日期:2020 年 9 月 18 日。

《2017 年 Q1 全球互联网用户数据分析》,OFweek 光通讯网,https://fiber.ofweek.com/2017-09/ART-210007-8420-30167580.html,访问日期:2019 年 9 月 20 日。

邓倩:《互联网时代传播赋权研究——基于网民个体心理与行为的实证考察》,博士学位论文,武汉大学,2014。

彭兰:《网络传播概论》(第四版),中国人民大学出版社,2017。

张骥等:《中国文化安全与意识形态战略》,人民出版社,2010。

中国社会科学院新闻研究所:《中国共产党新闻工作文件汇编(1933—1989)》,人民日报出版社,1990。

刘波:《如何改善中国的国际形象》,《经济观察报》2010 年 3 月 1 日,第 51 版。

周婧:《对汉语国际推广背景下中国文化海外传播的若干思考》,《考试周刊》2008 年第 28 期。

徐稳:《全球化背景下当代中国文化传播的困境与出路》,《山东大学学报》(哲学社会科学版)2013 年第 4 期。

〔美〕乔纳森·特纳、简·斯戴兹:《情感社会学》,孙俊才、文军译,上海人民出版社,2007。

崔圣、田田叶:《文化因素对中国对外传播的影响与原因》,《今传媒》2012 年第 1 期。

姚晓东:《如何向世界讲述中国故事——美国媒体国际传播的经验及启示》,《江海学刊》2010 年第 6 期。

沈正赋:《新时代我国对外传播手段建设方案》,《中国出版》2018 年第 6 期。

Hedley Bull, *The Anarchical Society*: *A Study of Order in World Politics* (New York: Columbia University Press, 1977).

Stephen Krasner, "Structural Causes and Regime Consequences: Regimes as Intervening Variables," *International Organization* 2 (1982); Stephen Krasner, ed., *International Regimes* (N.Y.: Cornell University Press, 1986).

Robert Keohane, *After Hegemony: Cooperation and Discord in the World Political Economy* (N. J.: Princeton University Press, 1984).

"As Trade Tensions Rise, Fewer Americans See China Favorably," Pew Research Center, 2018.

Shaw L., McCombs M., Weaver H., Hamm J., "Individuals, Groups, and Agenda Melding: A Theory of Social Dissonance," *Journal of Public Opinion Research* 11 (1999).

第八章 大数据时代情感的计算科学研究

第一节 情感数据的获取与处理

在早期的心理学研究中,情感被认为是人体一系列的内在"必然反应"之一,神经系统和生物体系统是情感产生的基础,因此对情感的研究是基于具体的生理反应的测量,随着情感研究的不断深入,情感理论开始应用到各个学科领域,如教育学对于情绪情感理论的应用实践,管理学对拟剧理论的运用等,情感社会学、情感人类学等分支学科对情感的研究也取得了丰硕的成果。而近年来,人工智能领域的发展为情感的研究提供了新的思路,对情感的数据研究有助于建立更加智能化的系统,情感数据化可以具体应用到一系列的人类实践活动中。

对情感进行数据化的研究必然会涉及情感数据的获取、处理、分析等环节。而情感本身的多元属性,也使得情感数据的获取变得复杂,情感数据是基于情感体验与情感表达的信息载体,因此保证情感体验与表达的真实性是其关键所在,即实验者需要在保证情感真实、自然流露的情况下进行收集获取。

一 情感的量化及情感数据

(一)情感的量化

20世纪70年代开始盛行对情感的系统研究,但其实早在19世纪,英国生物学家达尔文就对情感进行了研究,他认为情感也是人类进化的结果，并且某些特定的情感具有普遍性，即普遍存在于不同的种族中。艾克曼（Ekman）后来则证实了有六种情感（高兴、悲伤、惊讶、愤怒、恐惧、厌恶）是共同存在于不同文化和种族中的。

而在一些具体的研究中，由于情感本身的复杂性，研究人员通常不会具体区分情感与情绪，而是直接将情绪作为情感进行考量，将情感分为基本情绪和复杂情绪，这种区分方式也得到了心理学家们的认可，从一定程度上可以将它视为量化情感的一个隐性前提。量化情感的一种方法是对情感进行具象的简化分析，即用一个或一组词语来描述某一类情感的性质，这属于范畴法的一种应用。范畴法在对一些婚姻关系的研究中应用较多，研究者会选择与婚姻关系联系最密切的情绪，并利用编码系统编码婚姻关系中最常见的情绪。

除了范畴法之外，对情感进行量化的方法还包括维度法，即寻找情感的基本维度，试图设计出关于情绪的基本量表，对获取到的情感实践进行定量的描述。情绪的维度法最早由心理学家冯特提出，他认为人的情感过程是由三个维度组成的，即开心与不开心、兴奋与冷静、紧张与放松。后来在情绪心理学家的探索下又增加了两个情感维度：效价和唤醒。前者指的是正面情感感受与负面情感感受的差异程度，后者指的是人的某种情感体验的强度。范畴法和维度法都是量化情感的方法，但是在具体的实践过程中，由于情感本身的复杂，对情感的量化要将这两种方法结合在一起，以把握情感的整体性质与特定性质的统一关系。

（二）情感数据

数据本来是计算机领域的专业名词，它指的是对客观存在事物的一种归纳，以及用来表示客观事物的原始材料。数据既可以是连续值，例如声音和图像，称为模拟数据；又可以是离散的，比如符号和文字，称为数字数据。信息化时代的快速发展不断驱使互联网改变人们的思维与生活方式，物物相连的物联网使得任何事物都能成为数据的提供者，如智能家居中的冰箱、镜子都能为人们提供相应的数据信息；数据革新、数据科学等说法层出不穷，数据充斥在世界的任何角落，人们被数据包围，数据的获取范围得到了很大程度的扩展，数据的收集也不只局限于传统意义上的计算机数据，各类信息在传递知识、意见的同时，也在传递着一些情感倾向,这些情感倾向有的难以理解,需要经过一定的处理与分析才能转化为可以被人们理解的符号信息,继而为人们提供相应的情感指导。

目前,关于情感数据还没有统一的定义。从字面上来理解,情感数据指的就是蕴含人们情感倾向或者情绪体验的一种数据,它是人们情感信息的表现形式和载体,经过一定的处理加工后,得到人们想要的结果。不同于传统的数据,情感数据更注重的是深层次的挖掘,挖掘人们情感背后的自发性与自然性。在情感计算领域,情感数据的获取是情感计算的研究基础,要想计算情感,情感数据就需要被量化和度量。由于情感本身的复杂性,体现在外在感官和文本上的情感状态是有一定差异的。与其他情绪表征(手势、步数、声音等)相比,面部表情是最容易控制的,面部表情是对人脸上不同情绪的反应。事实上,在表达情感时,面部、眼睛或皮肤肌肉的位置会发生变化。面部表情是表露外在情感的一种最鲜明的标识,除了出于特定目的刻意隐藏自身的情感状态以及情绪变化的人,大多数人都会将喜怒哀乐写在脸上;而文本由于本身的暧昧性,不同的人对于同一文本会有不同的情感理解,即在一千个读者眼里会有一千个哈姆雷特;人与人之间的情感互动是非常复杂的,因此从单一感官获取的数据是模糊的、不确定和不完整的,从而使情感数据的收集变得相对复杂;除此之外,情感有时也与个人的性格、经验和阅历等因素相关,因此准确地获取情感信息及状态是比较困难的。

二 情感数据的获取与处理

在大数据时代,数据成为热门词汇,大数据的核心在于为客户挖掘数据中蕴藏的价值,无论是浏览淘宝时点开网页,还是在微博上点开某一张图片,任何能留下痕迹的信息都能被大数据技术捕捉、获取,从而进行处理与分析,这些都属于对人们行为数据的收集,以便更好地向用户进行个性化的信息推送。行为数据的获取与处理依据一定的算法,如计算点开率、着陆页的到达率、页面的转化率等;而情感数据不同于一般的传统数据,过于程式化的收集与处理方法可能会造成结果的误差,同时情感数据可能存在不稳定性，需要多维度多角度地进行收集来尽量保证数据的准确性。

（一）情感数据的获取

1. 获取情感数据的要求

表情、声音等符号以及反映人们情绪变化的生理信号等都属于"情感数据"，在情感计算的研究中，情感数据获取的条件要求一般有四项：（1）尽量保证数据的完整度。人的情感除了有面部表情、声音节奏的表现外，还会伴随着各种肢体动作的表现，并且一般来说，情感本身有一个酝酿的过程，因此在收集情感数据时要尽量保证情感表现的完整度。（2）尽量保证实验环境的可控性。实验操作最大的优点是，通过控制实验条件，可以消除不相关因素的干扰，从而更好地观察变量的变化，因此在获取情感数据时，为了排除干扰，要尽量保证实验环境的可控性。（3）尽量收集典型性高的数据。典型性高的数据能够更好地体现特定的情绪特征，更具有针对性，区分度更高，并且有助于提高后续情感建模、情感识别等程序的准确性。另外，情感的类别也应该是多样化的，除了六种基本的人类情感——喜爱、高兴、惊讶、悲伤、恐惧、愤怒之外，它还应该包括在特定情况下的各种典型情绪。在工作的情境中，如果要理解工作者的心理状态，我们可以研究振奋、疑惑、失望等其他情绪；在游戏环境中，集中、不安、沮丧、自豪等各种情绪经常出现；而对于检测疲劳驾驶来说，及时检验出困倦情绪很有必要。（4）尽量维持数据的自然性。自然性越高，说明实验对象的情感表达越接近日常生活，数据的可信度就越高；因此，研究人员需要营造一种轻松的氛围，让实验对象尽可能地放松，并在合理的条件下引导参与者测试自己的情感反应。

2. 获取情感数据的方法

情感数据可以通过记录人们在日常生活中的情感、实验对象自然流露的情感、演艺人员表演出来的情感以及被刺激而唤起的情感来获得。

最初，人们主要的获取方法是演员表演出来的情感，这种方法最明显的优势是能够收集到典型性高的数据，并且可以简单地控制实验环境。英国心理学家帕洛特（Parrott W. G.）提出了一种基于树结构的情绪分类模型，该模型由六种基本情绪组成，分别为：喜爱（love）、高兴（joy）、惊讶（surprise）、愤怒（anger）、悲伤（sadness）和恐惧（fear）。① 这些情感是人类所共有的，最为普遍。这是一种与生俱来的本领，一个天生双目失明的人也可以表现得像有良好的视力一样，在特定的情境下做出对应的情感表达。演员可以根据自己的理解来表现人们普遍拥有的情感，一般来说，演员会为了剧情效果以及张力等原因而采用一种比较夸张的表演方法。因此，获得早期情感数据的方法通常是表达情感。但是，因为并不是每一种情感都能在演员的内心形成共鸣，所以这种方法一个比较突出的弊端是数据的自然度低，另外，由于剧情需要或是时间因素，演员不可能将所有的细枝末节都表现出来，情感的产生缺乏前因和后果，收集到的情感数据通常是截取的片段，不连续也不连贯，所以情感数据的完整度也不高，不能反映一个完整的状态表现。考虑到表演这种方法带来的弊端，情感计算的研究人员开始转变方向，从心理学的实验中得到思路，试图在可控的环境下记录真实流露的情感，即利用外界刺激来对被实验对象进行诱导，刺激他（她）产生相应的情感，如使研究对象观看恐怖电影来激发恐惧情绪。这种方法很好地克服了早期获取方式的缺点，提高了情感数据的自然性，通过圈定情感范围来确定特定情境下的情感，这对考察研究对象生理反应和情绪变化之间的关系尤其有益。然而，刺激物只能诱导出数量有限的情绪。在日常生活中，许多常见的情绪，如失望、伤心、骄傲和疑惑，都不容易被诱导出来。此外，在日常生活中，情感往往不是典型的，不是单纯的，而是微妙的、不断变化的，因此这种方法在本质上还是缺乏真实性。而获取真实而微妙的情感才能让收集的情感数据变得更有意义，才能让情感计算有所应用。

  捕捉情感最自然的方式是捕捉日常生活中真实的微妙的情感变化，但是在技术上还有一些问题亟待解决。比如其中的一个突出问题类似于"霍桑效应"，实验对象在意识到被研究人员关注时，会收敛自己的一些情绪表达，使得收集到的情感数据缺乏可信度，目前可穿戴技术的发展正在慢慢解决这个问题。另外，这样收集到的情感数据典型度也不高，因为

---

① Parrott W. G., *Emotion in Social Psychology: Essential Readings* (Oxford: Psychology Press, 2001).

正常情况下，一个人的情感状态在一天之内变化幅度不会太大，而是相对比较平静；同时，日常的生活情境并不是单一静止的，而是处于繁琐并且不断变化的状态，所以记录和塑造日常生活状况信息是一件困难的事情。

目前，在设计良好的实验环境中，记录研究对象在真实生活中流露的自然情感是一种获得情感数据较为理想的方式，例如观察人们在电影院看电影时的状态：让电影院屏幕突然黑屏，来观察被测试者或愤怒或惊慌的情感反应。相较于其他几种方法来说，这种方法最能顾及各个方面的要素，它平衡了实验环境和减少干扰两个因素之间的矛盾，使得既能获得完整度较高的情感数据，又在一定程度上保证了数据的真实自然。

（二）情感数据的处理

1. 数据处理

数据是由人或自动化设备处理的事实、概念或指令的表示。数据在解释和赋予意义时成为信息。数据处理过程包括数据的收集、存储、检索、处理、转换和传输。数据处理的基本目的是提取和获取对某些人有价值和有意义的数据，而这些数据来源于大量混乱和难以理解的数据。

数据处理通常是根据数据收集情况进行的，它一般会进行以下几个步骤的操作：（1）确定数据处理的目的，即我们为什么要处理这些数据；（2）数据清理（统一数据格式、删除重复值、处理缺失的字段、检查数据逻辑错误等）；（3）数据处理（数据提取、数据计算、数据分组和数据转换等）；（4）数据采样。情感数据处理同一般的数据处理类似，它的基本目的也是将大量的、无规律的情感数据进行分类整理，并推导出对于研究人员来说具有意义和价值的数据。

2. 情感数据的处理方法

情感数据处理的目标是获得参与者处于各种情感状态下的面部表情、情感语音等信息，情感数据采集后，研究者会获得包含参与者情感图像和音视频的文件，在视频文件的属性项中的常规项可以找到视频开始时间，精确到秒，因为录像录制的起点可能是某个毫秒，但是系统总是会将记录开始时间设置为某一秒，所以记录的视频文件属性开始时间和真实记录起始时间最大误差为1秒，然而，由于情感状态从萌生到情绪强烈，再到最后衰减这两个时间上端点无法准确把握，我们可以忽略这 1 秒的误差。

三 小结

在大数据与人工智能时代，关于人类情感的研究持续深入，并影响扩散到各个学科领域。有关情感的研究必将涉及对情感数据的量化、处理、分析等步骤。本节主要对情感数据进行了相关定义和描述，并介绍了情感量化和情感数据处理的各种方法。情感数据可通过记录人们在日常生活中的情感、实验对象自然流露的情感、演艺人员表演出来的情感以及被刺激而唤起的情感四种方法获取。而情感数据的处理也必须通过紧密的步骤逐步实现。

第二节 情感内容分析与特征提取

一 情感内容分析

情感内容是人们对信息进行分类和检索的一种直观而自然的标准。情感内容分析的主要目的是找出能引起人们情绪反应的内容，并总结出人们在各种情况下的情感需求。情感内容分析可以帮助电影研究人员做出关于各种情绪创建的决策，例如，它可以帮助研究人员发现电影偏离的缘由，场景布置、灯光与要发生的情绪情感的一致性；也可以帮助视频创作者创造出与情节相符合的情感冲突来刻画人物的性格特征等。而由于情感本身的复杂性，不同形式情感内容的分析方法和策略各不相同，文本、视频等信息所包含的情感内容各有差异。

（一）关于文本情感内容分析

一篇文章为什么能打动人，为什么能让人们有开心、愤怒、悲伤等的情感体验呢？对引起人们情感反应的内容进行分析就是文本的情感内容分析。

文本的主要表现形式是汉字或者单词，以汉语为例，一篇文章能打动人，也就是说文章里的文字能打动人，所以对这些文字的分析就是文本的情感内容分析。这与语文科目中的阅读理解题有些类似，我们需要分析文章里面的一些句子、词语等体现了作者怎样的思想感情。当然每个人对于文字的敏感程度是不同的,比如一些特定的文字可能只会引起少数人的情感反应,对大多数人来说,感受并不明显。

1. 文本情感内容分析

虽然文本是一种静态的语言符号,但不能否认的是,静态的文本也能体现动态的情感变化过程。一篇文章反映了什么样的情感特征,比如愤怒、悲伤、喜悦等,我们从中有什么样的情感共鸣等,即只要是对文本反映出或隐藏的情感进行分析都可以理解成情感内容分析。尽管每个具有阅读能力的人都能很快判断一篇文章的情感取向,但是这种判断具有主观性,不具有统一性,因此要对文本的情感内容进行定量分析,使分析结果更加客观。

一般来说,对情感内容的分析主要分为两个方面:一方面是分析整体情感是积极的还是消极的,即情感的极性分析;另一方面是分析具体反映了六种基本情感中的哪一种,即情感类别分析。

2. 文本情感内容分析的两种方法

就目前来说,基于情感词典和基于机器学习的方法是文本情感内容分析的主要方法。

(1) 基于情感词典的方法

情感词典有基础情感词典、拓展情感词典以及领域情感词典三种类型,并且有积极情感词典和消极情感词典之分。其中基础情感词典包括知网的情感分析用词语集、台湾大学的情感极性词典 NTUSD 以及大连理工大学的情感本体库,哈尔滨工业大学"同义词词林"属于拓展情感词典。情感词典的操作方法相对于机器学习要简单一些,例如,如果要分析微博评论的情感内容,首先要对评论中的文本情感进行一定的特征抽取,再根据公式进行赋值计算,最后得出评论的情感分。

(2) 基于机器学习的方法

对于机器学习的方法,我们则需要更多的素材以及材料,首先要有大量手动标记的语料库,将标记后的语料库作为训练集,训练集主要用来建立模型,为后续的机器学习工作打下模板,然后根据需要提取文本特征,最后利用分类器开展情感分类工作。例如,如果你想判断情绪极性,那就可能需要成千上万的反映积极情绪和消极情绪的文章；如果要确定情感分类，就需要语料库足够大，每种情感都需要相应的库，但在实际情况下这是很难做到的。但是如果你得到了一个分级语料库，以上工作的难度就会降低。采用机器学习最简单的方式是用朴素贝叶斯分类器对它进行分类。朴素贝叶斯算法是目前流行的十大挖掘算法之一，它是有监督的学习算法，解决的就是分类问题，如客户流失、投资价值判定、信用等级评定等；该算法的优点是简单易懂、学习效率高，并且它在某些领域的分类问题中可以与决策树神经网络相媲美。

3. 文本情感内容分析的意义

在微博、微信朋友圈等社交媒体普及之后，大量的网络用语、热门词汇等口语化文本的增长更新速度超出了人们的想象；网络舆情分析的一个重要部分就是对这些短文本的情感内容进行分析，这些口语化的文本包含网民用户对于一些热点事件的看法及情感表达，快速、高效地挖掘网络用户对特定事件的情感倾向性，了解网络大环境下公众的态度，对于支持政府决策和预警网络舆情具有极为重要的意义。

就目前而言，这两种方法都存在一些缺点：前者对情感倾向性的权重量化得不够细化，如果不登录情感关键词可能就很难确定；有监督的机器学习方法过分依赖语料库且测试培训相对比较复杂，没有监督的机器学习方法则存在对初始情感的基础关键词过分依赖和精度低等问题。

（二）视频情感内容分析

视频情感内容分析的主要目的是找出能够引起观众情绪情感反应的视频内容，并分析不同情况下用户的情感需求。由于人们情感感知的不确定性及复杂性，特征层、认知层和主观感觉层（包括美、情感和个性化）三个不同的层次构成视频的内容。这三个层次是逐渐深入的关系，从外在表征层面慢慢深入内心感受层面。特征层也就是视频的基本特征层，比如视觉和声音这种从视频数据中直接提取出来的特征；认知层，简单来说就是对事件或是事物的一种定性或是标签，在认知层上，视频中呈现的一些客观存在的特定事件或是对象才是用户关心的重点，例如"找出视频库中所有与社会民生有关的电视新闻视频"或者"某娱乐明星的公共场合出丑的视频片段"等；对于大多数用户来说，主观感觉层的体验更为重要①。在视频资源如此丰富的今天，我们更多是选择自己想看的视频，可是在我们选择视频时，不会刻意地键入固定的视频名称，有时只是有一个模糊的想法，例如"找出能够让我感到温馨的影视片段"。视频中包含的视频情感内容，会使用户在观看过程中产生不同的情绪强度和情绪类型。

1. 基于特征层视频情感内容分析

特征层主要是基于视频内容的外部表征来进行视频内容的分析，视觉、听觉、文本等是这一阶段分析的重点。基于特征层的视频内容分析方法较多，不同的角度会有不同的研究方法，从情感表达方式的角度来看，占据主流地位的是对离散情感类型和多维度情感空间两类的分析②。

离散情感类型方法基于相关领域中的美学、艺术等的先验知识，即对创作视频过程中所产生的视觉（颜色、亮度、纹理、形状、运动等）、音频、文本和其他特征进行提取，并使用机器学习算法将视频分配给一组离散的情绪类型，例如六种基本情绪（喜爱、高兴、惊讶、愤怒、悲伤和恐惧)③。代表性研究成果包括伊里等人提取了 7 个特征，如音高、能量、MFCC④、颜色、亮度、运动强度和镜头长度等，并使用 LTDM 模型将视频分为 8 种类型的情绪⑤。而多维情感空间方法是基于相关领域（心理学、电影创造科学、美学、艺术等）的先验知识或培训机器学习算法，使用多维表达情感的心理信息，将视频功能映射到多维的点或区域，从而实现视频内容分析情感或状态的分类。

基于视频特征的情感内容分析则侧重于对可能影响观众情绪的视频内容进行分析，缺乏对低级视频功能的精确映射到更高层次的用户情绪感

---

① 孙凯：《面向观众的电影情感内容表示与识别方法研究》，博士学位论文，华中科技大学，2009。
② 黄微等：《大数据网络舆情信息情感维度要素的关联模型构建》，《图书情报工作》2015 年第 21 期。
③ Parrott W. G., *Emotion in Social Psychology*: *Essential Readings* (Oxford: Psychology Press, 2001).
④ MFCC（Mel-Frequency Cepstral Coefficients）：梅尔频率倒谱系数。梅尔频率是基于人耳听觉特性提出来的，它与 HZ 频率成非线性对应关系
⑤ 张立刚、张九龙：《个性化视频情感内容分析：综述》，《计算机科学》2018 年第 1 期。

知,所以并不能很好地反映用户的一些个性化的情感需求。

2. 基于认知层的视频内容分析

在对视频特征层的情感内容分析的缺陷有了一定的了解后,为了更准确地进行情感内容分析,不少国内外的学者将研究注意力转向基于认知层面的情感内容分析。该方法与基于特征层的方法不同的是,它是利用一定的设备来获取观众在观看视频时的心理和行为方面的响应信号,并在这些信息的基础上分析观众的情绪状态、兴趣、偏好、个性和其他信息等。认知层面的特点决定了要细分这个层面的视频内容分析,一般来说,我们将它分为两个方面:基于用户心理特征的分析和基于用户行为特征的分析。

(1) 基于用户心理特征的分析方法

基于心理特征,顾名思义,就是将目光更多放在收集脑电波(EEG)、体温、血压、心率、呼吸等心理反应信号上,并通过分析处理这些信号,来达到视频情感语义分析的目的。这种方法最大的特点是不需要用户自己主动提供情感感知信息,但是对操作人员要求较高,要求他们需要有心理学、医学等相关背景,并要求测试者佩戴特定的仪器收集反馈信息。阿瑟·钱等利用观看者在观察器上显示的皮肤电导反应、呼吸、血容量脉冲幅度和心率信号来实现视频摘要[①]。

(2) 基于用户行为特征的分析方法

与基于心理特征的分析方法相对应,这种方法不要求用户主动提供信息,也不需要用户佩戴特定的工具设备,但是需要操作人员在对测试者行为特征进行捕捉时有极强的观察力和分析能力,需要对每一个行为、表情进行收集,并进行具体细化的分析。与动作相比,表情的意识性更强、更直接,而一些动作可能与情感毫无联系,过多注重动作的分析可能会造成结果分析的可能偏离,因此,这个层面一般集中在表情分析上。

但是基于认知层面对视频情感内容进行分析的方法不仅会忽视个体感知情感的差异以及感情的动态变化过程,而且对相应设备的要求较高,成本投入也较大,对于用户来说,作用也不是特别明显。我们真正想要达到的则是对个性化视频情感内容的分析,以便更精准地向用户推荐想要的视频内容,

---

① 张立刚、张九龙:《个性化视频情感内容分析:综述》,《计算机科学》2018年第1期。

也可以帮助用户检索到基于情感体验的视频。

3. 视频情感内容分析的应用

在信息化时代，网络技术不断发展，数字视频作为当今重要媒体资源之一，越来越受到人们的欢迎。如何有效地组织、表达和管理大量的非结构化视频数据，使人们能够快速浏览与查询，并实现个性化信息推荐服务已成为目前亟待解决的问题。目前，国内外许多学者从事情感内容的视频研究，主要是建立基本的情感类型空间模式分类器和规则推理的方法，以及反映低层特征空间之间的映射关系，并根据这种关系来确定视频的情感类型。

（1）MV情感内容分析

MV（Music Video）指的是音乐视频，视频情感内容分析的应用之一就是通过分析用户对音乐视频的情感认知来个性化地推荐符合用户兴趣和情感状态的音乐视频，这有些类似于"今日头条"的个性化信息推送；信息化时代中各类信息都呈现饱和状态，音乐资源充斥在各个角落，人们由于注意力、时间等因素的约束，不可能找到所有感兴趣的音乐，如何让用户的音乐电子设备进行个性化推荐成为首先要解决的问题。如在忙碌的一天开始之前，想要摆脱睡意朦胧的状态，可能需要一些比较动感的电音音乐来帮自己兴奋起来；在忙碌一天回到家后，感到疲劳或不开心时，可能需要听一些舒缓的轻音乐，让自己置身于惬意的环境中，从而有效地减轻疲劳和减少负面情绪。

要实现人性化的音乐推荐，电子音乐设备就要理解用户的情感状态。这种推荐方式与机器推荐不同，目前市场上较为火热的网易云音乐、酷狗音乐等都是大数据的机器推荐模式。而人性化的音乐推荐要求设备自动判断用户的情绪和偏好，并做出相应的反应。人类有六种情绪和六种欲望，六种情绪如喜爱、高兴、惊讶、愤怒、悲伤和恐惧，六种欲望包括求生欲、求知欲、表达欲、表现欲、舒适欲、情欲。目前，要达到这样的目的，还存在一些问题，如电子音乐设备如何感知用户的情感情绪状态、用户的情感状态与音乐视频里的情感内容之间有什么对应的关联，等等。而解决这些问题的前提是分析音乐视频的情感内容。

（2）电影情感内容分析

与电子音乐设备为用户推荐个性化、符合用户情感状态的音乐一样，让计算机为用户推荐或点播符合用户不同情境下的影片以及捕捉人们在观看电影时的情感状态的变化,也是视频情感内容分析的应用之一。

与报纸广播这些单一的文化载体相比,电影通过视觉与听觉的刺激使观众发生情感的变化。电影的情感内容包含两个含义:"内在"和"外在"。电影内在的情感内容是指与电影情节相关的有形或无形的物体,如演员、动物、植物、云或气味等本身感受到的表达的情感内容。外在的情感内容,是指电影观众的主观情感体验。例如,电影中坏人的负面情绪表现可能会引起观众的积极情绪反应①。

对电影视频情感内容的分析与研究,可以使不同认知阶层的人更好地理解视频的情感内容,并为情感鸿沟问题的研究打下一定的基础,也对电影情感内容的研究有一定的实践意义,可以为心理学、影视创作和数字娱乐等领域提供一些情感上的指导。

此外,电影同戏剧、小说类似,有自己的叙事结构和情感价值观的表达,它是一种讲求故事情节与表现手法统一的艺术。在影片中,一些片段的出现、某个特定片段的重复出现以及空镜头的运用等,可能都是创作人员用来激发观众情感的手段。因此,我们需要确定哪些片段最能引起观众的情绪波动,甚至是情感宣泄,然后将这些片段用合理的方法提取出来,也就是在完整的影片中找出重要且明显的情感内容,这也是实现电影情感内容识别的一个重要前提。

三 情感特征的提取

(一)特征提取

特征提取被认为是模式识别领域的一个重要研究课题。特征提取主要是一种降维的操作方法,它的目的是把少量能代表相应模式的特征从大量原始数据中提取出来,这样能大大降低机器处理的难度。传统的特征提取方法主要有 PCA(主成分分析)和 LDA(线性判别分析)两种。

(二)情感特征及情感特征的提取

1. 情感特征

简单来说,情感特征的提取指的就是从待处理的文本、视频、图片或

---

① 孙凯:《面向观众的电影情感内容表示与识别方法研究》,博士学位论文,华中科技大学,2009。

语音中,把影响人们情感状态变化和波动的最为显著片段提取出来。而情感特征提取的质量直接影响到情感情绪状态识别的准确性,因此,一个优秀的情感特征提取算法应该能够有效地提取反映情感状态的特征,并且能够呈现一定的稳定性,以应对不同语言背景及一些特定情境的变化。

情感特征可以分为由上到下、由浅到深的三个层次,即物理感觉层、情绪反应层以及审美偏好层,这三个层次是递进深入的,且不同层次呈现不一样的特性。

物理感觉层是指人们对客观存在物理特征的一种主观感受,它是人们对视觉特征(颜色、纹理、形状等)的直觉感知和理解,是一种相对直接的刺激反应。这一层的情感特征可以从明亮、温暖、寒冷、粗糙、体积的尺度、柔软和坚硬的方面来描述诸如明亮、温暖和平滑等主观体验。

情绪反应层是对情绪反应的描述,更多关注由文本或视频等引发的情感体验,比如快乐、悲伤和紧张等。这些描述揭示了人类更高的情感状态。在某种程度上,这一层的情感特征可以超越特定的事物和物体,并且具有一种普遍性,可以用于心理学中现有的情感模型。

审美偏好层是指由图片或视频等激发的人们支持或拒绝的态度和体验,也就是说,当人们观看图片或视频时,产生的爱、欣赏,或讨厌、厌恶的感觉。这一层次的情感特征是一种关于评价或态度的特征描述,主要与个人因素相关联。

2. 情感特征的提取

与特征提取类似,情感特征的提取是情感识别领域的一个重要研究课题,情感特征的提取是语音信号研究的重要分支之一。

(1) 语音情感特征的提取

近些年来,随着人机交互技术的不断发展,机器与人对话的梦想正在慢慢成为现实,但是让机器理解人类语音中各种复杂的情感状态,成了一个比较棘手的难题。语音能表达情绪情感,主要是因为它包含了能够反映情感特征的参数。因此,我们需要使用语音信号来识别说话者在特定情境下的情绪情感状态。然而,由于语音信息本身的复杂程度,除了说话者自身的状态情感特征等之外,还包括语音的内容、词汇和语法结构信息,所以我们很难从语音信号中提取反映说话人情绪情感特征的参数。

(2) 图像情感特征的提取

从广义上讲，图像的情感特征是指图像激发人们产生感觉、印象、情绪、情感等的主观体验。在20世纪90年代，日本学者首先试图从用户主观体验的角度检索图像，比如使用它们描述主观感受的"如秋天般的"和"忧伤的"等关键词来进行特征索引或者检索。后来欧洲、美国和韩国的研究人员也开始关注这一问题。伊顿色彩球模型的色彩和谐理论，从饱和度、和谐度、对比度等方面考量了色彩与情感特征之间的关系。利用数据挖掘技术和关联规则、聚类分析、神经网络算法建立了情感特征的映射模型。利用交互遗传算法实现了基于情感的多媒体信息检索。之后国内研究人员也开始对此进行研究。

视觉是人们接触图像的第一道关口，人们必须通过视觉才能产生图像情感。视神经传递视觉刺激到视觉皮层，视觉皮层是处理人们视觉信息的主要位置，它根据视觉经验和长期记忆处理信息，将这些神经刺激转化为人们自己的意识，激活人们的各种心理状态，从而形成对事物的感知和认知。这个过程包括两个转换：从物理到神经，从神经到心理过程。因此，从生产原则的角度来看，图像的情感特征包括从生理刺激中感受高层次人类情感的多层次特征；在目前的研究和实践中，人们对于图像情感特征的关注只是集中在与特定图片内容相关的某些情感特征上。也有一些研究人员试图建立一个通用的情感特征词典，但是，总的来说，对情感特征进行系统化描述和组织的研究相对较少。

图像的情感特征通常会受到图像颜色、质地、形状以及它们所代表事物的影响。此外，个人知识背景和个性因素也可能会影响图像的情感特征。我们以自然景观图片为例，根据所建立的三个分类层次（物理感觉层、情绪反应层和审美偏好层）选择了每一层的典型情感特征，然后建立了特征提取模型，分析了情感特征的层次化现象及它们之间的关系。一般来说，图片情感特征的提取就是对图像视觉特征的提取、对用户关于图像主观体验感受评价的收集以及对色彩特征和情感特征映射关系的量化[①]。

---

① 黄崑、赖茂生：《图像情感特征的分类与提取》，《计算机应用》2008年第3期。

四 小结

本节对情感内容分析及特征提取的分类和具体方法进行了相关介绍。情感内容分析可以帮助相关研究人员做出关于各种情绪创建的决策。情感内容可分为文本和视频两个格式的内容,不同的内容格式有不同的处理和分析方法,文本、视频等信息所包含的情感内容可能各有差异。情感特征的提取分为语音情感特征提取和图像情感特征提取。情感特征十分复杂多变,提取不同形式情感特征的方法和策略各不相同,所应用的场景和表达的内涵也不尽相同。

第三节 情感计算和情感规律探析

情感是指人类针对客观世界或外界刺激所产生的一种主观意识变化及反应。目前普遍用于各种计算的计算机,是一种将可计算的数据视作处理对象,通过逻辑和算法等计算手段,自动化或半自动化完成计算及分析的机器。计算机能否计算情感呢?从理论上来说,虽然计算机是不能生产和理解人类情感的机器,但是可以通过类似于人类的观察、分类和分析各种情感特征的能力,实现对情感的计算。对情感的研究表明,人类的各种情感总会以一定的表征(比如生理、表情、语言等)流露出来,而这些表征是可以识别与测量的[1]。通过这些表征与各种类型情感之间的关系建立一定的模型,从而对情感进行处理。虽然以上过程在操作层面较为复杂,但是从机理上来说是可行的。为了实现计算机对人类群体或信息负载的情感进行模拟、分析和预测的愿景,必须首先对情感进行识别、计算、合成和表达。

一 情感计算

(一)情感计算的概念

情感计算就是赋予计算机像人一样的观察、理解和表达各种情感特征

---

[1] 黄微等:《大数据网络舆情信息情感维度要素的关联模型构建》,《图书情报工作》2015年第21期。

的能力。情感计算是 1997 年由麻省理工学院（MIT）罗莎琳德·皮卡德（Rosalind W. Picard）[1] 教授提出的概念，指的是源于情感、与情感相关或能够对情感施加影响的计算过程。中国学者胡包刚在其研究中表示情感计算的目的是通过赋予计算机识别、理解、表达和适应人的情感的能力来建立和谐人机环境，并使计算机具有更高和更全面的智能。

心理学和认知科学对情感计算的发展起到了很大的促进作用。心理学研究表明，情感是人与外界环境之间某种关系的维持或改变，当外部环境的变化与人们的心理期望相符时，带来的情绪变化是积极的、肯定的；而当外部环境的变化与人们的心理期望相反时，带来的情绪变化是消极的、否定的。情感是人类心理状态在生理上的一种既复杂又稳定的生理评价和体验，在生理反应上体现为喜爱、高兴、惊讶、愤怒、悲伤和恐惧六种基本情感。[2]。情感因素往往影响着人类的理性判断和决策。

随着情感计算技术的快速发展，其相关内容涉及数学、心理学、计算机科学、人工智能和认知科学等众多学科。情感计算是一个综合性很强的技术，是人工智能情感化的关键一步。情感计算的主要研究内容包括：分析情感的机制，主要是情感状态判定及与生理和行为之间的关系；利用多种传感器获取人类当前情感状态下的行为特征与生理变化信息，如语音信号、面部表情、身体姿态等体态语以及脉搏、皮肤电、脑电等生理指标；通过对情感信号的分析与处理，构造情感模型量化情感，使机器人具有感知、识别并理解人类情感状态的能力，从而使情感更加容易表达；根据情感分析与决策的结果，机器人能够针对人类的情感状态进行情感表达，并做出行为反应。

（二）情感计算的应用

情感计算的深入研究使得传统人机交互设计得以革新。人机情感交互就是要实现计算机识别和表达情感的功能，最终使计算机能够与人进行无障碍沟通交流。使情感计算能力与计算设备融洽结合能够帮助机器准确感

---

[1] 〔美〕罗莎琳德·皮卡德，女，科学博士，麻省理工学院教授，主要研究情感计算。
[2] Parrott W. G., *Emotion in Social Psychology: Essential Readings* (Oxford: Psychology Press, 2001).

知外部环境，理解所面对的人类情感和意图，并做出相应的反馈。目前，基于情感计算技术的系统已经应用到大量的人机交互系统中，并应用于健康医疗、专项教育、交通驾驶等领域。

在健康医疗方面，具有情感识别和计算的智能系统依附于手环、衣服等可穿戴设备，通过及时捕捉用户各种模态的生理信号，从数据特征中判断用户的情绪波动和变化，以此帮助用户进行调节或告知用户多加关注以免造成健康损害。

在专项教育方面，情感识别和计算不仅能够有效监测学习效率，提出优化流程辅助学习，而且能够在远程、残教等特殊教育情境中帮助师生进行更高效的交流和沟通，解决传统教育的棘手问题。

在交通驾驶方面，情感识别帮助完善了智能辅助驾驶系统，可以通过司机面部、眼球等生理信号对其心理情绪和分心状态进行分析和预警，避免一些不必要的交通事故，减少安全隐患，保障交通安全。

二 情感识别及其规律

情感计算中最为核心的一个步骤就是情感识别，即让机器能够识别人类的各种情感。情感识别是指通过传感器对情感信号进行采集，之后对情感信号的特征进行提取，获得能够最大程度表现人类情感的情感特征数据，然后依据这些数据进行建模，发现并建立情感外在表征数据、内在情感及其变化状态之间的映射关系，从而识别人类复杂多变的情感类型。情感识别的目的在于鉴别文本、图像、音视频等话语内容的情感极性，通过检测内容的情感极性和强度，判定和追踪个体或群体的情感态度和心理状态。在情感计算的过程中，情感识别是最重要的研究内容，目前主要分为单模态情感识别和多模态情感识别。

（一）单模态情感识别

在情感识别系统中，情感信号可分为表情-视觉信号、语音-听觉信号、行为-触觉信号等多种模态。不同模态的情感信号具有不同的特点。下文将对语音信号、表情信号和生理信号进行介绍。

1. 语音情感识别

典型的语音情感识别主要包括了情感特征的提取和情感特征的识

别，其中情感特征提取的结果直接影响情感的识别率。语音信号具有声学特性复杂多样化的特点，因此准确地从语音信号中找出并提取可体现情感差异特征的参数，对后续的情感效果研究影响甚大。识别语音情感，第一步必须要寻找情感和语音之间的关系，并且保证这些关系具有计算机可读取的特征。不同的语音情感特征，提取的方式不同，对应的技术也不同。一般的语音情感特征分为语言学特征和非语言学特征。语言学特征主要体现在两个方面：语速的频率和时间长短，语言的音量和清晰度[①]。由于个体的差异性，语音情感特征的有效参数会在情感空间分布中随着说话人的变化而显示不同的特性。大多数的语音情感识别往往只针对某个语音情感数据库特定的人进行训练，所以会存在语音情感识别的研究成果不具备通用性的问题。故解决不同个体之间在语音上的差异化表达导致的语音情感特征的差异，是提高语音情感识别应用普适性的关键所在。

2. 面部表情的情感识别

面部表情是情感表达中一种最为直观的方式，利用计算机对人脸的表情信息进行特征提取及分析，按照人的认识和思维方式加以归类和理解，结合人类所具有的情感信息方面的先验知识使计算机进行联想、思考和推理，进而从人脸信息中分析、理解人的情绪和情感。人脸表情识别主要分成了三个过程，即人脸检测定位获取、人脸特征提取、人脸表情特征分类。其中，人脸特征提取和人脸表情特征分类是人脸表情识别的关键。人脸表情特征提取的核心目标是提取人脸图像中可分性好的表情信息，同时达到数据降维的目的。目前在针对人脸表情特征提取的研究中，所提取的特征包括原始特征、形变特征和运动特征。

3. 生理模式的情感识别

与语音、表情、肢体语言等模态信息相比，生理信号直接受自主神经系统和内分泌系统支配，很少受人的主观影响，因此应用生理信号进行情感识别所得到的情感数据会比其他形式的识别更加客观和有说服力。近年来，生理信号的采集和处理技术日益先进，基于生理信号的情感识别研究

---

① 张铭：《基于CRFs的微博评论情感分类的研究》，硕士学位论文，东北师范大学，2014。

已经受到广泛关注和研究。一般的生理信号包括脑电信号、呼吸信号、心电信号、肌电信号和皮肤电信号。不同的生理信号所对应的识别技术和分析技术大有不同。

(二) 多模态情感识别

单模态情感识别主要是通过提取单一的模态特征信息来完成情感识别。单模态在现实应用中可行性强、较易实现,然而在实际操作时,容易受到噪声的影响,并且难以完整反映出情感的丰富性及其变化的复杂过程。为了解决以上问题,情感识别的技术逐渐开始基于多个模态情感信息来构建相应的特征集而进行多模态情感识别。

1. 支持向量机

支持向量机又称学习型网络机制的支持向量机(Support Vector Machine,SVM),区别于普通的神经网络,它主要是采用了数学方法和优化的技术①。情感特征参数在输入空间内并非完全是线性可分的,因此采用非线性可分的情况进行情感识别。SVM 主要表现在处理存在小样本、非线性和高维模式特征的技术领域,SVM 能够保证找到的极值解就是全局最优解而非局部最小值,因此 SVM 方法对未知样本有较好的泛化能力。它在模式识别、函数拟合和回归分析等其他领域也有较好的发展成果,其中模式识别是 SVM 方法的主要应用领域。在模式识别方面,SVM 方法主要应用于手写数字识别、语音识别、人脸检测与识别、文本分类等方面,如今被广泛应用在语音情感识别、文本情感识别、人脸识别等方面。

2. 大脑情感学习

大脑情感学习(Brain Emotional Learning,BEL)模型是受人脑边缘系统处理情感机制的启发而提出的。一方面,它在模仿生物智能行为上表现出了良好的自适应性能;另一方面,它模拟了情感刺激在大脑段反射通路中引起快速情感反应机制,计算复杂度较低,运行速度快。BEL 模型可以克服传统神经网络训练时间长的缺点,它快速的训练能力使它在分类、预测与模式识别等方面表现出了不可比拟的优势。

---

① 彭蔚喆:《面向中文微博文本的情感识别与分类技术研究》,硕士学位论文,华中师范大学,2014。

3. 深度神经网络

在以往对情感识别的相关研究中,人们总需要在心理学、图像处理分析和模式识别等领域进行交叉融合性的探索。但深度学习（Deep Learning, DL）技术以其特殊的提取特征与识别方式席卷了人机交互领域。与传统神经网络算法训练相比,深度学习算法的优势是无须依赖有标签的样本数据进行训练,可以自动完成无监督的特征学习。对整体网络的权重进行微调能够克服训练过程中容易出现的局部极值和梯度弥散等问题,从而提高整体网络的情感识别性能。

三 小结

本节介绍了情感计算和情感识别的相关内容。情感计算是1997年由麻省理工学院（MIT）罗莎琳德·皮卡德教授提出的概念,指的是源于情感、与情感相关或能够对情感施加影响的计算过程。而情感计算中最为核心的一个步骤就是情感识别,即如何让机器识别人类的各种情感。情感识别的目的在于鉴别文本、图像、音视频等话语内容的情感极性,通过检测内容的情感极性和强度,判定和追踪个体或群体的情感态度和心理状态。目前主要分为单模态情感识别和多模态情感识别。单模态情感识别分为对语音、面部表情和其他生理信号的情感识别。多模态情感识别则是通过各种先进技术对单一模态的情感信号进行组合分析。

第四节 情感动员和建模效果评估

一 情感动员

（一）情感动员的概念

情感动员指的是人们通过一定的媒介获取信息后,根据自身的感知系统接收信息,并由此产生情绪的过程。如人们在观看不同静态图像、动态视频,听到愤慨或哀鸣的音频时会产生不同的情绪,从而引发不同的行动。因此,从某种程度上来说人的情感是可以被操控和影响的。情感动员是指在不同情感逻辑的引导下,每个参与公共事件讨论的网民都是情感动员主体和客体的统一,通过情感鲜明的文字、图片、音视频等来表达自己的情感倾向,从而让更多民意汇聚成强大的舆论力量,促使公共事件向着群体情感预期的方向倾斜。

在情感动员的过程中存在着一个隐形的关系纽带,它把情感动员的参与者们联系到一起。在互联网诞生之前,以真实、可捕捉到的关系链为情感动员的根本所在,包括了亲人、朋友、邻居、同学、同事等之间的亲密关系。而随着互联网的发展,网络的虚拟和匿名的特质使得情感动员的参与对象之间不再具备与以往相同的真实的亲密纽带,他们可能彼此陌生、从未会面,传统意义上的亲缘、地缘和业缘被大大削弱。参与者作为个体与其他个体之间的联系是网络上流露的情感及其观念。据此,从这个角度来分析网络时代的情感动员虽然解决了时间和空间上的障碍,却具有了较大不确定性和不稳定性。人的情感是连续波动的。情感动员不仅要利用情感汇聚各方力量,还要在长时间内维系和稳定好参与个体的情感状态。除此之外,网络时代的情感动员主题也十分丰富多元。网络时代的情感动员是传统情感动员的一种延续,它具有网络媒介得天独厚的优势和传统动员无法企及的影响力。

情感动员机制是指某一个体或群体单位借助情感表达的手段,与另一单位进行持续互动,以达到激发或改变对方某一具体认知或态度的目的。已有研究将情感动员机制划分为三个类别:悲情动员、愤怒动员和戏谑动员。首先,悲情动员是指借助悲情泣诉、演绎等手段引发受众的同情心和同理心等移情式情感,达到使受众怀有同情心态对某一事件进行关注的目的;其次,愤怒动员是指借助"后台"曝光、局部强化、道德归因、舆论判断等动员策略,达成引发受众产生剥夺感和愤慨感的目的,这一方式往往具有攻击性舆论与对抗性行为等特征;最后,戏谑动员是指借助诘问、打趣等诙谐暗讽的表达手段,吸引受众持续参与某种娱乐活动,是一种典型的娱乐动员方式。虽然以上三个类别的情感动员机制的具体表现形式不同,但最终都会引起人们对真实或网络事件的关注和追踪,从而促进网络集群行为的出现。

(二)情感动员中的经典情绪

情感动员在一些社会事件的管理和引导中发挥着不可替代的作用。在网络时代，具有争议的话题性公共事件爆发之后，各大新媒体平台会出现普通民众对该事件的各种发声。它们可能是文字、图片、音频、视频等形式，其中所蕴含的情绪却纷繁各异。在这些公共事件的情感动员中，有以下几类情绪特征鲜明、状态经典、易于辨认和管控。

1. 同情

同情是另一种形式的痛苦，或是一定的感知、理解或反应。同情基于同理心，社会学家将同理心定义为"理解、意识、替代地体验另一个人过去或现在的感受、思想和经验的行为"[①]，却不具备感情、想法和经验，以客观明确的方式进行充分沟通。同情是一种人类本性心理，是高层次心理的基础，社会理论家引用其他概念来进行识别，如"同情模仿""善意""角色扮演""模拟""认同"等。获得同情的体验需要有特定的条件。个人情绪、历史经历、社会关系、空间接近等都可能影响同情的情绪。人类相互依存和脆弱性的思考方式激发了同情心，相互依赖的信念助长了同情行为。通过合作，每个人都会有更好的结果。同情的情绪有时候会成为社会和道德发展的踏脚石。

2. 怨恨

怨恨是失望、愤怒和恐惧的混合物。怨恨可能来自各种情况，这些情况往往是由不公正或羞辱的表达引起的。常见的怨恨来源包括公开羞辱事件等。怨恨也可以通过二元互动产生，例如被拒绝或否定、被故意造成尴尬或被别人贬低，或无知、压抑、受到蔑视等。怨恨是一种情绪衰弱的状况，如果怨恨没有得到及时解决，就可能对当事人产生各种负面结果。它还可能造成更多的长期影响，例如形成敌对、愤世嫉俗、讽刺的态度，可能成为其他健康关系的障碍，缺乏个人和情感上的成长，自我披露困难或丧失自信心等。怨恨被认为是愤怒、恶意和其他类似情绪的同义词。然而，虽然怨恨可能包含这些情感的元素，却与它们不尽相同。愤怒导致攻击性行为，虽然一旦受到伤害就会发生怨恨，但怨恨并不会表现为积极或公开的情绪。

---

① 〔美〕杰里米·里夫金：《同理心文明：在危机四伏的世界中建立全球意识》，蒋宗强译，中信出版社，2015。

3. 戏谑

戏谑，是指用诙谐有趣的话开玩笑。戏谑行为的动机很简单，追求的并不是急迫的利益，而是心理的满足。戏谑心理，通常使用夸张、双关、调侃的语气，所以戏谑行为发生的场合必然是非正式的。理解这种非正式性，不可以一概而论，必须结合其语境和实际场景来考虑。比如脱口秀节目传递的信息就很难让人信以为真，但是新闻播报节目中的信息就会让人信赖。讽刺通常是幽默的，但它更大的目的往往是建设性的社会批评，用机智的戏谑来引起人们对社会中特定和更广泛问题的关注。通过戏仿、反讽、恶搞等手法对公共事件进行"娱乐化"解读，在嬉笑怒骂、调侃讽刺中实现对权威话语的解构，调动网民们的情绪，引发情感共鸣；用幽默的表达解构权威话语，抢占话语高地。从这个意义上看，戏谑不只是为了逗趣，这种看似非理性、病态化的话语真正体现了网民们的智慧，蕴含了对社会问题的深层次思考。

二 情感建模与经典模型

情感建模是情感计算中较为关键的步骤。情感建模的意义在于通过建立情感状态的数学模型，更加直观和清晰地描述和理解情感的内涵和变化[①]。情感模型根据不同的特征有不同的划分方式，其中以维度情感模型和离散情感模型两种表示方式为主要应用。

离散情感模型是把情感状态描述为离散的形式。离散情感模型较为简洁明了、方便理解，但只能描述有限种类的情感状态。而维度情感模型弥补了离散情感模型的缺点，能够更加直观生动地反映出情感状态的变化过程，因此受到广大学者的关注。在目前的情感建模研究中，维度情感模型的应用较为广泛。

（一）维度情感模型

维度情感模型认为人类所有的情感是分布在由若干个维度组成的共同空间内，不同的情感根据不同的属性分布在空间中的不同纬度位置上。不同情感之间的差异或是相似程度，可以用他们在空间中的位置和距离来表

---

① 任远等：《基于话题自适应的中文微博情感分析》，《计算机科学》2013年第11期。

示。在维度情感模型中,各种情感不是独立存在的个体,而是一个连续过程中的某个片段,组合形成了一个平稳的情绪变化。

1. 一维情感模型

美国心理学家约翰逊认为情感可以用一根实数轴来量化。正向部分表示愉悦,反向部分表示不愉悦。通过情绪在该轴所处的位置来判断情感的愉悦与否及其程度。他认为人类的情感尽管有着不计其数的分类,然而本质上都是依据情感的愉悦程度来排列的,如恐惧、悲伤、愤怒等。当人受到消极的刺激时,情感会沿着负半轴的方向移动;刺激越大,移动的距离越远;当刺激终止时,消极情绪逐渐减弱并逐渐靠近零点。当人受到积极的刺激时,情感便沿着正半轴移动;情感越深厚,移动的距离越远;当积极的刺激逐渐减弱时,情感也渐渐回归零点。由于情感的愉悦维度是人类个体情感共有的基本属性,许多不同的情感会借此相互制约,这可以为个体情感的自我调节提供依据。然而还有大量心理学家认为情感是由多个因素决定的,不是单一的一维模式,因此后来逐渐形成了多维情感空间。

2. 二维情感模型

部分心理学家研究认为情感除了强弱还应该有极性的划分,他们以此提出了二维情感模型。情感的极性指的是情感应该具有除一维以外的更为复杂的正负之分。在过去很长一段时间里,人们依据一维情感模型,普遍认为情感是一维的,具有正负两个相逆的方向。直到1969年,威斯曼和尼克斯通过对大学生的研究发现,人在产生正向情感的同时也可能伴随产生大量负面情感,产生较强消极情感的同时也会带来较强的积极情感。基于此,他们将情感模型划分为具有两个维度的结构,通过极性维度和强弱维度共同对情感进行描述。强弱维度即情感的强烈程度和微弱程度的区别。在此二维模型的基础上,现在最为普遍使用的是 VA(Valence-Arousal)二维情感模型,该模型将情感划分为两个维度:价效(valence)维度和唤醒(arousal)维度。

3. 三维情感模型

三维情感模型是在二维情感模型的基础上,除了考虑情感的极性和强弱之外,还将其他的参考因素加入考量之中的三维立体空间模型。典型的三维模型有 PAD(Pleasure-Arousal-Dominance)三维情感模型。它是在

VA 二维情感模型的基础上提出的，是目前应用最为广泛、熟知度最高的三维情感模型。PAD 模型有愉悦度、唤醒度和优势三个维度。愉悦度即极性，表示个体情感状态的正负极性；唤醒度表示个体的神经生理激活水平，即由刺激产生的情感的强弱；优势表示个体对情境和他人的空置状态。PAD 三维情感模型极具完善性和代表性，通过 SAM（Self-Assessment Manikin）量可以快速测定人的情感，目前的应用较为广泛。另外，还有其他学者从各种维度角度对情感进行描述。有学者提出 APA（Affinity-Pleasure-Arousal）三维情感模型，是通过亲和力（affinity）、愉悦度（pleasure）和唤醒度（arousal）三个维度对情感状态进行描述，能够涵盖绝大多数的情感状态。而也有其他三维情感理论认为可以将三个一维情感维度进行组合，包括愉悦-不愉悦，激动-平静，紧张-松弛，其余情绪均匀连续分布在由这三个一维情感维度构成的三维立体结构的不同位置上。

4. 其他多维情感模型

有部分心理学家认为情感由更加复杂的因素组成，因此便产生了更高维数的维度情感模型。伊扎德的四维理论认为情绪由愉悦程度、紧张程度、激动程度和确信程度四个维度共同影响组成。他认为愉悦程度代表情感体验的主观享乐程度，紧张程度和激动程度代表人类神经活动的生理水平，而确信程度代表个体感受情感的程度。克雷奇在其研究中表示，情感的强度是指情感由强到弱变化的一个范围，同时辅佐以紧张水平、复杂度、快乐度三个指标来对情感进行量化。紧张水平是指对即将发生的外界变化的感知和反应程度；复杂度是对情感复杂程度的一种量化；快乐度是个体情感的愉悦与否及其程度。克雷奇从这几个指标出发建构情感模型来判断人体的情绪变化及其特征。

维度情感模型是立足于人类情感体验的欧氏距离空间描述，其主要思想是人类的所有情感都涵盖于情感模型当中，且情感模型不同维度上的不同取值组合可以表示某一种特定的情感状态。虽然维度情感模型是连续体，基本情感可以通过一定的方法映射到情感模型上，但是基本情感并没有严格的边界，即基本情感之间可以实现逐渐平稳的转化。维度情感模型的发展为人类的情感识别和机器人的情感合成奠定了坚实的基础。

（二）其他情感模型

除了较为常用的离散情感模型和维度情感模型之外，还有一些心理学家和情感计算的研究者提出了基于其他角度和方向的情感模型，例如基于认知的情感模型、基于情感能量的概率情感模型、基于事件相关的情感模型等，从不同的角度和议题针对某一分支领域和具体需求分析和描述情感并以此建模，使得情感的模型研究更为丰富。

1. OCC 模型

OCC（Ortony Clore Collins）模型是迄今针对情感研究提出的最为完整的模型之一。它是将 22 种基础的情感根据本质划分为三类：事件的结果、仿生代理的动作和对于对象的观感。OCC 模型提出了各类情感产生的认知评价方式。同时该模型依据假设的正负极性和个体对刺激事件反应是否高兴、满意或喜欢的评价倾向构成情感反应。在 OCC 情感模型中，最常产生的是恐惧、愤怒、高兴和悲伤四种情绪。尽管 OCC 情感模型的传递函数并不是很明确，但是从广义上看，具有较强的可推理性，易于用计算机实现，因此被广泛用于人机交互系统中。

2. HMM 模型

HMM（Hidden Markov Model）模型又称隐马尔可夫模型，原始是由三种情感状态构成的情感模型，并可以根据需要扩展到多种情感状态。提出 HMM 情感模型的研究者皮卡德认为，人类的情感不能被直接观察到，但是具体某一种情感状态的特征能够被观测和测量，例如情绪响应的上升和缓冲时间、峰值间隔、情绪波动的频率及变化范围等，因此情感状态既能够通过这些观测到的情感特征得以表示，也可以通过丰富这些特征要素的数量和属性来扩大 HMM 模型对情感状态的描述和识别能力。HMM 模型适合用于表现由不同情感混合组成的复杂感情。另外，该模型还适合表现由若干个单一的情感状态基于时间的不断交替而形成的混合情感。在 HMM 情感模型中，通过转移概率来描述情感状态之间的相互转移，从而输出一种最可能的情感状态结果。

3. 分布式情感模型

由学者凯斯特伦等建立的分布式情感模型，针对外界刺激，将特定的外界情感事件转换成与之相对应的情感状态。分布式情感模型一般先由评估器对事情的情感意义进行归类,产生量化的结果即情感脉冲向量;然后将情感脉冲向量进行换算并通过情感状态估计器计算出新的情感状态。这些情感数据及系统均可以采用神经网络进行实现。

三　小结

本节介绍了情感动员的概念和特征,同时列举说明了情感建模中常用的经典模型。情感动员机制是某一个体或群体单位借助情感表达的手段,与另一单位进行持续互动,以达到激发或改变对方某一具体认知或态度的目的。已有研究往往将它划分为三个类别:悲情动员、愤怒动员和戏谑动员。而情感建模是情感计算中十分重要的步骤,它的意义在于通过建立情感状态的数学模型,更加直观和清晰地描述和理解情感的内涵和变化。情感模型根据不同的特征有不同的划分方式,其中以维度情感模型和离散情感模型两种表示方式为主要应用。

参考文献

梅雪:《移动互联网终端界面与交互设计研究》,硕士学位论文,武汉纺织大学,2015。
李佳源:《情感计算的研究现状与认知困境》,《自然辩证法通讯》2012年第2期。
万军红:《情感计算》,《上海电机学院学报》2007年第4期。
李勇帆、李里程:《情感计算在网络远程教育系统中的应用:功能、研究现状及关键问题》,《现代远程教育研究》2013年第2期。
张迎辉、林学訚:《情感计算中的实验设计和情感度量方法研究》,《中国图象图形学报》2009年第2期。
李勇、蔡梦思、邹凯、李黎:《社交网络用户线上线下情感传播差异及影响因素分析——以"成都女司机被打"事件为例》,《情报杂志》2016年第6期。
闫乐林、冯希叶:《一种基于内容的视频情感类型识别算法》,《计算机系统应用》2011年第3期。
李蔚:《MV音乐视频的情感内容识别研究》,博士学位论文,上海大学,2012。
孙凯:《面向观众的电影情感内容表示与识别研究》,博士学位论文,华中科技大学,2009。
张立刚、张九龙:《个性化视频情感内容分析:综述》,《计算机科学》2018年第1期。
黄崑、赖茂生:《图像情感特征的分类与提取》,《计算机应用》2008年第3期。

庞欢：《情感语音的特征提取与识别研究》，硕士学位论文，长沙理工大学，2012。

彭兰：《网络传播概论（第四版）》，中国人民大学出版社，2017，第 7 页。

赵浩鑫：《几种特征提取方法的研究》，硕士学位论文，河北大学，2012。

黄微等：《大数据网络舆情信息情感维度要素的关联模型构建》，《图书情报工作》2015 年第 21 期。

张铭：《基于 CRFs 的微博评论情感分类的研究》，硕士学位论文，东北师范大学，2014。

彭蔚喆：《面向中文微博文本的情感识别与分类技术研究》，硕士学位论文，华中师范大学，2014。

潘莹：《情感识别综述》，《电脑知识与技术》2018 年第 8 期。

刘英杰、黄微：《大数据网络环境下舆情信息情感维度模型构建与应用研究》，全国情报学博士生学术论坛会议论文，2014。

李佳源：《情感计算的研究现状与认知困境》，《自然辩证法通讯》2012 年第 2 期。

任远等：《基于话题自适应的中文微博情感分析》，《计算机科学》2013 年第 11 期。

王佳敏：《突发事件应急响应中的微博意见领袖情感倾向性影响仿真研究》，硕士学位论文，南京理工大学，2017。

吴敏、刘振焘、陈略峰：《情感计算与情感机器人系统》，科学出版社，2018。

Rosalind W. Picard，*Affective Computing*（USA：MIT Press，1997）.

第九章　情感的多元视阈研究展望

第一节　情感：一种社会进程中的理论范式变迁

社会在演进的过程中，始终会受到特定历史环境下理论范式的影响。当某一个理论范式占据主流地位的时候，其社会共同体的思维方式和行为表现带有该理论范式的特点。在当今社会，我们正处于由理性主义走向情感主义的理论范式变迁的关键节点上，社会生活在这种变化的影响下悄然发生着巨大变革。

一　理论范式：一种社会演进的解释模型

理论范式这一概念最早由美国科学哲学家托马斯·库恩（Thomas Kuhn）[①]提出，原是用于解释科学界科学理论和成就的演进规律，后被各个领域广泛引用，为解释社会科学领域的相关问题提供了新的视角。

根据库恩本人对范式所做的针对性描述，范式可以从两个方面进行理解。一方面，范式代表着特定共同体成员所共有的信念、价值、技术等构成的整体；另一方面，范式也是"那个整体的一种元素，即具体的谜题解答"的指称。因此，放在社会的意义背景之下，社会进程中的理论范

[①] 〔美〕托马斯·库恩，男，科学史家、科学哲学家，代表作为《哥白尼革命》和《科学革命的结构》。

式是特定时间点上社会成员所共同持有的普遍信仰①。

库恩的理论特别强调，范式是具有强大张力的。这种张力主要体现在两个方面：继承性和发散性。

就范式的继承性来说，社会旧有的理论范式具有很强的权威属性。旧有的理论范式是在原有的社会历史条件下生长起来的，有着特定的社会历史背景和人群基础。譬如，在旧有的地心说理论的统治下，人们普遍认为地心说理论带有真理性质，并习惯于将地球看作世界的中心，以此为出发点来理解世界。因此，在哥白尼提出日心说后，在耗费了相当长时间，甚至经过了一些伟大的流血牺牲后，这个理论才被承认是正确的。社会共同体的思维惯性是理论范式难以被打破的重要因素之一。

就范式的发散性来说，在社会不断演进的过程中，新的理论范式不断被提出，这些理论范式往往能够更加契合社会的需要或更好解决社会问题，从而新的理论范式能够吸引一批年轻或者开放的追随者；在新的理论范式不断奏效以及影响力不断扩大下，其追随者群体不断扩张，并逐渐成长为社会的中坚力量。这样，一个社会的主流理论范式也完成了更新和迭代。

基于库恩理论范式的相关论述，一个理论范式的转变是有人群基础和现实始基的。21世纪，在这样一个新的时代培养皿上，各种奇妙的化学反应正在发生，社会共同体的总体表征正在剧烈改变，我们的社会不断发出信号：社会理论范式的迭代正在我们眼前发生，兴于启蒙运动的理性主义正在这个时代式微，情感主义的呼声则甚嚣尘上。

二　理性主义："以头立地"时代的辉煌和式微

理性主义的普遍宗旨是承认人的理性、人的自我判断可以作为衡量世界的尺度。"理性主义"出现于中世纪，但在中世纪阴影的笼罩下影响甚微；直至启蒙运动如火如荼地展开，讴歌人的理性的声音才逐渐传遍欧洲各地，高扬理性的旗帜才逐渐被社会共同体认可和接纳，并深刻影响了西

---

①　〔美〕T.S. 库恩：《科学革命的结构》，李宝恒、纪树立译，上海科学技术出版社，1980。

欧政治、经济、文化等方方面面的变革。

一般认为理性主义的源头可以追溯到笛卡尔的相关学说。笛卡尔认为包括数学在内的永恒真理可以依靠人的理性和推理得到，并且结果是可信赖的。从笛卡尔开始，理性主义逐渐被认可和接纳，人们普遍认为人具有识别、判断并依据现有论据进行逻辑推演的智能，这是对人的尊严的肯定。之后，理性主义逐渐发展，影响力进一步扩大，从各方面渗透进人类生活，成为社会共同体普遍认可的社会理论范式。

理性主义的主流地位是有其特定的社会历史因素的。17世纪资本主义势力的不断发展为人们解放思想注入了原动力，为宗教改革运动和文艺复兴运动做了社会性的思想准备，近代科学领域有了一系列突破性进展，人们对于中世纪的黑暗历历在目，热烈追求平等和自由。启蒙运动在种种社会历史诉求下"千呼万唤始出来"。"启蒙"这一词汇对应的英文单词是enlightenment，其原意是"光照"。这在一定意义上体现了启蒙运动的精神本质，启蒙运动就如同太阳之光照进黑暗、智慧之光照亮蒙昧的人类，将人类群体从不自觉的状态引入普遍理性的觉醒。人们不仅诉诸从"神"和"上帝"处得到的普遍真理，也逐步认可自我思维的价值。

依托理性的火炬，人们能动地从"神"和"上帝"那里抢夺话语权，能够勇敢地运用自己的理性进行自我逻辑的实现，从蒙昧的、不成熟的状态中成长起来。这时候，理性主义让人体会到无比的自由度和尊严感，人们开启了如黑格尔所说的"以头立地"的时代。从17世纪至今，理性主义仍然在社会共同体中拥有较高的认可度。

然而，随着启蒙运动本身的纵深发展以及社会系统的不断演进，理性主义的弊端也逐渐显露出来。就理性主义本身而言，启蒙运动下的理性主义旨在使人们摆脱迷信、破除神话、成为自己的主人。然而人人都能成为思维着的理性的主体，理性主体的多元化导致了新一轮的迷信和神话，认知的混乱、易变的标准等带来了新的社会问题。同时，理性主义一味强调自我理智和自我克制，盲目倡导自由、平等、科学等，却客观促进了人的自我本性的扭曲和压抑。从某种意义上讲，是与人性相违背的，是不符合人的本性需求的。理性主义本身的种种矛盾和对立为其辉煌的逝去埋下了导火索。

同时，随着社会的延展、社会群众的生活水平的大幅度提升，娱乐倾向逐渐在社会中凸显；个人的价值越来越被认可，多元价值观接纳度进一步提高；生活节奏加快，情绪化成为越来越明显的现象。内在危机的潜存和外在压力的增长，使理性主义在21世纪这个日新月异的新时代式微，"以头立地"的辉煌篇章也逐渐走向尾声，人们开始翻开情绪化的新篇章，理性主义解构后，情感主义的时代浪潮逐渐来临。

三 情感主义兴起：情感的社会话语权强化

情感是什么？情感属于心理学范畴，在心理学中，被认定是高级生命体在考察外界事物能否满足其需要而产生的一种主观态度、主观体验或者主观心理倾向。在人类进化和社会演进的过程中，它一直如影随形，但在历史上往往充当着社会中的配角。

在启蒙运动之前相当长的一段历史进程中，"神"和"上帝"作为绝对精神一直在社会生活中扮演着举足轻重的角色，社会共同体的主流思想范式是对宗教的信仰和对神秘主义的推崇；启蒙运动之后，人的理性逐渐成为衡量一切事物的尺度，理性主义逐渐成为一种主流的思维范式，在社会生活中占据优势地位。因为理性主义推崇人的理性思考和自我约束，所以，在理性主义范式系统下，人的主观情感往往是处于被压制、打压的状态。

情感主义强调情感在人的行为中的重要性，认为情感会对个体的行为产生举足轻重的影响。情感主义的代表人物大卫·休谟提出，快乐和痛苦是人类心灵的主要推动原则，如果它们从我们思想中被剔除，那么我们很大程度上不能发生行为。在休谟的思想体系下，人类原始的情感——快乐和痛苦产生了某种心理层面的倾向，并促生了不想要或者想要的欲望从而激发行动。因此，一定程度上，情感主义肯定了情感对于行动的直接决定作用。这与理性主义者的观点有着很大的不同。理性主义者认为，行动者的行动动机直接来源于理性的道德判断；以休谟为代表的情感主义者则认为，理性在行为的触发和实施的过程中，往往只扮演了一个工具的角色，理性只有在刺激某种情感后，才能对行为产生影响和发挥作用，而人的原始情感才是行为发生的主要因素。

在21世纪，新社会历史背景的生成和新一代互联网原住民的成长使得原有的社会公共信仰基础不断解构，理性主义的光辉逐渐退去；情感主义的普适优势不断凸显，在主流社会意识范式的舞台上隆重登场。

理性和事实在感情巨大感召下溃不成军，情感主义的时代号角已经吹响。情感主义时代的到来是有其人群因素和社会因素的。社会的理论范式是一定社会历史时期下的范式，该社会历史时期下的社会共同体是新理论的生产者和确认者。

从社会因素而言，互联网的产生和蓬勃发展是情感主义盛行的重要背景。互联网为普通人提供了一个信息发布和意见发表的平台，当人人都可以成为信息的生产者时，网络信息量将呈现指数裂变趋势。与此同时，互联网突破了时间和空间的限制，民众进行信息交换的自由度大大提升，信息传播的速率也随之增长。然而，面对网络中海量且快速迭代的信息，个体信息系统的承载量十分有限，信息焦虑和信息疲惫的现象也随之而来。因此，网络使得群众在面对纷繁复杂的网络信息时，往往难以进行理性分析，转而追求感官刺激和情绪煽动，情感主义也逐渐流行起来。

从人群基础而言，互联网原住民是推动情感主义流行的中坚力量。互联网原住民是指在网络时代中成长起来的一代人，丰富的信息技术环境对他们的认知发展和生存旨趣产生了巨大的影响。一方面，这类人群成长于网络时代，对网络环境及技术具有较高的熟悉度和依赖度，能够熟练地使用互联网进行信息交换；另一方面，互联网塑造了他们的信息认知模式，对于真相的探寻往往排在对感官刺激和新鲜事物的追求之后。此类人群借助自身对网络技术的熟练程度以及互联网的快捷性和开放性，推动带有明显情感倾向或观点偏向的信息在网络中快速传播，明显扩大了上述信息的波及范围。总而言之，情感主义的流行离不开互联网原住民的推动。

情感主义作为主流思想范式的突出特点是：情感和观点占主导作用，理性和真相退居次位；人们对于信息追求的原始动力不再是对于真理和真相的追求，而是在于对于刺激观点的需要和情感宣泄的刚需。

在媒体领域，情感主义表现得更加淋漓尽致。近年来，频频出现舆情反转的新闻事件。在新闻资讯的传播过程中,真相变得不再那么重要,观点的新奇和情感的宣泄成为主要旋律;在面对一则信息时,人们很少关注其来源和可信度,而更多地关注自我表达欲望能否得以满足以及事件能否引起其他群众的情感共振。在情感主义掌控的媒介环境下,群众更倾向于表达自己内心的想法,而并不关心真相本身。

江苏教师监考猝死,学生平静做题;芒果卫视 00 后 CEO 狂怼成年人;王凤雅小朋友死亡事件;网红 saya 殴打孕妇;上海姑娘出逃江西农村……舆情反转事件层出不穷。事件一出,人们有的表示支持,有的表示反对,有的想要站出来说几句话,大家纷纷摆立场、亮观点,带入角色求共鸣。情感主义的性质特点在这些事件上鲜明地表现了出来。

由以上论述可见,情感主义逐渐在社会生活中掌握了话语权,渗透到社会生活的方方面面,在媒体领域的表现则更加明显。当今社会正处于理性主义向感性主义的范式变迁的节点上,社会理论范式的转变将深刻影响社会生活的方方面面。

在社会演进的过程中,潮涨潮落,理性主义的浪潮退却,情感主义的浪潮兴起,这有其特定的时代动因和历史基础。

第二节 情感视野下的对外传播内涵与战略创新

一 情感视野下对外传播的机遇与困境

情感视野下施行对外传播遵循的前提条件是当前对外传播所面临的机遇与挑战:借助技术,世界得以从单一的板块连结建立信息互通的网络,并且世界范围内的网络遵照着特定的国际社会规则,然而瞬息万变的"信息网络"在增加受众群体、为对外传播提供新机遇的同时也为对外传播制造了困境,传统的单一传播方式并不能完美适应意识形态的冲突。立足交叉点、调整战略、从情感视野出发成为对外传播的新方向。

(一)置身历史交叉点,遵循国际社会规则

以非洲国家为例的发展中国家追求和平与温饱,以美国为例的发达国家追求维护其国际主导地位;以中国为代表的集体主义价值体系下的国家

追求集体的稳定与社会秩序的平衡,以西方国家为代表的个人主义价值体系下的国家追求个人自由与个体价值的实现;社会主义主张全民政治,资本主义主张寡头政治……伴随着科学技术的普及、思想观念的碰撞,世界早已从只存在于彼此想象中的分割板块连结成信息传播通畅的网络,而相伴产生的是全球社会多元化的情感诉求与方法论。

同时,复杂的历史因素影响了国际话语权的分配与国际社会规则的建立和界定。由于复杂的历史因素,第二次世界大战后各国综合国力发生了变化,国际关系布局也随之变动,而国际话语权和国际规则的建立都与综合国力挂钩。国际话语权在当今世界越来越成为一个国家综合国力的象征:综合国力增强,则国际话语权提高;综合国力削弱,则国际话语权降低。国际社会规则关系着国际社会能否稳定发展,在第二次世界大战后,以国际社会规则为基础的世界治理体系帮助形成良好的国际社会秩序,但如雅尔塔体系、布雷顿森林体系等在历史长河中发挥了重要作用的国际社会规则都是由西方发达国家主导制定的,众多发展中国家在国际事务中大多扮演配角。

在多样化的情感诉求指导下、在复杂历史因素的交织下,不可忽视后真相话题的流行反映出当下历史节点的不确定性。置身新时代,在国际社会规则环绕的情况下,以传播的思维方式和心理取向为尺度的情感传播作为软传播策略,为对外传播策略的制定提供了新的视角。

(二) 受众群体广泛,历史文化丰富

麦克卢汉认为,在电子媒介时代,感觉器官的延伸不再是单个器官的延伸,而是声觉空间的延伸,即从整体及中枢神经出发进行延伸。电子媒介在帮助恢复部落化时代群体特征的同时,在部落化的基础上萌发了部落文化:人类从分隔的、互不往来的小群体联结成"地球村"的整体,借助电子媒介,空间不再是信息传播的障碍。

而与信息传播的通畅相伴出现的是受众群体的增加和网络受众群体的凸显。《世界互联网发展报告2020》显示,截至2020年5月31日,全球互联网用户数量达到46.4亿人。[①] 在这样的背景下,对外传播策略

---

① 中国网络空间研究院:《世界互联网发展报告2020》,电子工业出版社,2020。

的制定不仅要从政策的宏观角度出发,还需要关注到受众群体广泛的特殊历史机遇:从受众的角度切入,关注对外传播受众,分析受众情感需求。

同时,文化塑造了人们生活方式的价值、信仰、行为和物质产品,其渗透力和作用力与孕育其发展的区域历史密不可分。不论是以儒家"仁爱""忠恕"为核心的东方思想文化,还是以古希腊哲学家对个人价值肯定为基础的西方思想文化,都经历了千年时间的打磨与沉淀,在思想文化价值、历史影响力和创新传承等方面都具有非常重要的意义,且绝不局限于固定的传播区域。

从文化情感的视角出发,进行对外传播也需要关注到对外文化传播的视角,把握当下跨文化传播环境,立足丰富的历史文化遗产,尤其是情感理论机制下的精神层面,在历史文化丰富的机遇条件下研究文化传播规律,实践情感视野下的对外文化传播,倡导文化的多样性。

(三) 对外文化传播形式单一,意识形态排斥性突出

中西方文化孕育背景的历史差异作用于对外传播的现实环节,意味着传播受众思维模式的差异与相伴而生的传播方式的调整:不论是从对外传播战略制定的宏观视角,还是从对外传播产品的设计与生产的微观视角出发,都需要做到量体裁衣,为不同的传播受众呈现个性化的传播内容。

在当前的全球文化传播体系和模式中,西方国家的一些大型跨国媒体集团利用其强大的经济实力和优质的文化产品,把西方文化的传播范围拓展至全球;而我国的对外文化传播在一定程度上借鉴的是过去对内传播的经验,缺少对目标受众使用习惯和情感需求的分析,在关注传播方法的同时忽略了传播效果,致使对外文化传播形式单一、引导国际舆论的能力不足。

同时,中国作为社会主义国家,与西方资本主义国家在意识形态上具有本质区别。而意识形态贯穿于文化产品本身以及传者和受者的生活环境,潜移默化地影响着传受双方的情感倾向:当意识形态排斥性强时,传受双方面对对外传播产品先入为主的情感摩擦便会大于意识形态排斥性弱、传播环境友好时。这意味着,中西方排斥性明显的意识形态为对外传播带去了困难、提出了新要求。

单一的对外文化传播形式和排斥性突出的意识形态是对外传播无法躲避的困境，解决困境的方法是进行对外传播思路和战略的创新：从对外传播的情感视野出发，分析受众的情感需求，倡导文化多样，构建立体化的传播体系。

二 关注情感视野下的传播受众，建设多元参与的传播平台

施拉姆（Wilbur Schramn）① 认为，传播至少存在三个要素：信源、讯息和信宿。作为对外传播的最终归宿——信宿，即传播受众，是对外传播中不可忽视与轻视的环节。同时，情感与人类相伴相生，不论是从情感社会学视角、传播心理学视角、文化批判学视角抑或是符号叙事学视角出发，情感理论机制都与受众密不可分。因此，在情感视野下的对外传播需要聚焦于传播受众，坚持从受众导向出发，建设多元参与的传播平台。

（一）调整对外传播的受众定位和思路

以社交为导向的全球创意机构 We Are Social 联合应用最广泛的社交平台 HootSuit，于 2018 年 1 月 30 日发布了《2018 年全球社交媒体与数字趋势报告》。这份覆盖了 239 个国家和地区的年度报告指出，在报告发布前的 12 个月里，互联网用户数达到了 40.21 亿，占世界人口总数的 53%。而 We Are Social 于 2017 年 3 月 9 日发布的《2017 全球数字报告：用数据告诉你真相》中指出，互联网用户数量增长最快的 10 个国家里，有 7 个国家来自非洲，而且亚太地区互联网用户数量和用户增长数量最多。

这些数据提示我们在进行对外传播时，在强化"受众本位"、运用满足受众共同心理的情感传播动力机制的基础上，需要注意到在传统的欧美地区目标受众之外，非洲国家和亚太地区目标受众群体庞大且开发潜力巨大。根据 2010 年联合国发布的全球发展报告，联合国和经济合作与发展组织均认可的发达国家有 28 个，在全球范围内属于少数；美国数字新闻网站 Quartz 曾经预测，互联网用户数将在 2012 年至 2020 年实现从 25 亿至 50 亿的跨越，这一预测已于 2016 年底前成为现实。前 25 亿用户是主要聚集在西方发达国家的意见领袖，后 25 亿用户是主要分布在西方发达

---

① 〔美〕威尔伯·施拉姆，男，传播学科的集大成者和创始人，代表作为《大众传播》等。

国家以外国家和地区的普通人，是策略性受众群，容易被信息影响。情感视野下的对外传播不应拘泥于传统、只聚焦于欧美发达国家和中产阶级群体，还应调整受众定位，关注发展中国家和不发达国家的受众、发达国家的普通民众、非政府组织等。

同时，对于不同的传播对象，应当针对受众心理制定不同的对外传播策略：在宏观上回应全球受众关切话题，在微观上针对不同的国家和地区进行对外传播。针对西方发达国家关注的"中国例外论"和"中国谜题"，进行中国政治文明的对外传播；针对"一带一路"共建国家关注的"一带一路"倡议，进行有关"人类命运共同体"的和平发展理念传播。应关注、分析、解读对外传播受众的心理和情感，有的放矢，及时调整对外传播策略和思路。

（二）整合民间资源，转换传播主体

Web2.0，即调动用户参与、以用户为基点主导生成内容的互联网应用模式。自2004年奥莱利发起首届Web2.0大会后，Web2.0便成为互联网变革的核心，进一步凸显了普通网络用户在网络信息内容生产中发挥的作用。同时，Web2.0应用与社交媒体如影随形，在社交媒体平台上，内容生产和人际社会关系结合，用户而非平台运营者成为平台信息内容生产的主力军。博客、YouTube、维基百科、微博等互联网平台为受众提供了信息生产的参与环境，人人都有麦克风，原本不从事专业媒体工作的个人或组织经由网络技术手段进行自主信息传播的自媒体形式逐步被接受，信息生产从传统的PGC（专业生产内容）转入UGC（用户生产内容）和PGC（个人生产内容）。在Web2.0时代，受众可以实现身份的转换，从被动的信息接收者转变为内容生产者。

通过研究美国伊里县选民在美国大选中的投票意愿，拉扎斯菲尔德（Paul Lazarsfeld）[①]提出了意见领袖概念和两级传播理论：他将活跃在人际传播网络中、经常为他人提供信息和观点并向他人带去个人影响的人物称为意见领袖，认为在选举过程中对普通民众造成真正关键性影响的不是

---

① 〔美〕拉扎斯菲尔德，男，著名社会学家，传播学四大奠基人之一，代表作为《人民的选择》等。

大众媒体,而是意见领袖;媒体提供的信息经由意见领袖传达普通受众,间接作用于普通受众。

Web2.0时代,在微博、推特等社交平台,意见领袖虽仍然向受众生产和输出信息,但是新媒体环境的技术赋权让普通受众日益成为网络内容的生产者,普通受众的自主能动性加强,而普通用户间的情感距离相比国家和国家之间、国家和个人之间更近,普通用户在对外传播中发挥的情感机制作用更加明显。情感视野下的对外传播需要关注 Web2.0 时代普通受众的自主内容生产、传播能力,整合民间资源,转换传播主体,建设多元参与的传播平台,拉近与目标受众之间的情感距离。

2017年2月,美国哥伦比亚大学发生疑似针对中国留学生的"宿舍名牌被撕"事件,针对该事件,多名哥伦比亚大学中国留学生制作了《说出我的名字》短视频,介绍、解读了自己的中文名字和它背后所承载的文化内涵。视频发布后迅速引发讨论,仅 YouTube 上 BBC News 针对该视频的相关采访视频播放量就达到 9.1 万次,视频主创成员在采访中提到,视频的传播效果超过预想,不仅在哥伦比亚大学校园内引发讨论并收到了哥伦比亚大学多文化事务办公室的回应,而且收到了多伦多、伦敦、悉尼等城市的正面反馈。

三 实践情感视野下的对外文化传播,营造高效跨文化传播环境

文化,是共同塑造人们生活方式的价值、信仰、行为和物质产品。对外文化传播,是传播者通过运用文化传播手段实现他国对本国实施的对外传播战略的肯定与配合,是对外传播的文化层面尝试。跨文化传播,即文化间传播,强调文化的异质性,通过跨越时间或空间的沟壑实现两种或多种文化的交流与沟通,与对外文化传播有所交叉。跨文化传播环境同时影响对外文化传播的行为和效果:跨文化传播环境友好,则对外文化传播流畅;跨文化传播环境冲突性强,则对外文化传播受阻。对外文化传播分为精神、器物和技艺三个层面,其中精神层面与情感理论机制挂钩。因此,情感视野下的对外传播,需要实践对外文化传播、营造高效的跨文化传播环境。

（一）关注人类整体诉求，保持价值中立

价值关联和价值中立是德国社会学家马克斯·韦伯的社会学价值思想中共存的两个重要方法论原则。马克斯·韦伯将科学研究者的价值立场区分为科学外价值立场与科学内价值立场：科学外价值立场即科学研究者自身原有的世界观与阶级属性，科学内价值立场即科学研究者进入专业科学研究领域后所遵循的科学准则和规范要求，二者同时作用于科学研究者。价值中立则要求科学研究者在科学研究中跳出科学外价值立场、坚持科学内价值立场，停止对研究对象进行价值判断。

韦伯在坚持价值中立的同时也承认价值关联的存在，价值中立与价值关联二者对立统一、相伴相生，科学外价值立场中的世界观和阶级属性对于价值的判断也具有影响力。

情感视野下的对外文化传播同样追求价值关联与价值中立的对立统一，不忽视科学外价值，即科学研究者自身的世界观与阶级属性，聚焦人类整体的情感诉求，如爱和平等；同时停止站在制高点进行价值判断和批评，在各个层面遵循一致的价值标准，追求人类共通的情感目标。

以中国为代表的东方崇尚儒家文化，追求"仁爱""忠恕"，强调家国天下的集体和国家的重要性；以美国为代表的西方追随古希腊思想家的哲学观点，肯定个人主义，追求个人自由，强调个体的价值实现。中西文化的出发点和侧重点不同，并不存在文化价值上的优劣、高低，在进行对外文化传播时不必进行比较甚至指摘。

同时，东西方在对于爱的情感诉求上达到了统一。《孟子·离娄下》第二十八章提到，"仁者爱人，有礼者敬人。爱人者，人恒爱之；敬人者，人恒敬之"。表明仁者是充满慈爱之心、满怀爱意的人，爱别人的人、别人也会永远爱他，反映了东方儒家文化中对于爱的追求。而《圣经·哥林多前书》第十三章提到了著名的"爱的真谛"，以一句"爱是永不止息"生动反映了西方文化对于爱的追求。在进行对外文化传播时，要寻找全球背景下的文化共识，迎合人类认知共性，在提高对外文化传播效率的同时营造友好互通的跨文化传播环境。

(二) 减少意识形态排斥性，倡导文化多样

法国大革命期间，法国学者特拉西（Antonie Distutt de Tracy）①创造了"意识形态"这个概念，他提出要建立一种新的观念学，并把它作为"观念的科学"与传统的思想观念对立起来。但在拿破仑称帝的过程中，由于拿破仑对于意识形态理论家"模糊不清的形而上学"的讥讽，这个概念逐渐具有了贬义色彩。随后，马克思在《德意志意识形态》中发展了"意识形态"这个概念，在建立唯物主义历史观的过程之中批判认为意识形态与唯心主义相关联，并且同社会中资源和权力的不公平分配相挂钩，它掩盖了不平等的权力关系，是颠倒的社会意识和虚幻的想象。20世纪70年代后，结构主义对文化研究领域造成了一定的影响，阿尔都塞修正了马克思的意识形态观念，将意识形态定义为"个人对于他所存在的实在环境的想象性关系的再现"。并提出，每个人必须在一定的意识形态框架下才能对物质及实践经验进行解读，且意识形态如同空气一般体现在生活中的方方面面，难以逃避。同时，他认为文化是一种意识形态，会给个人带去无形的控制。

在对外文化传播的过程中，意识形态贯穿于文化本身以及传者和受者的生活环境，潜移默化地影响对外文化传播产品的属性、对外文化传播环境和对外文化传播受者的情感倾向。当彼此的意识形态存在差异，甚至有摩擦或冲突时，对外文化传播的效果会被削弱，出现"文化折扣"现象。

文化折扣，即媒介产品的价值由于文化背景和语言的差异在传播过程中被外国受众低估。这个概念最早由希尔曼·艾格伯特提出，他表示要对少数民族的文化给予关注，意在保护少数民族文化。随后霍普金斯和米卢斯通过在传媒经济学视阈下对电影和电视产品进行分析，量化了文化折扣的计算方法，总结认为是文化背景和语言造成了文化折扣现象。

由于差异的不可避免和个体的能动性，文化折扣难以完全规避。在进行对外文化传播时可以转而通过减少传受双方意识形态的排斥性，用尊重、包容的情感面对他环境下的意识形态，倡导文化多样性，进而影响传受双方的传播背景、个人情感和选择决定，建立通畅的跨文化传播通道，

---

① 〔法〕特拉西，男，哲学家、政治家，代表作有《意识形态的要素》。

营造平等友善的跨文化传播环境。

四 构建情感视野下的立体传播体系,形成复调传播的多元格局

2016年,"英国退出欧盟""特朗普赢得美国大选""意大利修宪公投失败"三大"黑天鹅事件"发生、牛津字典宣布"后真相"成为其年度词汇,无不意味着当下世界已经进入了一个充斥着复杂性、不确定性的历史节点。在新时代背景下的对外传播中,在关注传播受众、建立多元参与的传播平台和实践情感视野下的对外文化传播、营造高效跨文化传播环境的基础上,需要运用多种传播方式来构建立体传播体系,形成复调传播的多元格局。

(一) 互联网空间里的媒介技术使用

早在20世纪30年代,哲学家海德格尔(Martin Heidegger)[①]就提出了世界图像时代即将到来的观点:"根本上世界成为图像,这样一回事情标志着现代之本质。"这个观点随着数字技术的发展和移动式电子媒介的出现与普及影响了信息的传受方式和大众的阅读习惯。而麦克卢汉的经典观点"媒介即讯息"又概括和肯定了媒介对于传播的重要性。媒介影响传播,传播从信息化逐步走向可视化和沉浸化。

互联网空间为多种媒体的融合提供了平台和技术支持:多媒体融合不是简单的传播手段堆砌,而是综合分析各传播手段的优劣后进行的统筹安排,使不同形式的信息合作为受众提供不仅内容丰富而且体验新颖的传播形式。随着媒介融合的不断尝试、创新与深入,媒介技术的运用将更加普及,智能化媒体时代即将到来。

VR技术,即虚拟现实技术,通过数字技术生成逼真的虚拟环境,使用户只须借助必要的设备就可获得身处现场的体验。AR技术,即增强现实技术,叠加现实环境与虚拟环境,通过数字技术模拟实现人与实在感官的互动。这两种技术在传播过程中的运用,为受众营造了"临场"的信息接收环境,强化了受众的视觉和感官体验,增加了受众在传播过程中的

---

① 〔德〕海德格尔,男,哲学家,20世纪存在主义哲学的创始人和主要代表人物之一,代表作有《存在与时间》等。

情感互动。而传播心理学研究表明，人脑优先处理的90%的信息与图像挂钩。情感视野下的对外传播，在新时代和互联网空间传播环境下，使用和创新媒介技术，全方位为受众提供信息接收的"临场感"和"进入感"，加强受众的情感体验，提高海外受众的情感认同、加强情感连接，从而增强对外传播的效果。

（二）国际赛事与国际活动的集体记忆

法国社会学家涂尔干在《社会分工论》中提到了"集体意识"概念，他的学生哈布瓦赫（Maurice Halbwachs）[①]在继承他观点的基础上强调了记忆在社会结构中发挥的基础性作用，提出了"集体记忆"概念。集体记忆，即特定社会群体的成员共享往事的过程和结果。哈布瓦赫认为社会记忆是集体性的，个体记忆处于集体记忆的框架之下。李普曼（Watter Lippmann）[②]在《舆论》中也提到了"拟态环境"的概念，区分了真实世界和大众传播报道中的世界。个体通过接收大众传播信息，间接地形成认知，再依附集体记忆的框架补充完善个体的记忆。

同时，哈布瓦赫认为，为了避免集体记忆成为空洞虚无的想象，所有记忆事件必须真实发生于某个场所。人类记忆规律致使记忆可能在时间的消弭中被混淆、遗忘甚至杜撰，但是当记忆依托于具体的场所时，事件的发生是可证伪的、情感的再唤起是有依据的。

国际赛事和国际活动需要政府的组织投入和民众的参与，在面向世界进行国家面貌的公开展示和公共服务提供的同时，国家形象得以丰满和立体化。再借以具体的事例和人物引发受众情感共鸣，让循规蹈矩的、理性的国际赛事或国际活动与某些具体的情感特征建立联系，形成受众的集体记忆和个体记忆。情感视野下的对外传播，借助集体记忆多层次、多情感的铺垫，让受众对国家产生印象和情感共鸣，帮助加大国家形象的立体程度。

奥林匹克运动会、世界博览会、电影艺术节等国际赛事和活动的举办

[①]〔法〕哈布瓦赫，历史学家、社会学家，开创了集体记忆理论，代表作为《论集体记忆》。
[②]〔美〕李普曼，新闻评论家和作家，传播学史上具有重要影响力的学者之一，代表作为《舆论》。

便是最生动的例子。奥运会每四年举办一次，受众在记住有代表性比赛的结果和运动员之外，还会因为开幕式上的文化符号、运动员的竞技精神等形成比赛之外的集体记忆。例如 2008 年北京奥运会，全球观众会记住开幕式上中华文化的曼妙；2012 年伦敦奥运会，全球观众会记住开幕式上的莎士比亚风情；2016 年里约奥运会，全球观众会记住巴西的热情与奔放。这些记忆共同构成了国家形象，成为国家对外传播可运用的符号。

（三）情感驱动的公共外交

公共外交是由艾德蒙·古力恩（Edmund Gullion）于 1965 年提出的专业术语。与传统的"外交"相比，公共外交在组织主体上区别于民间外交的民间组织力量，在目标受众上区别于古典外交的他国政府，在情感倾向上区别于宣传的强制性，是由政府组织并提供信息、借助大众传播媒介和舆论的力量、面向国内外民众的传播行为。在艾德蒙·古力恩的观点中，公共外交的目的是处理公众态度对政府外交政策的形成和实施所产生的影响。

情感作为与公众相伴相生的元素，是分析公众态度不可忽视的变量。在多层次对外传播的公共外交层面，情感是驱动对外传播中感性方面的机制。情感视野下的公共外交主要面向民众，少长篇大论的严肃道理、多深入人心的动人故事，从而迎合受众感情需求心理。

2018 年 12 月 27 日下午，国防部举行例行发布会，国防部新闻局局长、新闻发言人吴谦大校公布了国防部官微抽奖活动结果并当众念出了 10 位获奖粉丝的微博名。这一事件迅速登上了微博热搜，不少网友表示"台下在努力控制自己的表情""笑到难以自拔"。不同于以往国防部发布会的理性与严肃，此次在发布会上公开念出中奖名单的行为体现了国防部感性与人性化的一面，调和了发布会情绪，借助适当的娱乐性与柔和的情感态度击中了受众作为自然人的情感需求，拉近了双方的情感距离，从而有助于加深国内外受众对于中国国防部乃至中国的友好印象。

第三节　跨学科视野下的情感力测量、生产与转化研究

情感长久以来就被视为与理性相对立的个体行为，带着不受控制、感

性的标签，被社会学、经济学等领域所忽略。最早对情感进行研究的是心理学，为了了解情感的本质是什么，早期的心理学对情感进行了测量，并将情感、认知、意志作为各自独立的部分进行研究，将情感看作人体内在的一系列反应。随着对情感认识的不断深入，20 世纪 70 年代中期以来兴起的"情感研究的革命"，让情感成为诸多人文学科的热门话题。20 世纪 90 年代后，情感研究的跨学科趋势日益凸显，1997 年 MIT（麻省理工学院）的罗萨琳德·皮卡德教授首次提出"情感计算"的概念，试图通过对情感的准确测量赋予计算机表达情感的能力，来解决人与机器交流的困境。随着智能技术的不断发展，以情感计算作为基础的人工智能领域近年来发展迅猛，各种尝试性研究方兴未艾，并成为跨学科视域下情感研究的热点，如在语音交互技术中进行情感语音的识别等。

如果要对情感问题进行细致深入的研究，那么情感测量一定必不可少。顾名思义，情感测量就是关于情感的种类与强度的测量。按照由浅入深的逻辑关系，情感测量可以分为情感主观反应测量、情感行为反应测量以及情感生理反应测量三个层次。在早期的心理实验中，对情感的测量主要采用的是情感主观反应测量的方法，即使用问卷、体验式抽样等方法来获得被测试者的文本情感信息，这些方法后来也被广泛应用于社会调查中。情感测量有着不同的方法，针对各个学科领域的情感问题，情感测量要解决的问题各有不同，发展方向也各有侧重，而且在具体操作过程中，可能需要多种方法的叠加使用来增加测量的信度与效度。随着大数据时代、智能信息时代的到来，以及情感测量技术的不断发展，情感测量的原始数据变得越来越多、越来越细化，这对情感测量精准度的提升是一个极大的帮助，进行多设备、多方法参与的情感测量也将成为一种趋势。

一 聚焦公共情感的测量，把握冲突

长久以来，对于情感问题的研究一直集中在心理学层面的个体行为上，并且受西方理性主义的影响，一些学科对情感的界定也一直停留在非理性的本质化层面上。虽然在社会学研究早期孔德、涂尔干等社会学家就对情感问题进行过一定的探讨，但是他们大多从较为宏观的角度对情感论题进行分析，如涂尔干对宗教仪式中的集体情感的研究，只是从社会团结的角度对集体情感的机制做出解释,并没有聚焦在具体的情感分析上,因而它对现实的社会生活缺乏一定的指导性。直到20世纪70年代以后,情感研究革命的兴起才点燃了社会学家对情感研究的热情,他们很快将情感作为一个独立分支学科——情感社会学来进行系统而全面的分析,建立并发展了各种情感社会学理论,如情感仪式理论、情感交换理论、情感进化理论、情感社会结构理论等。情感开始慢慢走入实际社会生活的应用层面,情感社会学日益关注具体的情感社会现象,并试图利用情感测量的方法解决更多的社会情感问题。

对一个正在不断发展的社会来说冲突总是不可避免的,不管是现实中的暴力冲突,还是隐藏在文本中的情感冲突,等等。冲突的产生是一个递进的情感冲突问题,现实中的暴力冲突在一定程度上是情感冲突表达的极端形式,停留在文本层面的情感冲突可能是最初能够被预测到的源头,而文本中的情感冲突由于自身的特点具有一定的隐蔽性,不能通过直接的观察得出结论,需要借助一定的情感测量方法,因此我们需要在一定程度上对这种冲突形式有所预测,才能更好地进行把握和预防更大冲突问题的出现。但是与传统社会表达情感的方式不同的是,网络社会的快速发展,使得人们表达情感的渠道变得多样而且复杂,微博、微信、SNS等社交媒体不仅是连接关系的纽带,而且是网民表达自身观点和情感并进行社会参与的重要平台。在人人都能拥有麦克风的时代,情感信息的传播比一般的事实传播更能抓人眼球、煽动人心,并且借助社交媒体裂变式的传播,观点在多元群体、多元观念等的碰撞下极易形成非理性的情感冲突,形成一种群体极化的趋势,如微博评论中经常会出现带有强烈情感冲突的观点,这是在热点事件中网友表达情感的方式。对这种情感冲突趋势的预测和把握,是目前情感测量在社会现实中应用较多的一个方面。

目前的情感社会学对于情感的研究处于微观社会学的前沿,情感也被渐渐看成是社会现实的微观层面与宏观层面的关键联系。因此,怎样将微观的情感体验与宏观的社会结构联系起来,成为情感社会学当前需要面对的挑战之一。但是信息技术的快速发展也为人们提供了新的解决思路。如社会学者成伯清就举例说过,可以利用计算机技术预测重大事件的发生概率。与现在的大数据预测性新闻不同的是,在利用计算机技术对新闻报道中的情绪信息进行收集、处理后，可以预测公共情感趋势，以此把握情感冲突。

二 通过个人情感的测量，洞悉幸福

作为最早研究情感问题的学科领域，受二战的影响，心理学在早期更多关注的是消极的情感，并作为类似于病理性质的学科，帮助人们解决心理上的问题。更多的是进行一定主观测量来帮助人们走出忧郁的情感体验。心理学本来的宗旨是为所有人服务，但是在那个时期，心理学更像是为少数人服务的学科，这些少数人或多或少都存在一些心理问题，需要通过心理治疗才能达到正常水平，心理学也因此成为病理性心理学。心理学研究重点的偏离也使一些心理学家不知道该如何研究对绝大数人幸福负责的心理学问题，即在正常的情况下，人们怎样才能感受到和获得幸福。20世纪90年代后期，积极心理学的出现从一定程度上改变了这种情况，美国著名心理学家马丁·塞里格曼（Martin Seligman）[①]在一次与自己子女的互动中体会到过去心理学多半是关心心理与精神疾病却忽略了生命的快乐和意义，提出要正视积极心理学的作用，1996年，他呼吁学界要大力开展积极心理学的相关活动，并将积极心理学付诸实践。但是真正将积极心理学推向世界的是2000年发表在《美国心理学杂志》上的文章《积极心理学导论》，该文由马丁·塞里格曼和西卡森特米哈伊（Csikzentmihalyi）所著，文中详细介绍了积极心理学兴起的原因、研究方向等内容。后来随着心理学的不断发展，以主观幸福感为研究中心的积极心理学已经基本形成了自身完整的理论体系，在西方许多国家中，积极心理学已经成为心理学中热门的分支学科，深受心理学研究者的追捧。

在国内，积极心理学的研究多数是聚焦在对人们幸福感的研究上，如对城市中成年人、青少年等进行幸福感的研究，近些年被人们广泛提及的国民幸福度指数也有赖于对积极情感的测量。这些测量通过对情感进行维度、层次的划分，制作情感测量表，通过情感得分判断积极情感的强度类

---

① 〔美〕马丁·塞里格曼，男，心理学家，1998年当选为美国心理学会主席，代表作有《习得性无助》《真实的幸福》等。

型,来厘清被测者的幸福度指数。通过幸福度指数对每个个体进行情感测量来分析"幸福感"构成的要素。政府部门可以以幸福度指数报告作为基础,有针对性地通过政策制定、基础设施建设等提高人们的主观幸福感,进一步促进社会和谐发展。除了进行人们生活质量的幸福感调查外,对幸福感的测量也逐渐扩展到艺术设计等领域,如情感化设计,即注重用户的情感因素在产品设计中的作用,设计师应怎样利用产品的设计体现情感共鸣,以此来提高用户的主观幸福感。随着体验经济的发展,情感化设计的理念得到广泛的认可,不同行业都在跃跃欲试,如电器产品、家居产品的情感化设计等,这些尝试也意味着情感测量已经渗入日常生活生产中,并通过与积极心理学的情感测量方法的结合,帮助人们洞悉幸福,获得幸福。

三 立足共有情感的测量,实现交流

人工智能的概念其实早在1956年的夏季达特茅斯会议中就被正式提出,但是由于当时信息技术的局限性,人工智能很少进入大众视线,大众对人工智能的了解也并不深入。2010年后,大数据技术以及深度学习算法技术的成熟,使得人工智能的发展迎来了大众的关注,而2016年AlphaGo大战李世石事件更是将大众的关注推向了顶端。人工智能作为计算机科学的一个分支领域,它的发展离不开计算机系统的技术推动。人工智能领域的主要研究目的是研发与人类智能相似并且能以人类智能进行反应的机器系统,该领域的研究包括机器人、语言识别、图像识别、自然语言处理和专家系统等。人工智能作为如今最前沿的技术之一,中国高度重视人工智能的发展,2017年"人工智能"一词首次出现在我国《政府工作报告》中,紧接着科技部将它纳入"科技创新2030—重大项目",人工智能上升为国家战略;2017年7月,国务院出台的《新一代人工智能发展规划》,从国家层面对人工智能进行系统布局,部署构筑我国人工智能发展的先发优势,加快建设创新型国家和世界科技强国[1]。人工智能的研

---

[1] 《国务院印发〈新一代人工智能规划〉》,中华人民共和国中央人民政府官网,http://www.gov.cn/xinwen/2017-07-20/content_5212064.htm,访问日期:2021年3月28日。

究也因此受到学界和业界的高度关注,它的发展也将进一步促进行业边界的扩张与融合。

人工智能技术时代的来临,使得人们开始期待能够实现科幻片中对于机器人的幻想,希望与机器人能够像朋友一样进行情感的交流,并且互相感受对方的情感状态。而实现这一愿望的关键,就是要让计算机和人类一样拥有情感,因此致力于创造和谐共存的人机交互环境的情感计算科学开始活跃起来。情感计算的一个重要基础就是要使计算机具有情绪识别的能力,包括对文本、情感语音、面部表情以及肢体动作的识别。但是情感是一种复杂的状态,它既有短期的发泄情绪也有长期的稳定情感,因此对一些人类普遍共有情感的测量显得尤为重要,即情感计算中的情感识别需要在识别人类共有情感的基础上进行一定的深入,对细微情感变化进行更准确的测量,并在更细致的情感层面寻找人类更复杂的共同情感。

情感计算与人工智能的结合,也使得情感机器人成为人工智能领域发展的一个重要趋势与方向,未来的情感机器人不仅能够对情感信息进行智能化的加工,理解交流的情景、交流者的情绪,而且能够表达自己的喜怒哀乐,拉近与人类之间的情感距离,真正实现心灵的交流沟通。在未来的几十年里,情感机器人的发展尽管还面临许多技术上的挑战,但是不可否认的是,现有的情感机器人已经在一定领域发挥着自己独特的作用,如针对自闭症儿童的陪伴型情感机器人,它能陪伴自闭症儿童,并尝试与他们交流。例如,在孩子感到悲伤时,给予安慰;在孩子感到快乐时,给予回应,实现情感的共鸣,展现机器人的"人情味儿"。

四 跨学科视野下的展望

情感研究发展到现在,已经不仅仅是心理学、社会学、人类学等学科的特定研究领域,在教育学、计算机科学等学科中情感也成为研究的议题,因此对情感测量的应用越来越广泛。但是不管是对个体情感的测量还是对社会情感的测量,最重要的要求总是真实合理,把转瞬即逝有时又有些微妙的情感较为准确地测量出来,这些是情感测量技术需要解决的难题,如怎样借助脑成像技术分析情感的变化,怎样减少情感信号的干扰等。对个体微妙变化的情感测量依赖于技术的发展,对情感机制的研究应用依赖于对情感的深层次理解，因此社会学、人类学等领域对情感的研究也需要从认知科学、心理学等领域获取养分。跨学科的研究视角也使得情感研究的发展越来越贴近实际生活，但是从跨学科角度来看，这样的转化研究具有一定的难度，因为不同学科有各自的研究取向，所以在实际操作过程中，要以自身学科为中心，利用情感测量的方法解决学科的问题，进一步深化情感研究，避免本末倒置。

第四节　信息时代的情感与社会治理研究

中国互联网络信息中心（CNNIC）于2018年8月发布了第42次《中国互联网络发展状况统计报告》。报告显示，截至2018年6月，我国网民规模已经扩大到8.02亿，互联网普及率高达57.7%。截至2018年9月30日，QQ月活跃用户为6.979亿，微信及WeChat月活跃用户达10.825亿。互联网尤其是新媒体的流行和发展，为人们提供一个聚集空间和表达平台，在网络空间和社交媒体上，网民可以自由地发表自己的观点、宣泄自己的情感、彰显自己的个性。人们可以根据共同的关注点进行互动、讨论、动员，甚至开展线上线下的协同互动。情感表达与诉求变得更加便利，在网络空间引发共鸣后，会引发群体对特定事件的关注和参与，形成网络群体行为。

一　信息时代网络舆情与社会问题

（一）网络舆情

网络舆情包括社会群体和个体的情感状态、诉求、表达、行为等倾向。互联网、社交媒体已经成为各类思想和社会舆论的重要传播渠道。社交媒体已经成为公众实施社会动员，诱发、制造和传播网络舆情的公共载体和媒介。由于社交媒体网民有着社群化的受众心理，如从众心理、看客心理、犬儒心理，以及社会共识缺失与信任异化，还有技术带来的认知偏向，网络民粹化现象严重，舆论引导的难度加大。

随着互联网应用的迅猛发展、新媒体的快速普及，公众可以通过网络了解自己感兴趣的事件，也可以对某个事件自由地发表观点。相关政府部门也可以把互联网作为重要渠道了解公众的思想动态、舆情信息等。网络上正面的事件能形成正面引导，有利于社会的稳定，但负面事件若经过网络的传播形成负面的网络舆情、被无限放大、有关部门未能进行很好引导的话，其发展会超出人为的控制，其造成的负面影响将对社会安全形成较大威胁。如果媒体机构和政府部门能够从互联网上的大量数据中得到公众的评论和情感倾向，就可以在此基础上掌握公众的情感并进行分析，就能够做出更加正确有针对性的决策，从而及时发现和化解网络舆论危机，更好地发挥引导作用。

（二）网络社会问题

当人类社会生活在一定程度上移步互联网，网络世界中所发生的一切都应该引起人们的高度重视。目前网络社会生活中出现了大量的社会问题，有关网络社会治理的实践议题被大家热烈讨论。何哲分析指出，网络社会具有超越地域性、隐蔽性、复杂性等特点，故信息时代网络社会的治理秩序和体系在公共舆论、社会动员、社会意识等各方面都受到了严重的影响和冲击，需要尽快针对具体的问题建构出合适的破解之道。①

当下的网络社会生活存在以下三个突出的社会问题。第一，网络行为主体责任缺失。在互联网这一当代重大信息技术成果迅速扩张的同时，一个全新的社会文化活动平台因此而搭建，然而无论是个人、组织机构还是社会整体，在认知储备、理念转变、规范建构和制度制定方面都还没有进行充分的准备。网络的虚拟环境让人类摆脱了现实社会诸多人伦关系的束缚，忘却了社会责任和道德，过于放纵，造成主体责任缺失。第二，合法权益蒙遭侵害。尽管网络社会生活的各类行为主体和权益主体只是一串虚拟的电子信号，然而，它却与现实生活中实体存在的个人或机构有着紧密的对应关系。合法权益受到侵害的网络社会主体绝不是虚拟的，而是现实的。第三，网络公共生活紊乱失序。网络行为主体的行为偏差和失范是网络公共生活出现混乱和无序的直接原因。及时、有效地进行正面引导和教育行为主体，使他们在思想观念和价值认知上重获网络共同体生活秩序所

---

① 何哲：《网络社会治理的若干关键理论问题及治理策略》，《理论与改革》2013年第3期。

必需的清醒和警觉是十分重要的。

二 网络社会的情感治理与相关研究

（一）情感治理

对人的行为和思想而言，情感具有重要的推动作用。如果某个符号具有情感意义，那么说话者的某种情绪心理过程会使说话者倾向于使用该符号表达相应的情感意义；此外，符号还倾向于影响聆听者的情绪心理过程。主体与环境之间发生的互动需要情感进行协调。更重要的是，情感还具有告知、评价和意动等功能。情感不仅能告知主体已经发生了什么，而且可以对刺激事件进行主观意义上的反思，比如对主体而言是有益的还是无益的，是选择接近还是规避，以此来驱动主体做出反应。良性的社会情感能促进个体社会化更快地契合社会共同规范。比如，在积极的、正面情感因素引导下，在校学生能够感知学校和教师的情感信号，能够树立正确的价值观，能够对社会产生积极的情感认同，从而进一步约束自己的言行举止。

国家的治理体系主要是以权力和利益为中心。在西方国家中，理性压抑情感，情感是非理性的，情感在治理中只是边缘议题。近年来，与情感相关的理论如情感社会学、情感政治学等的研究高潮正在形成。目前，随着国家治理这一课题变得越来越重要，情感也被纳入了社会治理的范畴。关于国家治理，大多数学者较多关注的是从法治、制度等角度去研究，而比较容易忽视情感治理这一方面。中国讲究礼仪和文化、重视情感，是一个感性国家，因此讨论中国的国家治理，尤其需要关注情感。有学者表明，情感治理应分为宏观、中观、微观三个层次，即社会心态、群体心态、个体情绪三个方面。

在网络和社交媒体发达的时代，人们表达情绪和心声的渠道多元化，情绪表达更加自由，这对社会治理也形成了挑战。就社会心态而言，情感治理要考虑人民的心理感受，关注民生，倾听百姓的情感表达，洞察百姓的情感状态，积极回应百姓情感诉求，重点加强与百姓的情感联结等，如对口援疆计划等解决老百姓困难的民心工程。要把握好社会心态的变化，利用好这种情感的势，关注民情民意，使人们能感受到国家和社会的关心和关注,从而具有一定的安定感和遵守一定的规范。任何权力滥用、社会暴虐等都要受到情感的约束。民众在情感上的接受度,对社会治理的有效性具有非常重要的作用。就群体心态而言,应该特别关注群体心理变化和情绪反应,如焦虑、愤怒、失落等,要保障群体利益,做好情绪疏导和宣泄。为了避免群体性事件的集中爆发,国家要积极建立保障社会安全的机制。就个体情绪而言,要关注个体的心理情绪困扰,以避免发展成极端的反社会的行为,要建立系统的、有效的、便利的社会服务体系,降低极端个案发生的可能性。

在转型期的中国,贫富差距日渐拉大。随着机会、权力和财富的不公平配置,以及社会各阶层间缺乏良好的利益制衡机制,社会问题不断凸显,人们的剥夺感日益增强,因此产生了焦虑与愤恨情绪。

(二) 情感测量研究

目前,情感运算已经成为一个融合计算机学、心理学、教育学等学科的综合领域。网络情感的测量研究对社会治理和社会安定具有重要的先导作用。机器(计算机)只有准确了解人的情感,才能与人进行良好的沟通,从而实现情感智能。部分学者借助共振峰特征参数提取等方法,分析和探讨了表达不同情感状态的语音信号,并通过模板匹配方法识别语音信号,为语音信号的情感识别技术提供了一定的判断指标。此外,有些学者基于语义分析技术的框架,对酒店服务质量评价的相关属性和数据进行分析,通过情感分析和计算,对服务进行测量。

一些学者在对社会网络评论情感因素进行测量与有用性分析中,通过机器学习对情感进行分类,并得出文本的情感分,以探讨网络评论中情感因素的影响机制。

伴随智能终端和互联网技术的发展,网站、移动 App 的应用开发商越来越关注用户在使用产品时的体验,而情感体验是体现用户满意程度的重要指标之一。有学者就眼动数据与用户情感进行关联,并建模,有效地发觉了用户的情感状态和满意程度。有些研究基于大数据的优势挖掘网络舆情文本,并通过 MapReduce 技术的计算模型对大规模集群中的海量数据完成并行操作,并进行高效的处理和分析。分析网络民意的情绪倾向和情绪强度对网络舆论的预警具有重要意义。为了提高微博情感分类的准确性,部分学者提出了一种基于图形的情感识别方法,具体来说,通过构建特定特征约束的条件随机场(CRF)模型,对微博文本数据进行分类,以此实现微博情感识别。此外,还有学者提出一种借助情感特征进行主客观分类的方法,通过情感词典匹配和机器学习,可以分析出积极情感和消极情感的权重与概率,以此作为新的情感特征项来与评论文本的语言、属性和信息特征相结合。

三 基于大数据的网络舆情情感治理策略

网络舆情是社会公众通过网络对于自己感兴趣或利益相关的事件或现象表明主观态度和预期的行为。在大数据时代,可以通过搭建大数据平台进行网络舆情治理,利用大数据来扩大舆情的传播范围和提升舆论的影响力,为大众提供正确的舆论引导,协同国家各宣传管理部门共同发挥作用,积极化解社会现实矛盾;提高研判能力,基于大数据技术,聚合碎片化信息进行挖掘和分析,提高演化分析效率和趋势研判能力。

有学者研究在线舆情监测与数据挖掘的有机融合,分析如何通过情感关联分析、情感倾向性分析等技术引导网络舆情。有学者提出,可以通过数据挖掘、分词技术、语义分析、情感识别等技术手段开展收集、研判和预警活动,及时预警舆情风险、发布舆情信号,促进更加科学的舆情监测和管理。在大数据背景下,相关机构还可以采用关联规则、分类和聚类分析、趋势分析等方法开展工作。

社会舆情演变的主要内容是总结一群个体之间的相互作用和舆论演变。交互群体之中不断发生个体观点的演化,这些观点的演化汇聚指向社会舆情演化方向。有学者通过实验发现,当一个群体中的每个个体具有多个边界,且每一层边界之间的距离不断增加时,不同意见的数量会随之增多。网络舆情指的是网民通过互联网平台表达自己对社会发生的热点事件所持有的看法,是网民态度、认知、行为和情感倾向的集合。而情感倾向是网络舆情的风向标,展现网民对某一事件所持的态度和情感倾向,是社会各阶层意见和态度的真实反映,这些情感信息影响着网络舆论的走向,若缺乏对舆论走向的正确引导,将可能引发极端情绪的蔓延,进而导致群体极化现象。因此,借助文本挖掘的方法分析网络舆情事件的情感倾向以及情感演化过程的特征规律，有利于提高网络舆情监管效率以及维护社会稳定。

在社交媒体发达的当前社会中，情感治理是社会治理中的重要内容，国家和媒体要加强网络舆情的监控，关注公众的情感诉求和心理状态，正面引导，宣扬积极的社会心态和观念，减少极端的社会现象，维持社会稳定。

参考文献

邓晓芒：《西方哲学史中的理性主义和非理性主义》，《现代哲学》2011年第3期。

张晓渝：《休谟与康德：动机情感主义与理性主义之分及其当代辩护》，《道德与文明》2015年第4期。

王淑芹：《近代情感主义伦理学的道德追寻》，《中国人民大学学报》2004年第4期。

韩彩英：《略论启蒙运动时西方理性主义的发展》，《学理论》2018年第10期。

李翔：《警惕"后情感主义"在电视传播中的蔓延——从〈密室疗伤〉、〈百科全说〉停播谈起》，《新闻实践》2010年第9期。

郭立东：《事实-价值问题上的情感主义理论》，《宜宾学院学报》2004年第2期。

熊未未：《对大学生社会主义核心价值观认同教育的情感路径探微》，《教育界》2017年第27期。

成伯清：《情感的社会学意义》，《山东社会科学》2013年第3期。

明海英：《情感社会学：通过情感透视时代精神》，《中国社会科学报》2015年2月2日，第2版。

任俊：《积极心理学思想的理论研究》，博士学位论文，南京师范大学，2006。

邵力、乔墩：《网络热点事件微博评论中的情感冲突分析》，《兰州大学学报》（社会科学版）2016年第6期。

徐晨耀：《人工智能技术在出版领域的应用研究》，博士学位论文，北京印刷学院，2019。

边燕杰、肖阳：《中英居民主观幸福感比较研究》，《社会》2014年第4期。

蔡皖东：《网络舆情分析技术》，电子工业出版社，2018。

何哲：《网络社会治理的若干关键理论问题及治理策略》，《理论与改革》2013年第3期。

〔美〕T.S.库恩：《科学革命的结构》，李宝恒、纪树立译，上海科学技术出版社，1980。

〔美〕托马斯·库恩：《必要的张力：科学的传统和变革论文选》，范岱年、纪树立等译，北京大学出版社，2004。

Watson, D., Clark, L. A. & Tellegen, A., "Development and validation of brief measures of positive and negative affect: The PANAS scales," *Journal of Personality and Social Psychology* 6 (1988).

Peacock, E. J., Wong, PTP., "The Stress Appraisal Measure (SAM): A multidimensional approach to cognitive appraisal," *Stress Med 3* (1990).

Ochs, Elinor, *Living Narrative* (Cambridge: Harvard University Press, 2002).

Bylsma, L. M., Taylor-Clift, A. & Rottenberg, J., "Emotional reactivity to daily events in major and minor depression," *Journal of Abnormal Psychology* 1 (2011).

P. Ekman, W. Friesen, *Facial Action Coding System: A Technique for the Measurement of Facial Movement* (CA: Consulting Psychologists Press, 1978).

James A. Coan, John J. B. Allen, "Handbook of Emotion Elicitation and Assessment," *Emotion Elicitation* 1 (2007).

James C. White, M. D., Reginald H. & Smithwick, M. D., *The Autonomic Nervous System: Anatomy, physiology and surgical application* (New York: The Macmillan Company, 1941).

图书在版编目（CIP）数据

情感传播：理论溯源与中国实践 / 徐明华著 . -- 北京：社会科学文献出版社，2021.11（2024.6 重印）
（喻园新闻传播学者论丛）
ISBN 978-7-5201-9492-1

Ⅰ.①情… Ⅱ.①徐… Ⅲ.①情感-社会学-研究 Ⅳ.①B842.6

中国版本图书馆 CIP 数据核字（2021）第 251976 号

喻园新闻传播学者论丛
情感传播：理论溯源与中国实践

著　　者 / 徐明华

出 版 人 / 冀祥德
责任编辑 / 周　琼
文稿编辑 / 朱　月
责任印制 / 王京美

出　　版 / 社会科学文献出版社·马克思主义分社（010）59367126
地址：北京市北三环中路甲 29 号院华龙大厦　邮编：100029
网址：www.ssap.com.cn
发　　行 / 社会科学文献出版社（010）59367028
印　　装 / 唐山玺诚印务有限公司

规　　格 / 开本：787mm × 1092mm　1/16
印 张：15.5　字 数：244 千字
版　　次 / 2021 年 11 月第 1 版　2024 年 6 月第 3 次印刷
书　　号 / ISBN 978-7-5201-9492-1
定　　价 / 79.00 元

读者服务电话：4008918866

▲ 版权所有 翻印必究